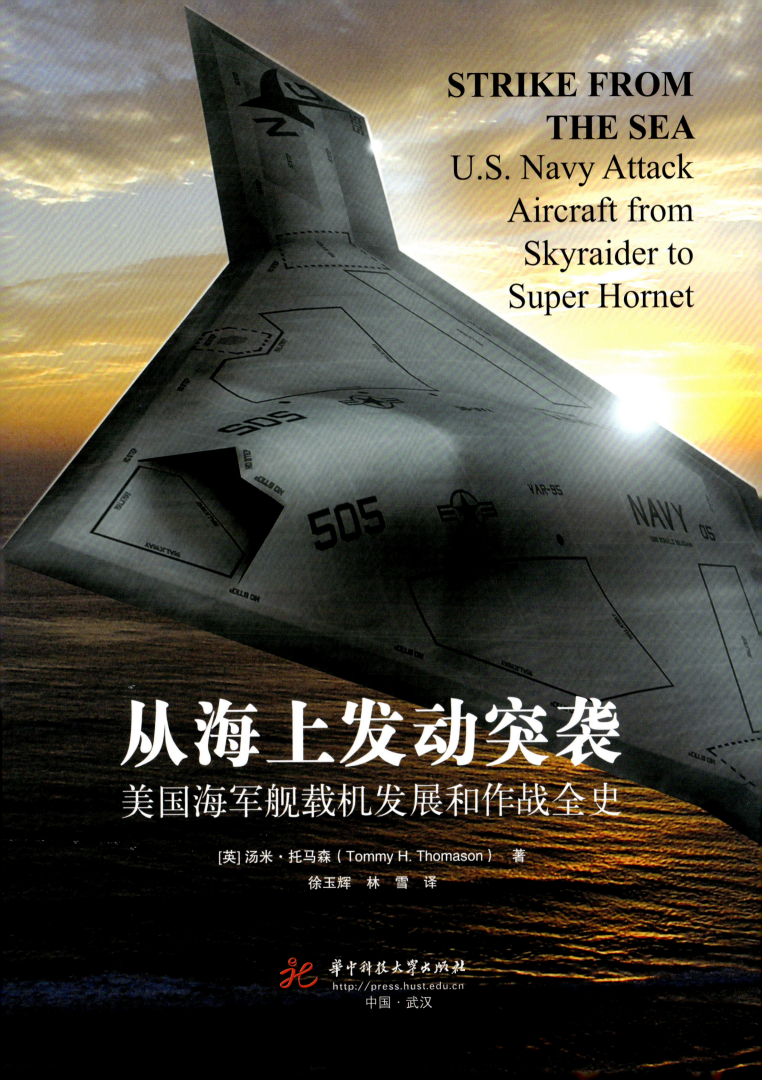

STRIKE FROM THE SEA
U.S. Navy Attack Aircraft from Skyraider to Super Hornet

从海上发动突袭
美国海军舰载机发展和作战全史

[英] 汤米·托马森（Tommy H. Thomason） 著

徐玉辉 林雪 译

华中科技大学出版社
http://press.hust.edu.cn
中国·武汉

美国海军测试中队飞行员学校（TPS），是美军少数配备着各型"大黄蜂"战机的非战斗部队。图中，这架隶属于该学校的F/A-18B型"大黄蜂"正准备从帕图森河海军航空站起飞。（美国海军）

前言

PREFACE

本书中，我将在前言中对各种飞机项目从被认可到正式立项的过程进行简单的概括，希望这样的概括不会显得过于简略。

美国海军的飞机承包商

1948年时美国独立的飞机制造商远多于今天。许多飞机制造公司都是以它们创始人的名字命名的。海军飞机主要的承包商（完整飞机的供应商）包括波音、康维尔（伏尔提联合飞机公司）、道格拉斯、格鲁曼、洛克希德、马丁、麦克唐纳、北美航空、沃特等。到20世纪90年代末期并购的风潮终于得以平息之时，这些公司中有2/3都已销声匿迹或已不再独立存在。最后生存下来的实体只剩下波音、洛克希德-马丁和诺斯罗普-格鲁曼等公司。

联合飞机公司是由鲁本·菲利特于1923年在纽约的布法罗成立的。伏尔提飞机公司于1939年正式成立，此前，自1932年由杰勒德·伏尔提创办以来，它一直以其他形式存在。1943年，联合飞机公司和伏尔提飞机公司合并。不久后，二者的联合体更名为康维尔公司。1953年，康维尔公司被通用动力公司收购，成为其旗下的康维尔部门，其主要的工厂设立在加利福尼亚州的圣迭戈和得克萨斯州的福特沃斯堡。20世纪90年代中期，通用动力公司[1]不得已放弃了许多项目，其中就包括在福特沃斯堡的工厂。这家工厂先后生产了B-36、B-58、F-111和F-16。1993年，该工厂带着未完成的F-16项目被洛克希德公司收购。

格鲁曼公司是1929年由勒罗伊·格鲁曼创立的，坐落于纽约长岛。20世纪90年代初期格鲁曼陷入困境，并于1994年被诺斯罗普公司收购。[2]合并后的公司取名为诺斯罗普-格鲁曼公司。

沃特公司源于刘易斯公司和沃特公司，它于1922年被其共同创办者钱斯·沃特更名为钱斯·沃特公司。直到2008年，它还仍旧是一个独立的、未被并购的整体，然而，钱斯·沃特公司已经不再是一个完整飞机的设计制造者了。自从其A-7"海盗Ⅱ"退役以来，沃特公司的所有者和名字有了多次的变更，成为飞机主要承包商在机身结构方面的分包公司。2000年，它曾被凯雷集团从诺斯罗普-格鲁曼收购，并改名为沃特飞机工业公司。

北美航空公司（飞机制造公司，1934年由詹姆斯·金德伯格创立）和道格拉斯公司（1921年由唐纳德·道格拉斯创立）也被更为成功的公司收购，最终成为波音公司的下属机构。北美航空公司1967年与罗克维尔标准公司合并成为北美罗克维尔公司。1996年被波音公司并购，北美罗克维尔公司更名为罗克维尔国际。而道格拉斯是在1997年被麦克唐纳飞机公司（詹姆斯·麦克唐纳创立于1939年）并购的，其母公司名为麦克唐纳-道格拉斯。麦克唐纳-道格拉斯和波音于1997年合并，最终合并后的公司被命名为波音公司。麦克唐纳-道格拉斯在一段时期里，以一个独立的整体的形式存在，现在它的工厂已经不再具有独立性，而是成了波音综合国防系统集团不可分割的一部分。

格伦·L.马丁公司于1912年成立于加利福尼亚州的洛杉矶。唐纳德·道格拉斯、詹姆斯·麦克唐纳、钱斯·沃特、达彻·金德伯格和拉里·贝尔都曾于不同时期在这家公司任职。洛克希德兄弟1916年在加利福尼亚的圣巴巴拉创办了洛克海德（Loughead）飞机制造公司。在其原始公司失败后，洛克希德又于1926年在加利福尼亚州的好莱坞成立了读音相似的洛克希德（Lockheed）飞机公司。1995年洛克希德和马丁公司合并。

攻击机型号规则总述

1948年，刚刚独立出来的美国空军改变了其飞机的型号规则系统。代表"驱逐"（Pursuit）的P，被代表"战斗"（Fighter）的F取代（F曾经被用于特指空中照相侦察机）。战斗类型的飞机代号只是字母改为F，而字母后的数字代号不变。

空军彻底停止了使用A代表攻击型战机（Attack），这一代号从1926年起就一直被用于代表轻型轰炸机和近距离空中支援等类型的战机，其数字代号按从小到大的顺序一直排到45号。B代表轰炸机（Bomber）被继续沿用，所有备用的及正在改造的攻击型战机都采用了轰炸机的代号，只有被取消的寇蒂斯XA-43项目和少部分单发动机飞机，如道格拉斯A-24（海军SBD"无畏"俯冲轰炸机的岸基型），没有采用B作为代号，后者的代号最后改成了F-24。唯一一种继续留用的A字头飞机是北美A-26轻型轰炸机，更名为B-26，而这是先前马丁公司"掠夺者"的型号。道格拉斯XA-42改为XB-42。此外，康维尔XA-44改为XB-53（该类型没有建造出成品），马丁XA-45被改为XB-51。

"A字头"飞机的消失并不意味着空军不再需要承担对地攻击任务，只不过如今这项任务成为战斗机的副业，少数情况下，还可能由轰炸机承担。

1962年之前海军飞机的代号规则将在第2章中描述。具有讽刺意味的是，就在空军决定取消使用代号A的同一年，海军开始用A代表攻击机而停止使用B代表轰炸机。

1962年美国国防部下令统一所有现役飞机的命名规则系统，该命令保留了攻击型战机的前缀，并与重新启用的从1开始的数字序号组合成新的型号。攻击机命名规则的调整只影响了少数现役或仍在研制阶段的海军飞机，如下表所示。

绰号	旧型号	新型号
道格拉斯"天袭者"	AD	A-1
北美"野人"	AJ	A-2
道格拉斯"天空武士"	A3D	A-3
道格拉斯"天鹰"	A4D	A-4
北美"民团团员"	A3J	A-5
格鲁曼"入侵者"	A2F	A-6

之后研制的，包括空军的新型攻击机，也继续沿用了这一命名体系。

- A-7：沃特"海盗Ⅱ"单发攻击机，先服役于海军，后服役于空军。
- AV-8：麦克唐纳按许可证生产的霍克·希德利"鹞"式垂直起降战机。
- A-9：诺斯罗普双发单座攻击机，曾参与空军近距空中支援飞机竞标，结果失败。
- A-10："雷电Ⅱ"式攻击机，双发动机，单驾驶座，在与A-9的竞标中获胜。
- A-11：这是1964年2月，洛克希德3马赫YF-12战斗机在其首次公告时被正式确定的代号。该公告为秘密发展的洛克希德A-12侦察机起到了掩护作用。A-12飞机是为中央情报局替换U-2侦察机而研发的。在洛克希德内部，A是"大天使"（archangel）的缩写，A-12是该系列设计研究任务中的第12个设计成果。
- A-12：通用动力公司"复仇者"Ⅱ攻击机。由于洛马的A-12早在20年前便已退役，因此无须担心该机与中央情报局的A-12侦察机混淆了。

接下来的攻击机代号是A-18。之所以要跳过中间的5个数字，是因为该机是F-18的攻击机型，比较特殊。攻击机与战斗机的配置结合在一起后，F-18和A-18成为F/A-18。

早在战斗机和攻击机的连续代号系统被使用且特设的代号方法替代之前，就出现过代号上的怪事。有

意思的是，到了研制用于反游击作战的B-26K时，道格拉斯B-26再次变成了A-26。由于美国和泰国之间的一项条约禁止美国在泰国部署轰炸机，于是该机的型号又改为A-26A。A-37是另一个特设代号，它是由T-37双座初级喷气式教练机衍生而来的武装近距空中支援飞机。

不管怎样，攻击机的前缀再次没有了用武之地，这对于美国空军和海军同样如此。事实上，新的F-35（该型号源于另一个特设，其原始型号为X-35）是一类型似于F/A-18的攻击战斗机，但它一直没有使用代表攻击机的A前缀。此外，美国海军陆战队和英国皇家海军预定装备的F-35B短距/垂直起降型飞机，型号中甚至连代表垂直起降（VTOL）能力的字母V都没有。

采购流程

飞机和武器装备采购过程中有很多的参与者，一些人的影响力和行动给采购流程（特别是在非军方采购环节方面的采购）带来了一定的变化。

下图："超级大黄蜂"的矩形进气道口部，此型战机的整体尺寸较基本型更大，使得要分辨其与基本型"大黄蜂"战机更为容易。图中是一架隶属于空中试验和评估中队（VX-23）的F/A-18E"超级大黄蜂"战机，它正在海军"乔治·布什"号航空母舰（CVN-77）上降落。

海军飞行员最依赖装备，但他们的意见往往不被采纳。海军高层官员在改变现状上可能更有效，但有时会出现意见不统一的状况。由于战斗机最重要的功能是保护航空母舰，战斗机派在其飞机的改进和更新换代上有高度的优先权。攻击机派则处于一定程度的劣势，因为它被分裂成重型攻击机阵营和轻型攻击机阵营，双方在关于纵深打击和近距离空中支援这两方面的价值体现和投资需求存在分歧，所以经常提出不同的方案。除此以外，由于已部署的海军被分为东、西海岸两个组织，并进一步细分为不同的舰队，基于地缘政治的特殊性，各个舰队的作战需求也有不同。

上述的各部队都向海军作战部长（CNO）负责，而海军作战部长则担负着优先处理和整合各个舰队的要求，并将它们统筹进一个总体计划的行政职责。对海军作战部长负责的机构按照这些要求和计划开发和购买飞机，为方便起见，我将把它称为OpNav。1921—1960年，该机构被称为航空局（BuAer）。当时，它与美国海军军备局结合成为海军武器局（BuWeps）。1966年，海军再次改组，飞机的研制和采购改由海军航空系统司令部（NavAir）负责。不管用什么名字，OpNav的主要任务之一都是承包和管理新的和升级后的飞机项目。有时他们采取正式的竞争手段来选择项目承包商，有时他们会做出对现有飞机进行升级的决定。

与其他军种一样，海军最高官员（即海军部长）是文职官员。该职位属于政治任命，获选者的履历五花八门。1949年，来自奥马哈的律师弗朗西斯·P.马修斯成为美国海军部长。不得不承认，弗朗西斯·P.马修斯并没有多少航海背景。他有一句话很出名："我夏天度假的房子那儿有一个划艇。"[4]另一个极端是小约翰·F.雷曼，1981年他成为海军部长前曾是一名A-6的领航/轰炸员。

海军部长对国防部长负责，国防部长是总统内阁成员，属于另一项政治任命。国防部长这一职位于1947年设置并由詹姆斯·V.福莱斯特首任。直到罗伯特·S.麦克纳马拉1961年任职，国防部长办公室都基本没有在各个部门的内部运作上发挥关键作用，而是主要负责审理部门之间的纠纷和预算分配。麦克纳马拉不仅制定了系统的分析作为决策的基础，还要求这些决策和对主要方案的支持性分析在获得批准之前，由国防部长办公室对其进行详细的审查工作。在他处理的TFX（试验型战斗机）项目中，他改变了选择波音公司的最初决定，而选择了通用动力公司，最终海军和空军都得到了F-111飞机。

然而，这一过程到此还未结束。总统每年都必须将国防部的预算诉求向国会提交，以获得新一财年的资金和授权。然后国会将审议这些诉求，以让它看起来更为合理。项目必须经过授权和拨款资助才能启动。在众议院和参议院有四个独立的军事委员会，一个进行授权，另一个负责分配拨款。委员会的授权和拨款法案必须要通过众议院和参议院的批准，然后正式生效，还要再由二者进行调整。这是一个长期的极其混乱的过程，国会议员和参议员需要考虑所有选民及工作人员的意见，同时，他们也要在正式听证和非正式听证中向现役和退役军人以及公务员征求意见。飞机承包商都将办公室集中设置在华盛顿特区，这些商人肩负着影响国会关注自己的项目并避免竞争对手被列入提案的重任。

海军对合约和操作要求有一个测试和系统评估的过程，由海军检查与调查委员会（BIS）负责。大多数测试是在马里兰州帕图森河的海军航空站的航空试验中心完成的，包括岸上的弹射起飞和拦阻着陆的试验等。海上的资质测试则在任何一艘满足吨位级别需求的航空母舰上完成。核武器的测试在海军武器评估设施中心进行，它与柯克兰空军基地位置相近，都坐落在新墨西哥州的阿尔伯克基。导弹试验通常在加利福尼亚州的穆古角海军基地完成。

有一个相对鲜为人知的海军组织特别值得一提，那就是在加利福尼亚州中国湖的海军航空武器测试站。它位于爱德华兹空军基地以北40英里，占地110万英亩[5]，这里除了政府设施无人居住。该机构可以追溯至于1943年建立在因约肯的海军兵器试验站，后者当时的主要任务是测评和改进英制空对地火箭和美制Mk 13空投鱼雷。早期原子弹的近距离点火装置也是在那里被开发和检验的。从那时起，从此地诞生了许多经过创新和改进的机载武器，其中最知名的产品是红外制导的"响尾蛇"导弹，其他包括"巨鼠""祖尼"折叠鳍火箭、多联装挂架、多款"眼"系列自由落体炸弹、AGM-45"百舌鸟"反辐射导弹、AGM-123激光制导导弹等在内的诸多产品。在这里，民事技术人员和军事人员在实验室环境中，结合基础研究和工程实际，提出创新性和实用性的方案，以解决操作问题、满足部队需求。

注释

[1] 通用动力公司始于电船公司。电船公司于1946年收购了加拿大飞机制造商康纳戴尔。1952年，飞机销售业务成为其一个重要组成部分，因此公司更换了更合适的名称。

[2] 这是由于格鲁曼公司独立性的丧失，见"乔治·M. Skurla，威廉·H.格雷戈里.《内部铁工厂：格鲁曼公司的光辉岁月如何褪色》，安纳波利斯海军学院出版社，2004."

[3] 该型机与美国空军B-66基本相同，但美国海军采用了自己的体系。

[4] 时间是1949年5月13日。

[5] 本书均采用英制单位。

目录 CONENTS

绪 论 /1

1 战斗中的历练 /5
雷达 /12
军备 /15
遥控飞机和导弹 /16
开篇的结尾 /23

2 美国海军的第一架攻击机 /27
第二次世界大战中的攻击机研发计划 /28
制导武器的发展 /36
轰炸瞄准具的发展 /41
战后攻击机项目 /43
道格拉斯AD"天袭者" /49
朝鲜战争 /54
核攻击AD飞机 /57

3 远程核轰炸机 /63
临时能力——P2V"海王星" /70
北美AJ"野人" /73
训练和战备演示 /75
作战部署 /80
AJ–2项目 /84

4 失望 /91
艾里逊T40涡桨发动机 /92
道格拉斯A2D"天鲨" /95
低阻炸弹 /100
北美A2J"超级野人" /101
沃特SSM-N-8"天狮星" /104
沃特A2U"短剑" /108
马丁P6M"海上霸王" /112

5 "鲸鱼"的故事 /123

规范、评价和选择 /124
详细设计 /128
发　展 /130
使用和部署 /134
A3D-2 /139

6 单人，单枚核弹，单程？ /145

"白痴循环" /146
过渡型战术核攻击机 /148
尺寸问题 /160
A4D的改进 /161
"祖尼"火箭 /171
"小斗犬" /171
"铁手"和"百舌鸟"导弹 /172
"白星眼" /173

7 超声速打击 /179

麦克唐纳AH /180
北美通用攻击型武器成为A3J /183
核武器试验 /190
从主角到关键配角 /193
作战部署 /197
F-4的配角 /204

8 全天候攻击 /209

宽体"天袭者" /210
格鲁曼公司A2F"入侵者" /212
防区外武器 /235
不再用铁建造 /236

9 轻型攻击机归来 /241

A-7A开发 /250
A-7B /255
美国空军的参与和改进 /257
A-7E /261
"小牛"导弹 /268
A-4,近乎永恒 /268

10 走陆路一架,走海路两架 /275

对该选择的抗议 /281

11 替换 A-6,第一回合 /305

隐形飞机 /306
诺斯罗普的B-2计划和JDAM /309
格鲁曼A-6F"入侵者"II计划 /314
通用动力/麦道A-12"复仇者"II计划 /318
之后状态 /325

12 替换 A-6,第二回合 /329

格鲁曼公司F-14"雄猫"的升级和建议 /333
"雄猫"暂时填补了空白 /336
麦道F-18E/F"超级大黄蜂" /338
海军F-117 /344
JAST X-32和X-35试验机 /348

13 总结 /357

"U型打击" /363
从纵深打击过渡到灵活打击 /367

后 记 /375

推荐阅读 /382

词汇表 /384

一架隶属于VX-31中队的F/A-18F战机正向上爬升，"超级大黄蜂"战机尽管其尺寸较基本型增大不少，但其机动性能未减。

绪 论

"温言在口，大棒在手。"1903年4月，西奥多·罗斯福如是说。5年后，他向世界各地派出的16艘战舰和辅助舰船访问了五大洲的20个港口，被称为"大白舰队"。此次远航被赞誉为一次和平的外交，而这支实力能够保障美国在海外的利益、控制海上交通线的强大舰队，正是罗斯福口中的"大棒"。

那时，世界上还没有航空母舰，飞机的数量也极为有限。莱特兄弟在1903年12月才刚刚进行了飞机的首次试飞。当时的海战，靠的还是装备舰炮的舰船以侧舷齐射的方式来相互打击，各国海军还在使用最早可追溯到17世纪初的机动战术。战列舰和战列巡洋舰，仍是当时主要的武装战舰。它的大炮是海军舰队相互对抗的主要武器。战斗的胜负并不一定是由哪一方拥有最多或最大的战列舰所决定的，舰炮的射程、精度和射速同样是关键因素。

1921年，威廉·L."比利"米切尔准将通过击沉第一次世界大战中的德军战列舰"东弗里斯兰"号证实了舰船在遇到空投炸弹时的脆弱性。不论是公开的还是在私下里，美国海军上将们对此大都无动于衷。然而，美国的第一艘航空母舰——由海军运煤船"木星"号改造而成的"兰利"号（CV-1）已经开始了其改造工作。这艘其貌不扬的"带篷马车"被用于发展和评估作战的战略战术。由于"出身卑微"，"兰利"号的表现乏善可陈，它甚至连舰队的巡航速度也跟不上。幸运的是，航空母舰强大的侦察能力和远程打击能力已经在其身上得到明显的体现。

凑巧的是，根据1921年海军裁军会议，联邦政府决定停建建造中的4艘战列巡洋舰，而航空母舰终于有了现成的来源。4艘战列巡洋舰中的两艘被改为航空母舰："列克星敦"号（CV-2）和"萨拉托加"号（CV-3）。这两艘战列巡洋舰与其他当时在役的战列舰相比个头更大、速度更快。它们于20世纪20年代中后期开始服役。继这两艘航空母舰之后，"突击者"号（CV-4）、"约克城"号（CV-5）、"企业"号（CV-6）、"大黄蜂"号（CV-7）亦在10年内陆续服役。最后一艘航空母舰"黄蜂"号（CV-8）为了将《华盛顿条约》所允许的航空母舰吨位的剩余吨位利用起来，相比之前的航空母舰来说要小一些。与此同时，海军也开始投资于能够适应航空母舰操作的战斗机和轰炸机的专门设计和改进。到第二次世界大战开始之时，美国海军已经拥有了航空母舰、舰载飞机以及经验丰富的作战人员。

1941年12月，美国在珍珠港事件中惨败，但美国海军停泊在海上的航空母舰全都幸免于难，这加速了舰队主力从配备大炮的战列舰向搭载舰载飞机的航空母舰的过渡。正如1415年在阿金库尔战役中，包裹在厚重铠甲中的法国骑士面对英国弓箭手从远距离发射的长弓时所感受到的无助一样，战舰在飞机投掷的鱼雷和炸弹面前也不堪一击。比起从舰船上发射的炮弹，舰载机的打击范围也要大得多。到第二次世界大战结束时，美国海军舰载机部队已经在反舰和对岸打击方面达到了较高的水平。

自哈里·杜鲁门以来，每当美国的历任总统遇到危机之时都会问道："我们的航空母舰在哪里？"然而，杜鲁门在第二次世界大战结束后最初的几年中却短视地没有给予美军海军应当的投资。而且在第二次世界大战中，美国和英国舰队击沉了敌方数量最多的海军舰艇。但由于战争的结束，国防预算面临削减。而即将独立，且未来将占用至少1/3军事预算的美国空军则作出承诺，保证用原子弹来尽快结束战争，同时也结束了这种新型决定性武器在未来任何战争中的使用。如果柯蒂斯·李梅将军和他的支持者们得逞，那么美国海军早已退居海岸警卫队的位置。美国海军与日本海军之间的战争已经结束了，但它与空军之间的斗争才刚刚拉开帷幕。

海军面临着两方面的挑战，首先是其继续存在的理由，这样才可以从国会获得拨款。一方面，短期内美国海军不再有任何关注敌军海上力量的必要，事实上，美国的制海权根本不存在任何挑战；另一方面，投放原子弹的能力变得非常重要，但即使是体积较小的Mk 1原子弹对于所有现有的舰载飞机，甚至是对于那些正在研发的舰载飞机都过于沉重，无法进行搭载。

美国海军方面得出结论，以其现有的国防预算的份额，无法胜任保护美国及其盟国的重要海上经济交通线、为应对国际危机提供灵活快速的军事保障以及保卫国家免受海上威胁等任务。舰载飞机必须有投掷原子弹的能力，这样才能不再需要依赖于外国的军事基地。于是海军立即开始发展体型更大的、航程更长的舰载轰炸机，并成功开发了具备核打击能力的舰载轰炸机。

此外，具备常规打击能力的航空母舰的数量也在逐渐提高。第二次世界大战快要结束时，海军航空局正在为完成新一代舰载轰炸机及其武器而努力。直到今天，提高攻击效能和飞行员的生存概率仍然是其发展的主要目标。

本书将从核打击任务和常规攻击任务两个方面，详述美国海军舰载攻击飞机为实现这一目标的发展历程。

"突击者"号航空母舰（CVA-61）摄于1961年前后。（美国海军）

TBF"复仇者"是美国海军用来接替已经过时的TBD"蹂躏者"的鱼雷轰炸机。图中的TBF"复仇者"正在进行提高Mk 13鱼雷投放高度和速度的试验。鱼雷的转向鳍和对转螺旋桨外包围着一个胶合板箱。胶合板箱可以维持鱼雷在空中的稳定性,并且会在鱼雷入水时破碎脱落。图中看到的蒸汽是从推动螺旋桨的涡轮机中产生的。(美国海军,作者收集)

1 战斗中的历练

在第二次世界大战之前，美国海军航空母舰的主要任务是歼灭敌方舰队。为完成这一任务，美军研制了两类飞机：鱼雷轰炸机和俯冲轰炸机。前者飞到波峰高度，在距离军舰3000英尺的时候投下13英尺长、2000磅重的鱼雷；后者爬升到较高的高度，旋即几乎垂直地俯冲，它装配了一种特殊的瓣状俯冲减速板，以防在从高度3000英尺或更低的高度上投掷炸弹时机身速度过快。当时的机载武器与战舰用的反舰武器，如潜艇、驱逐舰和鱼雷艇发射的鱼雷，以及战列舰、巡洋舰和驱逐舰发射的高爆炮弹都很相似。

  这些飞机也会执行一些次要任务。例如，鱼雷轰炸机最初配备有"诺登"瞄准器[1]，用于进行中空水平轰炸。俯冲轰炸机则被用于侦察、搜索和定位敌方舰队。这两种轰炸机都由一名飞行员和一名尾炮射手操作。在无线电被引入战术飞机的初期，尾炮射手同时也是无线电报务员。与俯冲轰炸机相比，鱼雷轰炸机的体积更大，因为它配备的鱼雷更大、更沉，而且有3名机组人员，第3名机组成员是执行水平轰炸任务的轰炸员。

  舰载机要在战斗中取得成功，其对于生存能力的要求比岸基飞机更为苛刻。每艘航空母舰在出动时携带的飞行员和飞机的补给非常有限，尤其是在浩瀚的太平洋上。"神风"特攻队的攻击开始后，即使是大型的"埃塞克斯"级航空母舰携带的飞机也不到100架，而且其所载战斗机的比例越来越大。要成功打击另一个航空母舰特遣部队还需要能够一次性派出足够多数量的飞机攻击敌方，以突破敌军防御。这是航空母舰作战与战列舰舷炮齐射的相同之处。如果说飞行员和全体机组人员的牺牲是悲剧，那么飞机的损失更会逐渐削弱航空母舰的作战效率，甚至降低其生存能力。

  珍珠港事件迅速证实了对舰攻击的不同方法各自的相对优势。事实上，陆军航空部队在水平轰炸中几乎从未成功地击沉过一艘军舰，即便是在使用了"诺登"瞄准器的情况下。舰船在炸弹落下时往往会发生转向，即使船体没有机动，炸弹也几乎总是无法打中目标。美国海军的鱼雷轰炸机队最初的表现甚至更糟，因为除了存在无法击中目标（或鱼雷击中目标后不能引爆）的可能性，鱼雷轰炸机还有很大可能被击落。相反地，俯冲轰炸更为有效，而且更有可能生还。舰船无法轻易地躲避从3000英尺的高度投下的、具有300英里/时速度的炸弹。舰船上的炮手在提高武器仰角攻击俯冲轰炸机时也会很困难。此外，由于舰载战斗机没有安装俯冲制动器，所以在俯冲的过程中它很难咬住俯冲轰炸机。因此拦截战斗机只能选择占据高度优势，在俯冲轰炸机攻击前进行拦截，或在俯冲轰炸机撤退时追击报复。

  美国海军俯冲轰炸机最初没有装备穿甲弹。军械局起初并不认为它们有效，因为它们所填充的炸药较少而且必须从10000英尺的高度投弹才能达到有效的最终速度。就算是下降至高度较低时投弹，近失的概率也要比直接命中的概率更大,而且穿甲弹对于船体和船舱的震荡影响远不如同等重量的普通炸弹大。但是日军在偷袭珍珠港时,只是简单地在40厘米舰炮穿甲弹上安装了小翼,就使其更符合空气动力学的形状。虽然这款炸弹威力巨大,然而,1760磅的重量使它只能由97式3型舰载轰炸机携带并在10000~12000英尺高空实施水平轰炸,这种攻击方式几乎无法命中敌舰。事实上,几乎所有停泊在珍珠港的船舶都没有被击中,"亚利桑那"号是一个不幸的例外。美国常规炸弹的有效性得到提高其实是通过采用延时引信实现的,可以在穿透装甲较薄的甲板后爆炸,因此具有更大的破坏性。重量为1000磅和1600磅的穿甲炸弹(AP)在战争期间由美国军械局研发,但使用有限。随后半穿甲炸弹(SAP)也被投入使用。人们发现这些半穿甲弹更容易被接受,因为在质量相同的情况下,它们拥有更大的装药量。[2]

美国海军很快就放弃了对舰船水平轰炸的想法,但仍然坚持用鱼雷攻击,尽管经历了早期在中途岛战役时的失望,当时鱼雷轰炸机唯一的贡献就是吸引敌人的防御火力和从空中四面八方袭来的大量战斗机的攻击。其实,那次战役的首要问题在于鱼雷本身。

战争开始时,海军的航空鱼雷是直径22.5英寸、13.5英尺的布里斯·李维特Mk 13航空鱼雷,在装上一个400磅重的弹头后,它的重量略小于2000磅。而在改为安装600磅的弹头后,它重达2216磅。它在水中

下图:在1938年竞标中获胜的SB2C"地狱俯冲者"轰炸机取代了海军的SBD"无畏"俯冲轰炸机。但由于存在严重磨合问题,该机在1943年年中被分配给第一艘航空母舰时,被其当时的舰长拒绝搭载。1943年9月,经过不懈的努力,其设计在改进后终于被接受,并得到了部署。(美国海军,罗伯特·L.劳森收集)

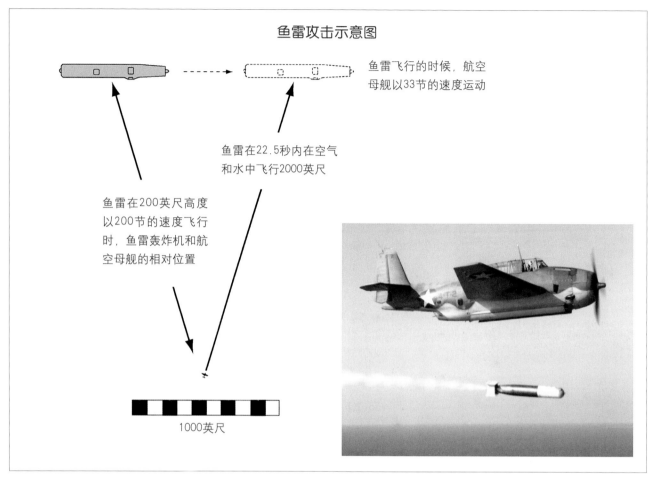

的速度约33节,最大射程为6000码。该型号的航空鱼雷是在海军的鱼雷轰炸机还是双翼飞机时下令研制的,需要在高度50英尺以下,空速125英里/英里以下投放。因为鱼雷是无制导的,所以必须在1000码以内发射,且航迹中不能遇到任何障碍物的撞击。入水后,它们很可能会因为方向与敌舰预计运动方向不同而白费力气,因此需要准确地估计目标的速度,并按照适当的方法投放。

本来情况会更糟糕,但是就在战争开始前,Mk 13进行了改造,用较为脆弱的胶合板箱将现有的鱼雷尾鳍包裹起来。胶合板箱使得鱼雷投放后在空中更为稳定。鱼雷入水时,也不会再发生剧烈的转向。在鱼雷入水的瞬间,胶合板箱就会随之脱落。

因为鱼雷的速度比军舰快不了多少,而且是非制导的,因此在对付机动战舰时,必须从两侧同时进行攻击。如果只有一枚鱼雷需要躲避,目标战舰很可能通过改变其路径安全逃脱。高度和射程的限制使得鱼雷轰炸机在攻击舰船时非常容易成为敌方的靶子。总之,初期的Mk 13鱼雷问题重重,即使是在其限制条件内发射,鱼雷入水后也很可能不会启动,若它侥幸继续前进,又可能会由于深度过大而穿底而过,就算它能够击中目标,它还有可能不会爆炸。[3]

所以结果是,虽然1942年5月的珊瑚海战役中,TBD飞行员声称命中并击沉了日本"祥凤"号轻型舰队航空母舰,但是实际上,在1942年和1943年年初,美军很少有鱼雷能够命中目标,被击沉的舰艇数量更是寥寥无几。最低谷的时期是其后的中途岛战役。海军的47架鱼雷轰炸机(41架老式的TBD和6架全新的TBF)没有一架用鱼雷击中日本舰船,且最终只有5架飞机平安归来。驾驶这些飞机的100名机组人员中只

上图：图中准备装入SB2C的是一枚穿甲炸弹，它并不常用。一旦它击中舰船，其威力将远大于常规炸弹。但大多数情况下，炸弹都会近失，不能直接击中目标，这样一来，由于相同重量的穿甲弹比常规炸弹所含的炸药量小，其对舰船造成的破坏就不如常规炸弹了。图中的士兵们正在调整炸弹挂架。（美国海军，来源：史蒂夫·金特）

有15人生还，其余人员均因对敌舰的攻击行动而丧生。

然而，问题不仅仅出在表现不佳的鱼雷身上。根据尼米兹上将的行动报告，大多数中途岛战役的鱼雷轰炸机在投放鱼雷之前就已经被击落了[4]。

- 俯冲轰炸机和鱼雷轰炸机的完美攻击配合，在珊瑚海获得了巨大成功，但在中途岛战役中却一败涂地。妨碍两者配合的最主要因素在于日本采取了集中战斗机攻击我方鱼雷轰炸机的战术。俯冲轰炸机依旧发挥作用击沉了航空母舰，但代价惨重，我们的大部分鱼雷轰炸机都损失掉了。
- 就其性能而言，TBD飞机有着致命的缺陷。勇敢的飞行员们只能驾驶着它慷慨赴死，损失极其惨重。TBF虽然性能得到了很大的改善，但没有战斗机的掩护，仍无法保护战士们攻击舰船。因此，必须研制大航程舰载战斗机。
- 空射鱼雷的有效性必须得到提升，我们目前迫切需要更大的鱼雷弹头。目前的改进型鱼雷已经在正确的方向上迈出了有利的一步，但新型鱼雷必须具有高得多的入水速度。在中途岛战役中，B-26和TBF就是在减速到鱼雷投放速度时遭到日军战斗机的打击。

尼米兹还指出，"如果正在研发的1000磅穿甲弹能够用俯冲轰炸机投放，就不会有那么多已经被击中的舰船逃走了；不仅如此，要想摧毁一艘航空母舰，也就不必进行那么多次的轰炸了。"

接下来的一篇报告又重申了关于水平轰炸的这一结论。尽管在中途岛战役中鱼雷的命中率确实很低，尼米兹还是支持保留对鱼雷的使用：

> 高空水平轰炸已经被证明了对机动水面舰艇相对无效。正如第6巡洋舰中队司令所言，"我们自己的海上力量——显然敌方的海上力量也是一样——很少重视高空轰炸，因为其结果大多是'近失弹'"，而这是远远不够的。即使在平时，从约10000英尺的高空进行水平轰炸，命中机动目标战舰的概率也非常小。并且随着高度的升高，水平轰炸的命中率将进一步下降，这样的攻击是无法阻止任何一个舰队的行动的。另一方面，不论是在这次行动中，还是在此前其他参战国的战斗经验中，航空鱼雷和俯冲轰炸机都已经证明，它们的攻击才是唯一真正有效的武器。[5]

美军潜艇的鱼雷此时也面临着命中率、发火率低的困境。因此，标准的Mk 13航空鱼雷在战争期间先后接受了十余次改造，性能得到了显著的提高。引信和定深系统的缺陷被发现和纠正，这使潜艇和鱼雷机变得惊人的高效。为了能以200节以内的速度在200英尺的高度上发射鱼雷，海军开发研制了合格的木质雷头风帽，并为鱼雷安装了减速环和改进后的尾箱。减速环在鱼雷入水之前减缓鱼雷的速度，入水后则充当减震器。尾箱的作用在于保持鱼雷在入水前的正确方

左图：俯冲轰炸机配备了大型襟翼以防止在俯冲过程中速度过快，同时还配备炸弹抛投挂架（图示情况其已经缩回）以确保炸弹在俯冲状态下被抛出后不会击中飞机螺旋桨。图中的SB2C轰炸机被分配到了一个训练中队，正在投放一枚老式炸弹。（美国海军，来源：史蒂夫·金特）

向。入水受到的冲击力会从鱼雷上剥离，这时鱼雷就可以自由地按照预先设定的深度直线前进了。

从1943年起，鱼雷的研发工作由加州理工学院负责。其主要任务是研制出一种可以在以350节的速度和800英尺的高度飞行的飞机上发射、并且仍然可以正常攻击目标的鱼雷。他们在帕萨迪纳水库的东部建立了一个测试基地，在这里鱼雷可以以各种速度从高处下落进行测试。最终，一款在螺旋桨叶片前装有减速环、具有更结实的螺旋桨叶片和更坚固的陀螺仪Mk 13改进型开始量产，此外还有一些细节变化，这里就不再一一提及了。1944年年初，经VT-13中队评估，该鱼雷可以从高达800英尺，以接近300节的速度飞行的飞机上投放。1944年8月4日其首次在作战中使用。1944年年底，这种被称为"环尾鱼雷"的新型鱼雷已被VT-51中队用于对抗日本在冲绳岛和菲律宾的商船和军舰了，雷达也被用来在云中或能见度差的地方实施粗略探测，并提供更为准确的测距能力。[6]

开发鱼雷的同时，军械局也在努力提高鱼雷瞄准器的性能。战争刚开始时，鱼雷飞机配备的是Mk 28鱼雷瞄准具。事实证明，这款瞄准器对于完成任务是远远不够的。即使飞行员能够通过瞄准和发射那些训练用鱼雷并观察鱼雷相对于其目标舰船的方位从而积累更多的经验，在鱼雷可以以更高的速度投放的情况下，这仍然需要飞行员花费过多的时间进行配置和操作。至少有两款经过改进的控制器被投入使用，但大多数飞行员的首选仍然是目视投雷。因此，在攻击时使用控制器，仍然需要飞行员分散太多的注意力，并且会强加给他们过多的操作限制，而这些对于飞行员来说恰恰是决定生死存亡的至关重要的东西。

战争结束后，尽管仍缺乏被广泛认可的瞄准器，但鱼雷已经完全恢复了其在机载武器中的地位。1945年4月，TBM鱼雷轰炸机的飞行员就在击沉日本"大和"号战列舰的行动中做出了大部分贡献，这是美国携带鱼雷的轰炸机在此次战争中的最后一次重大行动，也是鱼雷作为空投武器击沉水面舰艇的绝唱。8月12日，日本鱼雷轰炸机在冲绳岛击中"宾夕法尼亚"号（BB-38）战列舰，但未击沉。不过潜艇继续依靠鱼雷击沉舰艇，反潜飞机仍然装备自导鱼雷以击沉潜艇，在之后的几年里，新的飞机订单仍然要求其能携带鱼雷。美国海军

上图：为了增强舰载机大队的灵活性，SB2C在设计之初就被要求具备投放鱼雷的能力，所以SB2C甚至舰载战斗机都被进行了改造以便携带空投鱼雷。图中这架参加测试任务的SB2C携带的是一枚弹头风帽进行过改造以减少外挂阻力的空投鱼雷。（美国海军，来源：史蒂夫·金特）

上图：F6F"地狱猫"战斗机也被改装为鱼雷轰炸机。该型机与可以在高速下投放的鱼雷相结合，进行投弹时不再那么不堪一击。这张图片拍摄于1943年5月28日，图中的战斗机为了稳定挂载的鱼雷而做了细微的改动。图中使用的鱼雷是一个模型，F6F也是一架配备早期型0.50英寸口径机枪整流罩的飞行试验飞机。（格鲁曼公司历史中心）

还将依靠库存的空射鱼雷在朝鲜战争期间摧毁大坝，但它不会被用于攻击水面舰艇。

除了歼灭日本舰队，美国海军的舰载飞机还大力支持登陆作战和随后的地面作战，执行包括近距离空中支援、基础设施破坏、补给线路遮断等任务。新的武器开始发挥作用，比如空对地火箭。航炮因为其破坏力更为可观，也开始取代机枪。鱼雷轰炸机开始使用通用炸弹对海防设施进行水平和滑翔轰炸。

这些任务越来越多地将战斗机作为轰炸机使用。战斗机一直肩负着防空压制和近距离空中支援的任务，甚至还进行过俯冲轰炸（"海盗"以主起落架作为减速板）和投放鱼雷（"地狱猫"战机）的工作。来自"神风"特攻队的威胁使美军需要越来越多的战斗机来保护航空母舰，战斗机的空对地作战能力变得更为重要。舰上搭载飞机的数量是固定的，这使得一些轰炸机被撤掉，并替换为战斗机。这些战斗机在现有的副油箱挂架的基础上加设了火箭发射滑轨，用于携带和投放对地攻击弹药。[7]

雷 达

最初，雷达是用来对敌方飞机的靠近进行预警的。由于天线和电子设备的大小限制，雷达一开始被安装在岸上军事基地上。后来其体积减小而被用于大型船舶，最后，雷达可以安装在巡逻飞机和舰载轰炸机上。不过，其初期的图像显示需要相当多的处理工作，这在飞行中很难完成，特别是在仪器方面遇到了很多困难。然而，有了雷达，就如同有了超能力一样，它意味着美国海军飞行员可以在黑暗中找到敌人的船只，而大部分船上的日军防空炮手却看不到他们。

早期的机载雷达可以在夜间以及恶劣的天气条件下探测地形和船只，这样的能力使得它们成为非常有用的导航工具。它使攻击变得更加容易，特别是提高了飞机的生还概率。战争中，美军舰载机装配的标准雷达是美国海军研究实验室由无线电高度表调整而来的AN/ASB型雷达。1941年8月，这款新雷达研制成功时极为先进，于是军方初步提出将其安装在TBF鱼雷轰炸机上，随后又宣布将其安装在新的侦察轰炸机。1941年12月，海军航空部从RCA制造公司订购了25台雷达，其探测距离约为30英里，采用两根八木天线[8]，每个机翼下各一个。1942年年底，该型雷达被安装在少数TBF和SBD飞机上，二者各有一架部署于"萨拉托加"号航空母舰，其余的被运往珍珠港部署在其他航空母舰上。AN/ASB雷达随后成为海军轰炸机的标准配备，在战争期间生产了超过26000台。这款雷达不断被改进，其末代型号为AN/ASB-8。

两根天线的方向都可调节，由操作员操纵其转向沿探测目标的轴线并由雷达显示器提供目标沿该轴线的距离。两根天线可以在同一时间指向不同的方向。尽管天线定位和测定器处理的工作量限制了飞行员对雷达的利用率，但是仍在驾驶舱内提供了一个加接显示器。第一次使用雷达舰载飞机实施的夜间轰炸袭击是在1944年2月17日凌晨完成的，由从"企业"号起飞的、VT-10中队的TBM-1CS型飞机在特鲁克锚地对日本油轮和货轮实施的轰炸。无线电会引导飞机在250英尺的高度投放500磅

上图：美国海军在整个战争过程中都在改进Mk 13鱼雷，以期其能从更高处，以更快的速度被抛出。图中的军械队正在装载的这枚Mk 13鱼雷带有胶合板尾箱、阻力环以及整流罩。阻力环可以在较高的速度和高度投弹的情况之下，使鱼雷以较低的、其原本的设计速度入水。鱼雷入水时，阻力环会伴随着尾箱一同剥落。（美国海军，来源：史蒂夫·金特）

的炸弹，引信延时4秒的炸弹会直接砸进敌人的侧舷。目视投弹是首选，但有时也由雷达操作员指导飞行员投弹。由于夜间滑翔炸弹攻击可以在极近距离上投弹，相对于白天20%的命中率，飞行员称在夜间的命中率可以达到50%。报告显示，平均每12架参与夜间攻击的TBF中有一架会被击落，但通常情况下关于日军防御火力的报告是不准确的。[9]

磁控管的发展使得应用更高频率的信号成为可能。与500兆赫的水上目标搜索雷达（ASB）相比，高达3000兆赫的信号显著提高了小型天线的有效性和准确性。双工天线，即同一根天线既可以发送信号又可以接收信号，这是另一项创新，其大大节省了信号传输时间。其成果是APS-4型雷达，它可以挂在任何一架标准飞机机翼下方的挂架上。B型指示器在驾驶舱和后方乘员舱部均有装配，它们能够显示距离和方位。对舰艇的探测范围也增加至近100千米。可配备APS-4的"复仇者"号和"地狱俯冲者"号被定型为TBM-3E和SB2C3E型，从战争后期开始投入使用。同时，所有的新型轰炸机，包括单座飞机，都要装备APS-4雷达。

第二次世界大战的最后几个月中，美军部署了4个舰载专门的夜间攻击中队，采用的都是改进型的TBM-1或TDM-3D，其右翼前缘延伸出了一个雷达吊舱。其中有一些飞机进行了进一步的改造，去掉了炮塔和其他一些设备，以减轻飞机的重量，并允许其在炸弹舱携带副油箱。飞行员拥有一个小型雷达示波器，而主雷达示波器在轰炸员舱，两名雷达操作员在舱内对其轮流进行操作。用雷达发现并靠近目标后，500磅重的炸弹和火箭仍然需要靠目视投下[10]（信号弹偶尔用于照明，探照灯已被用于反潜战，后者对于地面防空火力来说也是一个极佳的瞄准点）。

除了采用雷达，1944年12月，海军还为VTN-90中队的TBF增加了雷达干扰器。这些干扰物主要为铝箔条，它们会使雷达发射的返回值不成比例，从而模糊目标的真实情况。干扰机对敌方雷达频率发出随机噪声，其性能在1945年1月对"企业"号进行模拟攻击时得到了印证，使作战信息中心的对空搜索雷达显示器完全不可读。但铝箔条技术含量低，对抗某些雷达效果差，并且只有在敌方雷达合适的频率下才能有效对抗，因此如今的干扰器由覆有铝箔的玻璃纤维来替代铝箔条。

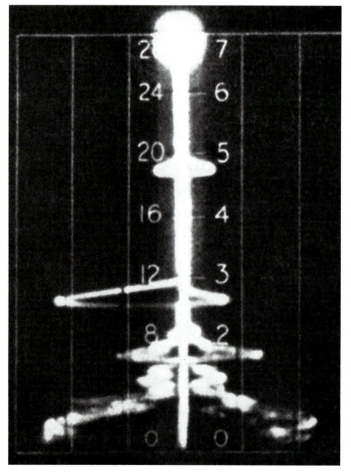

左图：A型指示器与八木天线阵列相结合，可以指示出沿着天线方向的目标距离，左侧表示左侧天线的雷达回波，右侧表示右侧天线的雷达回波。回波的宽度可以指示出目标的大小，回波在刻度上向上偏移的距离则显示出相对飞机的距离。需要注意的是，天线可以在两个不同的方向指向外侧，但是显示器上并不能体现天线的方向。（作者收集）

军 备

早期的轰炸机装备的向前发射的是像机枪一类的轻武器。原TBF-1只有一挺安装在整流罩上的0.30口径机枪,穿过螺旋桨同步开火。这种装配方式很快就被淘汰,而改为在每个机翼装有一挺0.50口径机枪(备弹600发)。最开始生产的SB2C飞机装备有4挺前向固定式0.50口径勃朗宁机枪,但很快就被改为两门20毫米航炮(备弹400发)。SB2C-1C是第一批配备了20毫米航炮的美国舰载飞机,其20毫米航炮射速为每分钟750发,初速2800英尺/秒,几乎与勃朗宁机枪相同。更重要的是,其弹头比机枪重2~3倍,并且可以填充炸药。虽然最初存在些许卡壳的问题,但在战争结束后,20毫米航炮成了新生产的舰载战斗机和轰炸机的标准配备武器。

在战争期间得到持久发展的机载武器是非制导火箭。从1943年年底开始,每一架舰载战斗机和轰炸机都进行了改装,加装了发射滑轨。最先改为装备火箭弹的是在航空母舰上执行大西洋反潜战(ASW)任务的TBF飞机。美制空射火箭弹是从英制反潜火箭发展而来,英国反潜火箭弹头直径3.5英寸,采用的是固体燃料发动机。美国所做的第一项改进是将英国的弹头替换为一个直径5英寸的破片弹头,这样的改变减小了射程与初速,所以其第二个修改就是将原来的3.5英寸发动机替换为直径为5英寸的发动机。于是长6英尺、重140磅的"高速空射火箭"(HVAR)便诞生了。HVAR的弹头可以穿透1.5英寸厚的装甲和厚达4英尺的钢筋混凝土。飞机外挂架可挂载8~10枚火箭弹,这意味着一架携带5英寸火箭弹的飞机能够达到驱逐舰单轮侧舷齐射的打击效果。

为了拥有更强的穿透能力,通过把500磅重的半穿甲弹置于装满火箭推进剂的标准油井套管前面(为方便起见,直径与半穿甲弹相同,也是11.75英寸),并在后端添加一个火箭喷嘴和固定尾翅,火箭弹

下图:1944年部署的TBM-3D战机在右翼上固定安装有APS-4雷达和B型显示器,供飞行员和无线电员使用,这使得该机在夜间和恶劣天气下具备更强的任务能力。图中该机翼下安装的是具有更大杀伤力的5英寸弹头的3.5英寸火箭弹。(美国国家档案馆80-G-408593)

上图：美国海军舰载机装配的第一种雷达使用的是八木阵列天线。每个机翼下面均有一部天线。它们可以由机身内的雷达员控制分别指向不同目标。图中的雷达方向几乎直接指向外部，和TBF机身内的飞行员所看方向一致。（格鲁曼公司历史中心）

"小蒂姆"应运而生。该火箭弹长10英尺，重达1300磅，其第一次试射于1944年6月进行。但试射从一开始就暴露出了问题，因为"小蒂姆"无法从滑轨上直接发射。第一个解决方案是用铰链代替，就像俯冲轰炸机为在俯冲过程中提供投弹安全空间所用的装置。更简单的方法是直接抛投，即在火箭弹上装配一个挂绳，用于在确定其已经离开飞机后启动点火。火箭弹原本被计划用来对付德国"复仇武器"地堡，而因为此时欧洲战场战局已定，实际上它被部署到了太平洋。不幸的是，第一艘携带"小蒂姆"火箭的航空母舰"富兰克林"号在空袭开始之前就被日本"神风"特攻队重创退出了战斗。"小蒂姆"后来被岸基海军陆战队中队的北美PBJ轰炸机（B-25的海军版）装备，用来对付日本航运船只，并发挥了一定的效果。

遥控飞机和导弹

战争结束前夕，为提高袭击的有效性和生存能力，原始的制导炸弹开始在战斗中被进行测评。攻击的有效性主要在于发射的准确性，而为保证生存性则要通过保持投弹飞机处于攻击目标的防御范围之外来实现。对于传统的非制导武器来说，这两者是不可兼得的。日本"神风"特攻队的攻击非常准确，但并没有为攻击后的生还做任何打算；而陆军航空部队在高空轰炸舰船，虽然风险降低了许多，但几乎完全没有效果。

为了能够远距离击中目标，武器在被发射后需要加以引导，以消除其发射后目标的后续机动和/或任何初始瞄准所产生的误差。武器最好是完全自动化的，一旦目标确定，就把它发射出去，之后远离现场即可。然而，完全自导的武器也有其缺点。导弹一旦完全自动操控，就无法应对目标的防御机动。即使只是在一瞬间丢失了目标，要想重新定位目标也是不可能的。自主性也增加了武器的复杂性，使其可靠性下降、成本提高。

第一代制导武器的起源是对防空炮手训练时所用的遥控靶机。美国海军的计划于1936年开始。第一款美制遥控靶机由一名导航瞄准（NT）教练和一名机上安全飞行员协作操纵完成，以防止系统发生故障，并顺利完成着陆。两架N2C-2双翼教练飞机和一对"斯蒂尔曼-哈蒙德"Y-1S（JH-1）也在1937年11月被美国海军飞机厂改装为由无线电控制。[11]1937年11月，在新泽西州开普梅，在机上没有安全飞行员的情况下，N2C成功地完成了试飞。"大湖"TG-2双翼鱼雷轰炸机被用作控制飞机，无人机控制器就安放在该机的前座舱内。1938年8月，AJH-1两次在模拟对抗航空母舰"突击者"号的炮手的飞行中，均没有被击中。9月，N2C-2试图模拟攻击"犹他"号战列舰（BB-31），但在第一次出动时被击落。之后在1939年2月的几次飞行中，无人机似乎一直都非常走运，行动缓慢的N2C极少被击中，而被击落的更是只有一架。1939年3月，俯冲轰炸机先后9次攻击"犹他"号战列舰，均没有被击中。此外，遥控飞机被认为是一种非常有效的武器。

这些无人机由附近的一架飞机进行目视控制，但这限制了作为武器的无人驾驶飞机的瞄准精度，并将控制飞机暴露于敌人的防空火力圈内。美国无线电公司的首席电视科学家，弗拉基米尔·佐里金博士（Vladimir Zworykin）曾在1935年向美国军械局提出了一个给空投鱼雷安装"电眼"的方案。多次会议后，该想法被否定了，"因为鱼雷将会变得又大又沉（1600~2200磅重），控制飞机也会更为复杂庞大，这会使得航空母舰的攻击力减少50%。"[12]1937年，根据苏联的空中侦察装置研制合同，美国无线电公司将电视摄像装置安装在福特水上飞机上，并在试飞中将可辨别的地面图像成功传输到了移动单元。虽然海军飞机厂最初的兴趣在于把进行高风险的结构性测试的遥控飞机的仪表盘改为电视仪表，但结果却是其被应用到无人机的控制上，向无人机控制器发送靶机的图片。1941年年初，可行性评估开始，原型设备被安装在洛克希德XJO-3运输机上。该设备可以在高度达10000英尺的位置采集到舰船的清晰图像，并且能够传输60英里的距离。

1941年夏天，一架遥控的TG-2鱼雷轰炸机配备了一个挂在炸弹架上的完备的摄像头/信号发射器和一部新发明的雷达高度表。一架无人TG-2轰炸机被

下图：20毫米航炮使得美军舰载机的火力有了显著提升。这架F4U-1C用4门20毫米航炮代替原来的0.50口径机枪。（沃特遗产中心）

上图:这是第二次世界大战期间航空母舰上一个典型的武器装载场景。图片最上方的机翼属于一架F6F-5N飞机,它装配了6挺0.50口径机枪和6枚5英寸弹头的3英寸火箭。TBM飞机正被装备上火箭弹和500磅通用炸弹。(美国国家档案馆80-G-321903)

用来发射鱼雷攻击一艘在罗得岛纳拉甘西特湾关昆锡点海军基地的驱逐舰。控制飞行员在20英里之遥,通过观看由安装在无人机前面的相机传输的电视图像,引导它在距目标大约300码的位置释放了鱼雷。该月的晚些时候,配备电视摄像机的遥控双翼飞机BG-1在距离控制器11英里远的位置与一个拖曳目标筏故意碰撞。这些成功的测试,促使海军作战部长在1942年5月设置了一个主要任务为攻击的无人机项目:"选项"计划。

海军飞机厂被授权设计并制造100架TDN无人攻击机。它由两台莱康明220马力风冷发动机作为动力装置,不过对于战事而言,选用何种动力无关紧要。该机具备600英里的航行能力和150英里/时的速度,以及2000磅的有效载荷,可以从航空母舰上弹射。第一架TDN于1942年11月首飞。

1942年4月,美国海军航空局为TDR向位于美国加利福尼亚州洛杉矶的洲际飞机及工程公司发送了一份意向书。TDR与TDN非常相似,它们的主要区别是,TDR不像TDN那样采用下单翼而不是上单翼。TDR机身加上挂载的Mk 13鱼雷和燃料总重约6700磅,其最大航程为750英里,但是其以最高时速160英里/时飞行时,其航程减少到400英里。洲际工程公司将这批飞机的制造转包给了没有航空经验的制造商。其后果是,最终订购的1000架TDR-1、TDR-2 TD2R和TD3R中只有188架出厂。

这些无人机设置有一个简易驾驶舱,以便进行无人机初步试飞和必要时的往返空运。在它进行最后一次飞行时,其起落架将被抛弃,这样飞机起飞后可以最大限度地提高速度和飞行范围(一个100磅重的炸弹也会安置在驾驶舱内,以确保销毁控制设备)。无人机有一个简单的自动驾驶仪和无线电高度表来控制高度,一个带有控制杆的控制器来改变其航向及高度以及一个功能控制器——其实就是转盘式电话的拨号器。在战斗中,无人机操作员在随附的格鲁曼TBM飞机上通过电视摄像机和无线电控制装置遥控TDN或TDR无人机。TBM有4名机组人员,在标准组成(尾炮手、报务员和飞行员)的基础上增加了一名无人机操作员。在升空之初,TBM驾驶舱内的飞行员要同时驾驶TBM和无人机。无人机靠近目标时,驾驶舱里的无人机飞行员会接替前面的飞行员,无人机的状况在其电视屏幕上是可见的。

横向瞄准的雷达高度表也成为一种可替代遥控电视画面的制导装置,也是一种有潜力在各种天气下运作的瞄准系统。该系统使得无人机能在达到射程时自动释放鱼雷。在1943年年中,军方对具备该系统的一架无人机进行了飞行评估,它能够探测到2英里距离以内的移动的舰艇,并直接飞过去。相比之下,当时的电视系统则不能提供如此高分辨率的目标图像,且需要保留人工操作的瞄准系统。

美军的攻击无人机由航空特遣航空大队(STAG)操作。其中三个大队成立于俄克拉荷马州克林顿的海军一级航空站(NAS)。首次训练后,STAG 1调到了密歇根州特拉弗斯城进行水上训练。之后它再次

下图:"小蒂姆"火箭弹的设计专门用来对付敌人的坚固工事。由于火箭尾焰极为严重,当它投放后,到达连接到挂架上的挂绳的末端时才会点火。虽然战争期间使用质量很好,但是为了进一步改进,1948年5月它在中国湖海军第一航空站由F6F"地狱猫"试射。(加里·维尔威收藏)

被调至加州蒙特利海军辅助航空站，准备接受部署。STAG 2在克林顿海军一级航空站训练之后迁往得克萨斯州老鹰山湖的海军一级航空站。1944年3月，STAG 2和STAG 3解散，STAG 2整体并入STAG 1，部分STAG 3的人员和飞机转移到特殊武器测试和战术评估单位（SWTTEU，1942年8月成立于密歇根州特拉弗斯城）。

舰队中明显缺乏用无人机替代航空母舰上的载人飞机的热情。原因之一是TDN和TDR的速度太慢。[13] 另一方面，无人机占据的空间过大（没有必要采用折叠机翼，因为会带来过多额外费用），并且只能使用一次，而传统的载人飞机可以多次投放炸弹，为固定体积的航空母舰提供了更大的打击能力。为正在航行的航空母舰补充又大又脆弱的无人机比起为它补充炸弹来更为繁重。然而这些缺点都不足以压倒下面的论断，即无人机更容易击中目标，因为攻击可以被压缩到极近距离之内。

作为岸上基地而不是航空母舰上的现场试验，1944年6月两个由TDR-1和TBM型飞机组成的STAG 1分队被部署到南太平洋的罗素群岛。7月30日，该分队首次投入了实战，对抗一艘搁浅于瓜达尔卡纳尔岛埃斯佩兰斯角的日本遗弃货轮。4架TDR（每架携2000磅的炸弹）全部成功投放炸弹，其中两架直接命中，另外两架近失。

从9月开始，美军开始正式对日本在布干维尔和拉包尔及其附近的目标展开行动。在超过30天的时间里，46架TDR起飞前往目的地，其中有37架接近了目标区域，至少直接命中21次。日军最初甚至以为，美军也开始自杀式袭击。这些行动可以说是成功的，但是海军高级军官却继续认为这一理念毫无实效，主要问题在于由电视摄像机提供的分辨率和对比度过低，只有在阳光明媚的日子里对于对比度明显的目标才有用。此外，TDR的脆弱性和低速性使它很容易在进攻期间被敌方击落。

下图：因为原本用作舰载无人机，TDR/TDN控制飞机改装自格鲁曼公司的TBM飞机。无人机控制员坐在驾驶舱飞行员的后面，他们在TBM内通常很清闲。至少有几架TBM像图中这架一样进行了改造，即在炸弹舱尾部可伸缩的护罩内安装上了一部H2X雷达。有了平面位置显示器（PPI）的显示和TDN/TDR中的雷达信号收发器，在TBM中的控制飞行员无需看到无人机和目标就可以控制前者飞到后者附近。剩下的工作就是让无人机瞄准目标，这时操作员可以通过电视看到目标的影像。（美国国家档案馆80-G-387191）

即使STAG 1为期30天的测试获得了空前成功，其未来前景仍然不乐观。美国海军作战部长得出结论：制导炸弹"应在舰载机进行最小改动的情况下为它们设计使用"[14]。1944年10月底，STAG 1被撤出作战行动，12月退役。残余的TDR主要成了加利福尼亚州中国湖的海军军械试验站的靶机。[15]

用电视画面进行准确制导存在很大的问题，除了在白天天气好且目标与背景对比度较高的时候以外，电视画面都无法识别目标。意识到这一问题后，军方开始着手改进，用雷达提供末端制导。最后研制完成的炸弹有两种，"鹈鹕"和与它非常相似的"蝙蝠"，两者都属于滑翔炸弹，其释放的高度每增加5000英尺，射程就增加4~5英里。这两种导弹的主要区别在于制导系统。"鹈鹕"与之前的空对空导弹相似，采用半主动式雷达导引头，通过追踪控制飞机（如一架PV-1陆基巡逻轰炸机）所携雷达向目标发射的雷达反射信号制导。而"蝙蝠"采用主动雷达引导头，可以自主地朝着目标前进。

"鹈鹕"导弹重约1000磅，内含一枚500磅重的炸弹。"鹈鹕"的研发始于1942年6月，1942年12月完成并接受测试。1943年10月，军方订制了3000枚"鹈鹕"炸弹。火箭推进的想法也在规划中。1944年6月的初步试验并不顺利，8枚炸弹均未能命中，部分原因是机载雷达难以保持持续追踪目标。虽然在随后的测试中"鹈鹕"也击中过目标，但9月后军方就停止了其在所有实战中的使用。

"蝙蝠"炸弹的弹体类似"鹈鹕"，但重达1700磅，包括内置的一个1000磅重的战斗部。1944年5月，海军开始对其进行测试。虽然"蝙蝠"的体积足够小，可以挂载于TBM和SB2C等的舰载轰炸机上，但是最初的方案是要把它部署到大型的四发动机的陆基PB4Y巡逻轰炸机上作战。对像舰艇这样的孤立目标，这是最为有效的方案，因为雷达的视野中其他物体的存在很容易使其引导系统发生混淆。[16]

在1944年年底相当成功的测试之后，"蝙蝠"导弹共生产了约3000枚，于1945年年初被部署到南太平

下图：TDR样机于1942年4月23—4月24日接受了审查。它看起来有点粗糙，事实上，3月18日，当有人问洲际工程公司的主管是否对建造攻击无人机感兴趣时，该型机的性能指标还没确定下来。图片中还展示了一些它可以携带的武器，包括深水炸弹和Mk 13鱼雷。驾驶舱只为维修和转场之用。飞机头部的开口为电视摄像机而设，可以向控制飞机提供图像。虽然建造的是轻型飞机，并且只有两台220马力的发动机，该无人机还是个头不小：翼展48英尺，长度超过36英尺。（美国国家档案局）

上图：TDN的性能演示于1943年年初在新泽西州五月岬完成。1943年8月，无人机在航空母舰上的首飞于密歇根湖在正在训练中的"紫貂"号（IX-81）上完成。出于某种原因，这架无人操纵机（NOLO）的起飞是在船后退时朝船艉进行的。对此的一种解释是，这种起飞方式为无人机提供了较长的甲板滑行距离，因此即使在发动机或控制失效的情况下，也不会有突然转向撞上航空母舰舰岛的风险。（美国国家档案馆80-G-387174）

洋。1945年4月开始执行作战任务，但由于导弹的不可靠性，加上飞行员培训不足，且很少能遇到合适的目标，"蝙蝠"取得的成功有限。战争结束后，这些剩余的导弹被留在海军库存，并被进行了修改，以消除由控制系统造成的"偏差"。导弹的精确度得到改进，这一点在1948年年初的一系列对驳船的投弹测试中被成功地印证，这些驳船配备了角形反射器，因而可以提供良好的雷达信号。然而，1948年7月，在夏威夷沿岸进行的舰队训练中投放的4枚导弹却没能击沉"内华达"号战列舰。第一枚被投下后立即开始盘旋；其他3枚则偏离了目标边缘600~1000码。显然，真正的战舰上更为复杂的雷达信号和操作区域中的其他雷达信号，使得"蝙蝠"原始的雷达系统对其分辨不清了。

下图：美国海军从洲际工程公司订购了性能更高的无人飞机。TD2R由两台450马力的富兰克林O-805-2发动机推进，但模型完成之前该设计就被取消了。TD3R由两台450马力的莱特R-975发动机驱动，飞机总重量可以增加到10343磅，这使得可携带的燃料量增加，航程可达1250英里。图中这架XTD3R挂载的是Mk 13鱼雷。驾驶舱仍然只是为检验性能、维护测试和转场运输而设。1944年中期生产被取消之前，TD3R共生产了4架。至少有一架在1945年3—6月期间进行了飞行评估试验，最终于1945年6月8日在密歇根州大夏天岛撞上了一个废弃的灯塔。（作者收集）

开篇的结尾

到战争结束前夕，人们不再认为强大的海军力量仍然有存在的必要。甚至在战后，已晋升中将的吉米·杜利特也在向1945年参议院军事委员会表明："我认为（航空母舰）已达到最大限度地使用，现在，它正在进入报废阶段……只要飞机有足够远的飞行范围，它们就可以到达任何我们希望它们去的地方。再者说，一旦在各地建立起空军基地，我们就可以去我们想要去的任何地方，我们将不再需要使用航空母舰。"要知道，1942年，他正是依靠航空母舰，才得以足够靠近东京来完成那次著名的轰炸任务的。

两件事情的发生把美国海军从在世界舞台消失的边缘拉回到了海岸警卫队的角色里。第一件事情是美国主动完成的。美国海军迅猛发展，不久就向世人宣告自己已经具备了投放航空母舰上搭载的原子弹的能力。第二件事情则是一个时间的问题——地缘政治危机需要美国作出反应，承诺不再使用核武器。美国海军用事实证明了它们的航空母舰在美国的军事力量中是必不可少的，特别是在最初几个星期的战争中。

美军在第二次世界大战末期使用的舰载机，都是1941年12月开始的发展计划的成果。海军鱼雷轰炸机主要是TBM"复仇者"（其名字用以作为珍珠港事件的一个纪念）。俯冲轰炸机是SB2C"地狱俯冲者"。[17]海军的舰载战斗机F6F"地狱猫"和F4U"海盗"，也都被用作近距离空中支援战斗轰炸机。战争期间，海军研发了许多新型战斗机和轰炸机以及武器，由于各种原因，除了F8F"熊猫"，研制出的飞机在战争结束之前都没有到达舰队，但该机也没有参加战斗。然而，海军的第二次世界大战舰载轰炸机方案之一，却成为美国海军攻击机在今后多年发展的基石。

下图："蝙蝠"是一种无动力的小型制导炸弹。雷达安装在导弹头部，使其可以自动追踪目标。在其"肚子"里的翼梁下携带有一枚1000磅炸弹，唯一的控制面在其机翼上。尾翼用于维持炸弹稳定。（特里·帕诺帕里斯收集）

注释

[1] "诺登"瞄准器在第二次世界大战中因陆军航空部队而闻名,它是由海军军械局在第一次世界大战后开发的,尽管当时只使用了教练弹,其准确性在1931年以巡洋舰"匹兹堡"号(CA-4)为打击目标进行演习时得到了展现。

[2] 通用(GP)炸弹外壳较轻,其自身重量的一半都是爆炸物,而穿甲弹(AP)或半穿甲弹(SAP)的炸药重量比较低。穿甲炸弹装填系数仅为15%,而半穿甲弹也仅为30%。

[3] 鱼雷是非常复杂和昂贵的武器。1940年它们的价格大约为1万美元,而2008年其价格达到了15万美元。因为预算限制,所以鱼雷只能进行非常有限的现场测试,而关于鱼雷实际操作的培训和实践就更少了。

[4] 海军上将切斯特·A.尼米兹向海军上将欧内斯特·J.金提供的中途岛战役行动报告,CINPac A1601849号文件,1942年6月28日。

[5] 中途岛战役1942年6月3日—6月6日的战斗记录,美国海军情报局情报科出版科(1943年)。

[6] 1945年4月,"修改后的鱼雷持续获得了有利的报告",海军航空机密通报。

[7] 正如在1985年夏天巴雷特蒂尔曼所作的报告《钩》所讲,1944年9月查尔斯·林德伯格驾驶了一架携带炸弹的"海盗"飞机在马绍尔群岛进行了试飞。他的每次飞行都在位于日本的设施上着陆,起飞时携带有一枚1000磅炸弹。之后,他曾携带3枚1000磅炸弹、一枚2000磅炸弹,最后是一枚2000磅和两枚1000磅炸弹执行任务。没有任何迹象表明,这些超重载荷成为了标准做法。

[8] 讽刺的是,早期的英国和美国的机载雷达采用的八木天线是由日本教授开发的,但直到战争后期才为日本军方所用。1926年在日本东北帝国大学,八木英716与宇田新太郎合作发明了一种定向天线,最初被称为八木宇田阵列。

[9] 如果希望了解VT-10中队的更多详细信息,请参阅爱德华·P.斯塔福德.《大"E."》,兰登出版公司(1962年)。

[10] 出自巴雷特·蒂尔曼的《TBF/TBM"复仇者"部队的第二次世界大战》,纽约鱼鹰出版公司(1999年)。

[11] 斯蒂尔曼—哈蒙德Y-1S,是民用航空局安全飞机竞争的获胜者,被选中是因为它采用了前三点式起落架,这使得它更容易着陆。N2C教练飞机也进行了修改,使用前三点式起落架。

[12] 出自RADM DS Fahrney《美国海军无人机和导弹的历史》(未发表的手稿,无日期),第317页。

[13] 洲际工程公司提出了对于高速无人机的要求,这种高速无人机基本类似于诺斯罗普的飞翼式、由两台西屋19B喷气发动机提供动力的无人机。其在海平面的最大速度预计将达到486英里/时。1943年9月,军方对XBDR-1样机进行了审查,但海军航空局建议不对其发展进行资助。

[14] Fahrney D.S.《美国海军无人机和导弹的历史》(未发表的手稿,无日期),第399页。

下图:"蝙蝠"和"鹈鹕"对于舰载飞机来说都足够轻,但体积过于庞大,甚至"复仇者"的炸弹舱都装载不下。图中,"蝙蝠"挂在TBM的外部,为适应机身的离地高度,其垂直尾翼被折叠了起来。(美国国家档案馆80-G-703162)

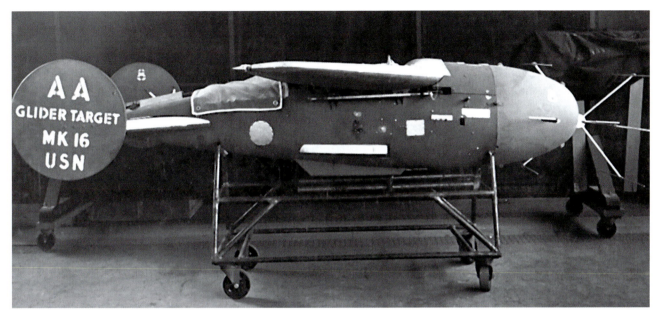

上图:一些"鹈鹕"导弹被改装成"飞蛾",这是最早的反制导炸弹。"飞蛾"装配有无线电测向仪,可以调节到敌方雷达的频率并耦合到机身的制导系统。此外该弹还安装了重达650磅的弹头。然而,它并没有被用于实战。(斯科特·佩德森收集)

[15] TDR计划的详细资料,可以在www.stagone.org网站上找到。

[16] 其第一次在太平洋的作战使用,在婆罗洲巴厘巴板港对日本船只实施打击时,其中一枚"蝙蝠"导弹锁定了Pandansari的炼油厂,但该工厂本应按照荷兰方面要求被排除于目标列表之外。ASM-N-2 BAT滑翔炸弹计划的详细信息,可以在biomicro.sdstate.edu/pederses/asmbat.html找到。

[17] 布鲁斯特SB2A和沃特TBU,与SB2C和TBF是在同一时间开始研制。对SB2A最初的评价认为其性能和SB2C一样好,甚至优于SB2C。然而,布鲁斯特没能够建造出满足1940年需求的飞机,没有配备附加装甲和自密封油箱,更无法达到所需的速度。几架被交付给美国海军的飞机在经历了作战训练和一连串的尾部故障后,于1943年停飞。(SB2C也存在磨合问题,也就是说在战争的前半个阶段一直都是SBD在挑大梁。)从纸面性能上看TBF略优于TBU,但实际结果却不然。然而,由于沃特公司无法利用其优势,该项目被移交给了联合-伏尔提,随后因为该厂忙于TBF的制造工作而迟迟没有展开研制。

下图:事实证明,F4U"海盗"是非常出色的战斗轰炸机。该型机最初配备有野战加装的中心线挂架,随后在倒海鸥机翼两侧设置了挂架。图中这架F4U-1D正携带着两枚1000磅的炸弹。(沃特遗产中心)

如图,一架攻击机被其武器装备所包围,这幅图片俨然是强大的攻击能力的形象写照。它并非一次只能装配其中的几样武器。因此,于1949年11月早期生产的这批AD-4颇值得人们关注,因为这幅图片完全没有误导之意——就算是携带2280磅内部燃料,一枚2200磅的鱼雷,两枚2000磅炸弹,12枚5英寸火箭(共1680磅),两门20毫米航炮,240枚炮弹,"天袭者"仍然还没有达到其最大总挂载重量:25000磅。(艾德·巴塞尔姆斯收集)

2 美国海军的第一架攻击机

第二次世界大战期间，美国海军一股脑地上马了一大堆舰载轰炸机，但这些型号均未能参战。事实上，这些型号中只有两种机型生产了一定的数量，其中一种在接下来的几年中实际投入了现役。之所以开发制造了那么多飞机却只有少数取得了成功，很大程度上是由于美国海军在战争期间一直不断对飞机性能提出新的要求。在所有这些尝试中，只有一款真正满足了海军的需求，而这个型号则将在未来的20余年中成为美军舰载机部队的对地攻击主力。[1]即使是在从海军中被替换下来之后，因为其强大的有效载荷和滞空时间，这种机型仍然被继续用于岸基近距离空中支援和战斗搜救护航的任务中。

海军的代号指定系统根据飞机的任务类型和制造商确定。以F8B为例，其第一个字母代表基本任务，即以F代表战斗机（Fighter）。第二个字母表示制造商，即波音公司（Boeing）。两个字母之间的数字表示该机是海军从该制造商采购第几种该型机。换句话说，F8B就是波音公司为海军设计的第八款不同型号的战斗机（第一型的型号为FB，因为不使用数字1表示制造商设计的初始类型）。

字母T表示鱼雷，S表示侦察，B表示轰炸机，因此，"SB"就表示侦察轰炸机。从传统意义上讲，侦察轰炸机能够实施极陡俯冲状态下的轰炸。"TB"表示鱼雷轰炸机，而"BT"则表示鱼雷俯冲轰炸机。TB型飞机的主要任务是投掷鱼雷，而BT型的主要任务是俯冲轰炸。[2]虽然TB型轰炸机也可以投弹，但没有侦察轰炸机和鱼雷俯冲轰炸机所配备的俯冲减速板，俯冲角度有限。

优秀的海军轰炸机生产厂家及其代号如下：

- 波音：B
- 柯蒂斯：C
- 道格拉斯：D
- 格鲁曼：F
- 凯泽：K
- 马丁：M

第二次世界大战中的攻击机研发计划

1941年6月，道格拉斯得到了一份研制新型侦察轰炸机的合同，该轰炸机将使用新型2300马力的莱特R-3350发动机。这款代号SB2D的侦察轰炸机，从前三点式起落架到上下各安装一座0.50口径机枪的遥控

上图：SB2D是一种非常复杂而沉重的飞机，海军本来打算以其替代SB2C。两门20毫米航炮取代了更为常见的0.50口径机枪。这种类型的飞机只建造了两架，其存在的缺点和军方对侦察轰炸职责与性能指标的重新思考最终导致了该项目无果而终。（美国海军，作者收集）

炮塔来看，都具备很强的创新性。该机机身内设有一处炸弹舱并采用层流翼型，这样可以最大化地提高速度和航程。不幸的是，该机重达25000磅。对于其超重，道格拉斯公司和美国海军都难辞其咎。该机型生产两架，于1943年4月试飞。1944年6月，SB2D项目终止，两架SB2D飞机转移到了坐落于加州的国家航空咨询委员会艾姆斯航空实验室进行研究。

　　战争之前，人们认为轰炸机将在无护航的情况下攻击敌方舰艇，而战斗机的任务是保护己方航空母舰。因此，轰炸机配备了向前和向后射击的机枪，后者通过一名领航员瞄准射击。1941年年底，仅在道格拉斯开始SB2D研制几个月后，有一点已经越来越明显：增加装甲、自封油箱、更多的防御武器以及雷达等，将使现有的俯冲轰炸机超过其负荷限制，并且这些轰炸机将必须得到战斗机的掩护，而不能仅仅依靠它们的自卫武器。因此美国海军航空局侦察轰炸机处的J.N.墨菲海军中校建议将自卫武器从俯冲轰炸和侦察机的性能需求中取消，理由是在执行俯冲轰炸和侦察任务（后者显然不会得到护航）时，俯冲轰炸机将与鱼雷轰炸机结伴行动，而后者则可以保留尾枪。为了最大限度地提高任务灵活性，新的俯冲轰炸机将可以外挂鱼雷，其型号前缀为BT。

1942年2月，美国海军航空局正式启动了侦察轰炸机和鱼雷轰炸机的换代计划。1942年6月，柯蒂斯公司收到一份意向书，要求生产两种单座高性能俯冲轰炸机：装配R-3350发动机的BTC-1型飞机和装配有新型3000马力的普拉特·惠特尼R-4360发动机并采用不同机翼的BTC-2型飞机。道格拉斯公司则被要求制造一架双发动机的水平轰炸/侦察/鱼雷机。然而，道格拉斯选择制造了一架单发动机，配置R-4360发动机的飞机，即TB2D，所以格鲁曼公司代替道格拉斯被要求完成研究双发动机配置的任务。

在柯蒂斯公司，由于SC-1"海鹰"直升机的优先性和SB2C-1研制中遇到的问题，BTC-1因研制无法提上日程而在1943年年底被取消，此时还没有造出一架BTC-1。BTC-2的情况也好不了多少，由于尾部的基本设计问题，直到1945年1月才进行首飞。即使这样，它也必须用BTC-1型机翼飞行，因为经风洞试验，BTC-2的机翼"双面"襟翼系统必须要进行重新设计。XBTC-2飞机由于对转螺旋桨的振动问题延迟了飞行试验，而由于更简单、更新颖的设计已经在研制中，只有两架该型机完工并进行了有限的飞行评估。

1944年，柯蒂斯公司提出了用R-3350发动机提供动力的SB2C-5改进型来替代SB2C-1，其炸弹舱修改为完全封闭的Mk 13鱼雷弹舱。由于使用的是SB2C的基本结构，BT2C的发展一帆风顺。雷达操作员的位置被保留在机身，事实证明，尤其是在夜间及恶劣的天气下和高负荷的工作状态下，有效地使用雷达发现和打击目标非常重要。1945年2月美国海军订购了10架BT2C。1945年8月，第一架完工。虽然在SB2C的基础上得到了很大改进，但其性能还是不如至少两种同类飞机，于是BT2C在制造了9架后停产。

TB2D同样令人失望。虽然道格拉斯于1942年11月就收到了意向书，但是直到1945年5月，巨大的XTB2D才完成首飞。XTB2D同样采用了一台R-4360发动机和对转螺旋桨，翼展70英尺，最大重量近35000磅，可携带4枚鱼雷，机载成员为3人。上部和下部的炮塔分别装备了0.50口径的机枪用以提供防御火力。细节设计过程中，最初提到的炸弹舱被取消，改为4个最大外挂重量为2000磅的外挂点。不幸的

下图：美国海军第二次世界大战期间的许多舰载轰炸机方案都计划采用新型的庞大的普拉特·惠特尼R-4360发动机。包括图中的BTC-2在内，所有试图采用对转螺旋桨以消除扭力的型号都失败了。（美国海军，作者收集）

上图：将SB2C同图中的BT2C进行仔细的比较就会发现，它们除了采用了相同的发动机，还采用了相似的机身结构。后方炮手的位置已被隐藏在机身尾部的雷达操作员取代。（美国海军，作者收集）

是，太平洋正在进行的实战经验令海军得出结论：单座轰炸机要比多座轰炸机更好，减少的机组人员和防御武器可以减小飞机尺寸，也能提供更远的航程和更大的有效载荷。

与此同时，1943年4月，波音公司莫名其妙地得到了一份只有寥寥几条性能指标并且几乎不受航空局监督的合同，合同要求研制一架使用R-4360发动机的大型单座远程战斗机。虽然F8B这一代号将其归为战斗机，但它有一个弹舱，且根据波音公司所述，是可战斗、可拦截、可俯冲轰炸、可鱼雷轰炸、可水平轰炸的"五位一体"的飞机。其最大总重量为23900磅。1944年11月第一架飞机完工，先后共生产了3架。由于炸弹舱内可挂载一具可抛弃式副油箱，该型机航程达2800英里，作战半径达890英里。然而，喷气式发动机的问世使这款飞机作为战斗机已经过时。1946年，海军和陆军评估也认为其性能并不如其他可供选择的轰炸机，所以没有再投入生产。F8B试图成为全能的战机，而这恰恰导致各方面都对它失去了兴趣。

格鲁曼公司接受了双发动机鱼雷轰炸机的研究请求，1942年12月下旬第55号设计出炉，1943年3月上交了提案。1943年8月6日，公司收到一份意向书，要求制造两架XTB2F的原型机并提交它们正常情况下的工程和测试数据。XTB2F采用普惠R-2800-22发动机，该机在1944年5月完成样机的审查。与XTB2D相同，XTB2F载弹量可以达到8000磅，但其总重量更大，高达45000磅，并且有更大的74英尺的翼展。美国航空局认为即便是对于最新的"中途岛"级航空母舰来讲，该飞机依然过于庞大和沉重，不易操作，于是在6月提出停止这项工作。然而，航空局授权格鲁曼公司根据F7F的理念——第66号设计，继续双发动机的鱼雷轰炸机研发的努力。该机具有像夜间战斗型F7F一样的第二驾驶舱，足够装下鱼雷的炸弹舱，机头还装有SCR-720雷达。8月，XTB2F的合同被修订为两架XTSF的合同。XTSF比XTB2F小，但采用相同的发动机。它装配1枚鱼雷和700加仑的燃料时总重量是26000磅。根据规定，它要能够进行"水平以下最高50°俯冲，以便使用鱼雷进行攻击"。该型号在10月完成了木制样机审查，细节设计一直持续到当年年

上图：图示巨大的鱼雷轰炸机TB2D是道格拉斯过于复杂的SB2D的兄弟机，装配有R-4360发动机和对旋螺旋桨。它的最终命运与SB2D相同。（美国海军，作者收集）

底。1945年1月航空局取消了该计划，因为根据一份报告，格鲁曼把战线拉得过长了。在F7F应用于航空母舰操作过程中，海军和格鲁曼公司遇到的困难，可能也是该计划被取消的原因之一。

随着太平洋战争的进一步发展，战斗机和轰炸机的组合得到了不断的发展，也越来越能达到防守和进攻的要求。1943年3月，"埃塞克斯"级航空母舰的航空联队一般由21架战斗机、36架侦察轰炸机和18架鱼雷轰炸机构成。10月，战斗机数量增加至36架。一年后，航空联队的战斗机数量再次增加至72架，侦察和鱼雷轰炸机减少到每个类型15架。由于战斗机现在已经可以进行投弹和发射火箭，F6F甚至可以发射鱼雷，所以这样的编制下，航空母舰的打击能力并未明显减弱。

1942年4月，道格拉斯重新设计了名为BTD的SB2D量产型，该机去掉了第二名机组成员和尾炮塔，以适应不断变化的任务需求。前起落架、炸弹舱以及层流翼型都得到了保留。1944年3月，第一架完成试飞。不过，道格拉斯的埃德·海涅曼认为，尽管BTD已经投入生产，但这款飞机显然并不优于同类的其他飞机。他于1944年6月在华盛顿举行的方案审查会议上，做出了一个大胆的举动，提出要航空局考虑开发一个全新的设计，最好使用普惠R-2800发动机。航空局的回答是："也许吧。"然而最后航空局要求的是在第二天早上就提交一个采用莱特R-3350发动机的设计方案以供审查，而非道格拉斯想要的30天设计研究时间。

仅一夜之间，在华盛顿的一间酒店房间里，埃德和他的两个同事就制定出了BT2D的配置和性能估计。[3] 为了尽量减轻机身重量，飞机的前起落架和炸弹舱被取消，机翼结构和燃油系统也进行了简化。机身下的炸弹抛投挂架（可以保证炸弹在飞机进行大角度俯冲投弹时不击中螺旋桨）被一个更为轻便的装置取代，即利用炸药的爆炸产生的推力将炸弹推送出。为了提供低速下的升力，该机采用更为传统的翼型。7月6日，航空局授权道格拉斯结束BTD生产，而进行15架XBT2D飞机的设计和制造。在非同寻常的努力之下，仅仅9个月后，1945年3月，设计焕然一新的XBT2D进行了其首飞。道格拉斯一共建造了25架

XBT2D，其中两架成为三人座的夜间攻击型的原型机，一架XBT2D-1P成为照相侦察机的原型机，还有一架XBT2D-1Q成为电子对抗机（ECM）的原型机。1946年年初，这批飞机在阿拉米达的海军一级航空站完成了服役测试。

凯泽公司成功完成了在1943年研制一架相对较小的单座俯冲轰炸机的任务，该飞机装配的是普惠R-2800发动机，在护航航空母舰上部署。与其将要取代的SBD相同，没有炸弹舱。1944年1月航空局订购两架样机时，它最初被指定的代号为BK。1944年10月航空局订购了20架成品飞机。1945年2月，由于新增的投放鱼雷的要求，它被重新设计改造为BTK，其首飞在1945年4月。在1946年9月合同被终止之前，共有5架飞机生产完成并投入使用，直到被更先进的飞机取代。

1943年9月，马丁公司也收到了一份BT飞机的合同，要求采用R-4360发动机。BTM不像大多数其他使用这种大发动机的轰炸机，它没有采用对转的螺旋桨，这可能正是导致其更大的成功的原因。同时，BTM也没有设置炸弹舱，这也成为此后BT的发展趋势。1944年8月，BTM飞机首飞。

仿佛是计划进展还不够，1944年10月，格鲁曼公司收到意向书，要求其建造一款鱼雷轰炸机，1945年2月正式签订合同。除内置鱼雷减阻外，通过在活塞式发动机的螺旋桨基础上增加一台喷气发动机的推力，这款鱼雷轰炸机能够在低空攻击时达到更高的飞行速度。该型号鱼雷轰炸机代号为TB3F。TB3F-1由R-2800-34发动机和西屋19XB（J30）喷气发动机推进；TB3F-2则由更强大的莱特R-3350-26和西屋24C（J34）推进。TB3F有两名机组成员，但没有自卫武器。第二名机组成员是雷达操作员及轰炸员，坐在飞行员旁边略靠机尾的独立座舱盖下。TB3F-1在1946年12月首飞，但那时美国海军方面已经开始重新考虑专门的鱼雷轰炸机是否还有存在的必要。

下图：波音F8B是又一个利用同轴反转螺旋桨来取得R-4360的动力优势并避免扭矩和P-factor效应问题的尝试。这种多功能攻击机的早期版本有一个小型内部弹舱，并可外挂鱼雷。（美国海军，作者收集）

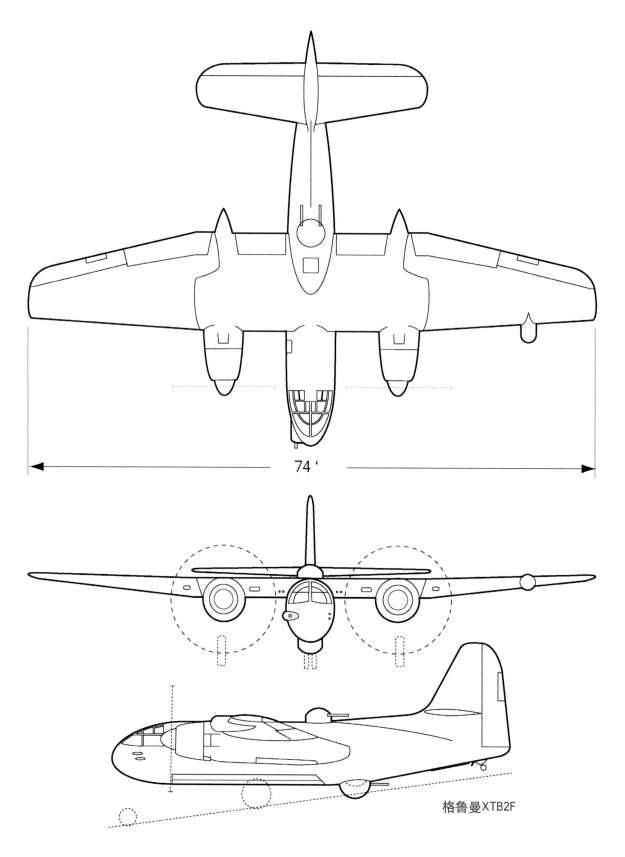

上图:格鲁曼公司继TBF"复仇者"提出的TB2F型轰炸机,是一款庞大的、防护优秀的、全副武装的鱼雷轰炸机,为让三名机组成员能够在一定的自我防御下用鱼雷攻击敌方主力舰而设计。其空气动力学设计甚至比道格拉斯与之对应的TB2D还要差,以致该设计仅仅停留在绘图阶段。

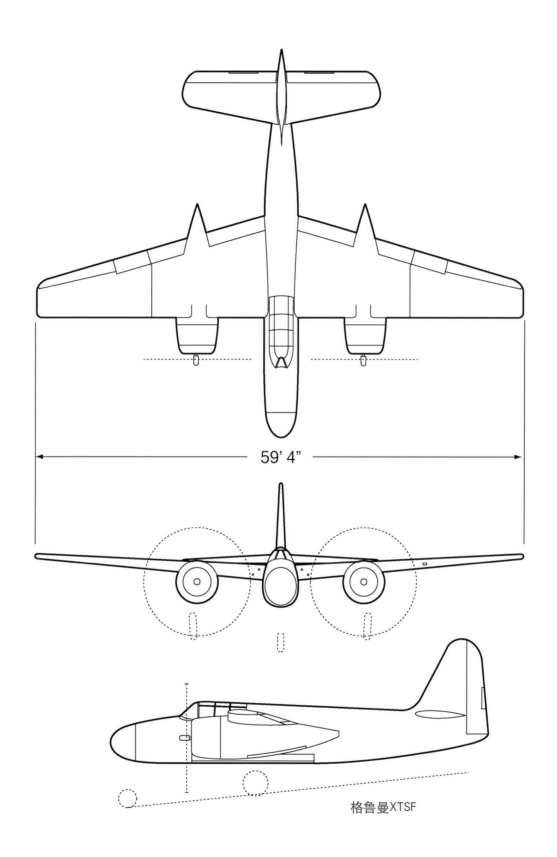

格鲁曼XTSF

上图：格鲁曼公司基于F7F设计的鱼雷轰炸机，为适应全天候作战增设了雷达和雷达操作员。由此产生的XTSF与TB2F一样，也只是停留在了绘图阶段。由于F7F的性能较差，美国海军宁可采用单发动机的解决方案，比如说用喷气式发动机来增加推力。

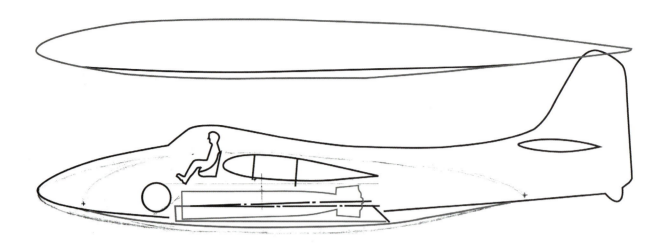

上图:随着战争的发展,对鱼雷轰炸机的要求也发生了变化。这时强调的是速度,而不是自卫火力。这是一张格鲁曼公司双发动机F7F内部携带鱼雷的衍生型初步设计草图。(格鲁曼公司历史中心)

制导武器的发展

除了轰炸机计划,海军也投资了制导武器的计划。正如第1章中所描述的,与轰炸机不同的是,有两种制导武器在战争期间最终进入了作战状态。下面将要介绍的这些则并未成功,但是正是它们构成了作战远程武器的整个发展过程。

下图:道格拉斯BTD是SB2D的一个简化设计,它去除了第二个机组成员以及遥控的防御炮塔。根据海军不断发展的需求来看,这是朝着正确方向迈出的一步,但还需另外的必要的一步。该型机只生产了26架,且没有一架进入作战中队。(罗伯特·L.劳森收集)

上图：XBTD-2飞机为提高其生存能力做出了尝试，通过增加一台喷气发动机以提高其最高速度，从而补偿了尾炮手的去除。西屋19A喷气发动机以一定角度被安装在机身尾部，其进气口位于机尾的座舱盖后方。XBTD-2的首飞在1944年5月完成，然而它显然没有实现期望中的速度的增加，载弹量和航程也不如人意。无论如何，道格拉斯都试图在BTD基础上进行改进并设计出BT2D，但第二次尝试亦被取消。

1943年7月，海军飞机制造厂研发了一款电视制导、喷气动力、空对空及空对地导弹——"戈尔贡"（Gorgon）。它是一系列采用涡轮喷气发动机、冲压/脉冲喷气式发动机或火箭发动机的有翼导弹的总称，可执行各种任务。其中的大部分被制造并进行测试，但除了作为靶机使用，从未被用于作战。"戈尔贡"Ⅱ系列采用的是鸭式前翼，Ⅲ系列则应用的是传统气动布局。ⅡB和ⅢB用于执行空对地任务，ⅡB安装有"鹈鹕"（Pelican）雷达，ⅢB使用电视制导。两者都由9.5英寸直径的西屋涡喷发动机推进。由于导弹的研发进展缓慢，这两种导弹被从整个导弹计划中取消，不过ⅢB仍被用作TD2N/KDN靶机。

无动力，重2600磅的"戈尔贡"Ⅴ是把"戈尔贡"系列改造成空对地导弹的最后一次尝试。它本计划携带Aero 14B多用途槽罐——实际上是一种化学武器布洒器。"戈尔贡"Ⅴ配备了自动驾驶仪和无线电高度表，从高度35000英尺的高度投放，一直俯冲到距地面几百英尺的位置。俯冲过程中达到的近声速速度将使它在坠毁前可以将毒剂泼洒到约100平方千米范围内。经过几次试飞，对飞行稳定性及制导和控制系统进行评估后，该计划被取消。

"石像鬼"是一种火箭动力飞航导弹。1944年9月，麦克唐纳公司收到一份生产5架LBD（成为靶机后改为KSD）模型和395枚量产弹的合同。这一次其重量仍不到2000磅，内部装有一枚1000磅的炸弹。它将由舰载飞机投放，由"喷气助推起飞"（JATO）火箭推进。"石像鬼"的控制方式和"小斗犬"导弹非常类似，也可以被远程遥控，为此在弹尾设有曳光管。在1945年3月进行的测试中，SB2C的投弹很不成功。1945年5月首次试验成功。"石像鬼"的发展一直持续到1947年，其时已制造并交付了200枚，但其从来没有被批准投入实战。

"格隆布"（Glomb）是海军飞机制造厂在1941年4月启动的滑翔导弹计划的名称。这些导弹被飞机拖曳到目标区域，然后释放，并进行遥控攻击。制导将由"格隆布"前部的摄像机传送的电视图像实现。虽然"鹈鹕"型雷达和雷达高度表简单改装成的追踪雷达也完成了测试，但研发一种能够在拖曳飞机后保持队形的自动驾驶仪，将是一项重大挑战，因为通过遥控来做到这一点是不切实际的（这是滑翔机飞行员

上图：凯泽BTK型飞机为小型航空母舰设计。这架飞行测试飞机右翼携带有一个APS-4雷达吊舱，中心线挂架挂载了一枚1000磅炸弹，左翼带有一个油箱。值得注意的是，这架飞机为飞行员提供了极好的向前和向下的视野，这是舰载飞机的一个标志性特点。（美国国家档案馆80-G-369206）

要克服的最大困难）。该弹将通过拖曳索传递摄像机图像，以便遥控人员进行操控。

　　虽然海军当时现役的LNS-1滑翔机的最初用途即是评估这一概念的可行性，但是其翼载荷过轻，不能很好地模拟"格隆布"飞行特性。接下来接受测试的是一架BG双翼俯冲轰炸机，其发动机被遥控设备和配重所取代。1942年10月，这个笨重的代用品被陆军TG-6取代，这是一架泰勒公司的轻型飞机转换而成的滑翔机，更加酷似"格隆布"计划的配置。海军指定其代号为XLNT-1。它被修改为三点式起落架，便于起飞和降落。1943年4月它终于成功完成了一次成功的起飞后"自动拖曳"，全过程中安全监视驾驶员没有给予

下图：道格拉斯XBT2D-1是SB2C和TBM的后继者，也是具有标志性意义的AD"天袭者"演变历程的最后一步。虽然这款飞机还有待改进，但其基本配置已经确定——单座，莱特R-3350发动机，全部弹药外挂，三面巨大的俯冲减速板。图中的这架XBT2D-1正在进行飞行测试。该型机最初被命名为"无畏"II。（杰伊·米勒收集）

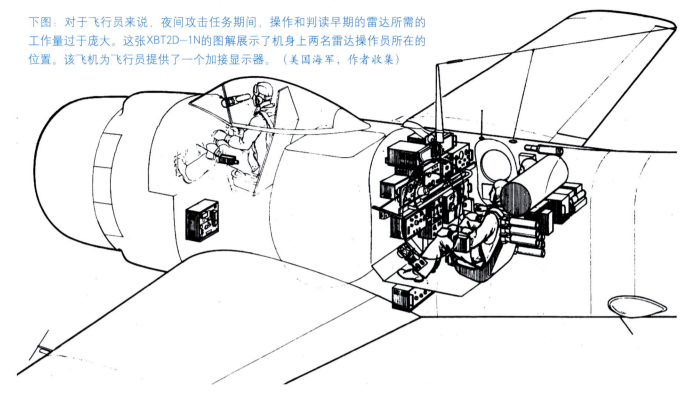

下图：对于飞行员来说，夜间攻击任务期间，操作和判读早期的雷达所需的工作量过于庞大。这张XBT2D-1N的图解展示了机身上两名雷达操作员所在的位置。该飞机为飞行员提供了一个加接显示器。（美国海军，作者收集）

任何帮助。在1943年9月帕图森河的一次飞行试验中，两枚XLNT击中了目标。在两次试射中，拖曳都是成功的。然而，有一次由于电视系统未能取得画面而致攻击失败，还有一次由于动力装置故障而导致失败。

泰勒飞机公司的XLNT/LBT只通过一些必要的改变，就将一种螺旋桨驱动的轻型飞机改装成了遥控的滑翔机。[4]它最大总重量为5000磅，满载时可携带2000磅的炸弹。陆军共有34架TG-6转让给了海军，并被其改装成LNT滑翔机。1943年年底泰勒公司还收到一份合同，要求其造出25架LBT。第一次试飞和投弹分别于1944年3月和4月进行。1945年7月下旬这些LNT/LBTS在密歇根州特拉弗斯城进行导弹制导测试。

海军飞机厂制造设计了一种7000磅重的、可载有4000磅炸弹的"格隆布"滑翔机。1943年9月，海军飞机制造厂的设计成果被送给海军LNE-1训练滑翔机的设计者和建设者普拉特·瑞德。派珀公司收到了设计和建造100架的"格隆布"LBP-1的合同，它颇似普拉特·瑞德的LBE-1滑翔机的高翼版。2月，由于缺乏进展，订单数量被减少到35架。在1945年4月合同终止之前，至少有一架完成过试飞。LBP也在4月试飞，5月送到帕图森河进行评估。8月LBE计划被终止，合同中剩余的35架有4架得以完成。

事实证明"格隆布"概念的每个元素都很成功，1944年4月，在新泽西州莱克赫斯特的一个测试中，在拖曳/控制飞机距离目标5英里远的位置上，XLNT-1使用"远征队"甚至直接命中目标，但最终"格隆布"还是没有投入使用。

1946年8月，海军作战部长指示：用术语"制导导弹"（Guided Missile）来指代航空局所称的无人驾驶飞机和军械局所称的特殊武器军械设备（SWOD）。1947年4月，陆军和海军在导弹的标准命名法上达成一致。字母A、S和U分别代表空中、地面和水下，这三者将分别与代表导弹的M结合，以表明其作用。地对空导弹，SAM，用神话中的名字命名；空对面导弹，ASM，用猛禽命名；空对空导弹，AAM，将以其他鸟类（如麻雀）命名；面对面导弹，SSM，则将以天文学中的名词命名。

上图：马丁XBTM/AM"拳师"是唯一能够摆脱R-4360发动机厄运的海军舰载轰炸机，这可能是因为它没有使用复杂的对旋螺旋桨。然而，其服役生涯十分短暂。（美国国家档案馆80-G-70174）

轰炸瞄准具的发展

俯冲式轰炸用近乎垂直的方式进行低空投弹,这使得精度的要求相对更容易达到。然而,云层有时妨碍了飞机在高空的必要视野,并且考虑到敌人的防空火力,接近目标攻击其实是一柄双刃剑。此外,俯冲轰炸需要给飞机安装俯冲减速板,以防止在俯冲过程中由于重力积累的速度过大。然而并不是所有的战术飞机都装备有俯冲减速板。没有俯冲减速板,飞机就只能减小俯冲角,这样的轰炸被称为滑翔轰炸。

要想让迅速下坠向目标的炸弹击中目标,需要考虑一些因素。如果目标是移动的,比如移动的舰船,飞行员就必须根据相应的目标调整速度的大小和方向,以便在炸弹落下时,舰船也恰好移动到炸弹的位置。俯冲的角度也会影响瞄准点的选择,俯冲进行得越平缓,炸弹的落点就离瞄准点越远,其大小取决于炸弹的升阻特性。炸弹的投放高度和速度也同样有所影响,高度越高、速度越低,就越难命中。最后,风速也必须加以考虑。当然,飞行员还要确保飞机投弹时不发生偏航、俯仰或滚转,因为这也将影响炸弹的运动轨迹。

投弹的精度由圆概率误差定义。以目标为圆心画一个圆圈,如果炸弹、火箭或子弹等武器命中此圆圈的概率最少有50%,则此圆圈的半径就是圆概率误差(CEP)。圆概率误差用距离或角度

下图:格鲁曼XTB3F还代表了另一种动力布局,即尾部喷气发动机与前部往复式发动机相结合,喷气发动机的进气口在机翼前缘。该型号飞机的雷达操作员坐在飞行员旁边,与格鲁曼A-6"入侵者"的座位布局一致。(格鲁曼公司历史中心)

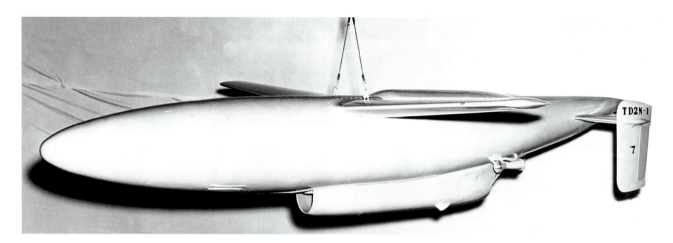

上图：图示的TD2N最初被命名为"戈尔贡"ⅢB，Ⅲ表示其机身是传统的非鸭式翼型，B表示它是由一台小型的西屋涡轮喷气发动机推进的。其首飞是在1945年8月。在1946年3月停产之前，该弹只完成了9枚。（美国国家档案馆80-G-189126）

测量，单位为密位（MOA），一密位等于千分之一英寸。仅在相同的倾斜范围内投弹时，这两者才是等价的。例如，在离地5000英尺以上的位置以45°投弹，使用的武器系统精度为10密位，那么这次投弹的CEP精度为70英尺左右；但若在10000英尺的高度投弹，其他条件不变，则其CEP精度将是前者的两倍。投弹瞄准镜上的密位标记可以用来修正风力、弹道下降、目标移动等影响因素。

要想提高攻击的准确性，最好的办法就是将变量的数量降到最低。换句话说，飞行员会事先决定他将在什么俯冲角、高度和速度下投下炸弹。根据其弹道，就可以在瞄准器上确立瞄准点。这样一来抵达目标后，只需对可能存在的风速和目标的速度进行估计和纠正。这时飞行员就可以相对简单地根据战斗经验作出最后的校正。例如，一枚炸弹从2000英尺的高度大概需要5秒掉到地面。在这段时间里，船的移动距离大约为8英尺（速度为1节时）。风力的影响与之相似。从2000英尺的高度上进行50°的俯冲，8英尺的实际误差在瞄准镜上就是垂直方向的3密位，水平方向4密位。在无风的条件下以每小时10海里的速度行驶的目标，将需要大约80英尺的修正量，即瞄准镜上的30～40密位。

因为无论是迎角还是速度都有可能在接近目标的过程中与事先设定的值有所不同，所以飞行员还需要知道如何纠正这些误差。例如，如果俯角不如计划的大，就要适当降低投弹高度；而如果速度太快就应该适当提高投弹的高度。这些偏差在飞机被攻击或处于震荡状态时是非常常见的，其高度会以每秒400～500英尺的速度发生变化。

第二次世界大战后期，出现了一种新的瞄准仪ASG-10，以尽量减少向目标投放炸弹时对于技能和估算的要求以及所涉及的一些风险。为了不与之后的一项核武器运载技术混淆，该项技术被称为"拉起轰炸"，它能够保证飞行员在以不同的俯冲角度和速度攻击目标时，仅需最低限度地操纵轰炸瞄准器。进入攻击后，首先进行一个相对较短、较为稳定的俯冲，飞行员按下发射钮，目标被瞄准仪锁定，然后飞行员只需根据信号提示直接拉起即可。瞄准仪会在投出炸弹的弹道能保证其击中目标时的瞬间投弹。

瞄准仪简单的三管模拟计算机通过高度计和陀螺仪输入数据，测量飞机的俯冲角。其允许范围为：俯冲角15°～60°，指示空速400节以内。俯冲角60°时，投弹高度高达11000英尺。随着俯冲角和空速下降，炸弹的最高投放高度也相应减小，否则炸弹在拉起投弹时将无法击中目标。飞行员仍然需要修正风对投弹的影响并保证在拉起时通过目标，否则炸弹会偏向下风侧的方向或沿着上拉的方向飞出，而不能击中目标。飞行员在投弹时还会使用标准的枪炮瞄准具，以保证"瞄准线和平均的俯冲角以及俯冲速度下的飞行路径平行"。[5]

最初，至少有AD-3和一些F4U"海盗"安装了此类设备，如采用Mk 20 MOD 2计算机的CP-15A/ASG-10。然而，该装置在一线部队中并没有受到一致好评，因此也没有被安装在AD-4或后来的"天袭者"上。

战后攻击机项目

右图总结了第二次世界大战期间的各种轰炸机计划。1946年，海军将所有的侦察轰炸机、鱼雷轰炸机、俯冲鱼雷轰炸机全部合并为一种类型，即攻击机。所有的轰炸机中队都改称攻击中队。还在开发中的或刚刚开始生产的轰炸机都被重新命名，如BT2D改为AD、BTM改为AM。虽然没多久就又被改用于高优先级的反潜战，而不是用作攻击机，TB3F的代号还是被改为了AF。F4U"海盗"的最后一个子型号成为海军陆战队的战斗轰炸机，其代号亦被改为AU。

AD在第二次世界大战中所有舰载轰炸机计划中，是最为成功的。AD攻击机坚固耐用，容易操作，具有出色的载弹量和航程，产量近3000架，被用于攻击、电子侦察、空中预警等任务，并且持续生产了10年

下图：LBT-1 Taylorcraft是直接由轻型单发动机飞机改装而来，可携一枚电视制导炸弹的无人滑翔机。机鼻已被修改，去掉了发动机并添加了一个起飞和巡航用的拖钩，以及末制导摄像机。机身尾部加入了一个阻力制动装置来进行俯冲速度和角度的控制。三点式起落架被方向焊死的机轮所取代。（美国海军，作者收集）

以上。AD型飞机最后一次从航空母舰出动作战，是继1946年12月在VA-19A中队完成AD-1试用的20年后的1968年年底。它最开始得到部署时，螺旋桨驱动的格鲁曼F8F"熊猫"还是海军的前线战斗机。而其最后一次，则是与超声速的麦克唐纳F-4"鬼怪"一起作战。美国海军将其从攻击中队替换之后，它又随美国空军于1972年在越南战争中支援直升机营救行动。

虽然已经投入生产，但是审查委员会在帕图森河的验收中对AM的性能评估为低于平均水平。[6]即便BTM已经比BT2D提前飞了好几个月，但对初期发展中遇到的问题的修正，意味着它要比AD-1晚一年才能被交付作战中队。BTM又采用了更复杂的控制系统，所以在飞行测试中需要添加扰流板和升降襟翼助力系统，然而，海军坚持使用这款大飞机。正在生产的AM将分别装备5个攻击中队，其中最早的一个中队于1948年3月收到飞机，并于同年12月参加海上演习。虽然马丁公司和海军共同努力想要解决其初期出现的问题并且修改已交付的飞机，AM抵达舰队时其可靠性和着舰的适用性仍然是不合格的。该机因此没有得到更为广泛的部署，并且在一线中队中很快被AD取代。从1949年开始，AM被降级到预备役。此时，AM只下线了149架。

1946年年底，TB3F险些沦为多余，但海军对于苏联潜艇威胁的担忧给了它新的生命——它取代原本担此重任，但已严重老化的TBM战机，成为"猎手/杀手"反潜分队的载机。[7]由于续航时间比速度更为重要，TB3F的喷气发动机被去掉。因此机身尾部腾出了一个传感器操作员的位置，飞行员旁边也不再需要设置一个机组成员的位置了。莱特发动机也被替换成R-2800-46W发动机，这样油箱容量从370加仑增加到了500加仑。

第三架TB3F样机安装了APS-20雷达，成为XTB3F-1S，并于1948年11月首飞。第二架样机在对配置进行修改后成为XTB3F-2S，具体配置包括声呐浮标信号接收机和小型有翼雷达（用于定位水下潜艇）、探照灯（用于夜间照射水面潜艇）以及TB3F的武器装备——虽然减少了航炮的数量，但依然可以通过乘员舱的潜望式瞄准器射击潜艇。1949年1月，XTB3F-2S进行了首飞。1947年鱼雷轰炸机被改为攻击机后，代表反潜战的字母S不再被用作主要任务代号，XTB3F全部改称为AF，其中AF-2S绰号"猎人"，

AF-2W绰号"杀手"。[8]它们的武装配置仍然专门用于反潜任务,并且只搭载于反潜航空母舰上。格鲁曼公司最终生产了190架AF-2S和156架AF-2W。之后又追加了40架AF-3S,它们加装了磁异常检测装置。"守护者"是机身最大的单活塞发动机舰载攻击飞机,由可选择的三款发动机中功率最小的普拉特·惠特尼R-2800驱动。"守护者"于20世纪50年代中期退役。

海军陆战队急需近距离空中支援力量,因此订购了AU"海盗"应急,并等待在海军攻击中队完成换装后接装新型的AD"天袭者"。AU原型号为XF4U-6,只是对F4U-5进行了最低限度的修改。首先,取消了二级增压器,因为该增压器只能在相对较低的高度使用。其次,将油冷却器移动至机身内部,在驾驶舱和发动机及其配件下增加装甲,从而弥补了无法防御地面火力这一缺陷。与F4U-5一样,它装备有4门20毫米航炮。翼下挂架也得到加强:2个内侧挂架可携带2000磅炸弹,每侧5个的新增的外侧机翼挂架均可携带500磅重的炸弹。更为实际的外挂方案是携带1枚1000磅和6枚500磅的炸弹,这种状态下还可以加满内油并携带一个150加仑的副油箱。AU作战半径只有约220海里,但对于岸基起飞海军陆战队而言已经足够了。

AU-1的首飞是在1951年12月29日完成的。1952年10月之前,所有的已制造的111架AU-1都被送往美国海军陆战队。1952年6月,朝鲜战争爆发,一个月后,美国海军航空测试中心完成了对AU-1的评估,结果它并未受到赞誉,该中心认为"在AU-1当前的速度、加速度限制和火箭发射的限制下,不能接受其进入军队服役","由于俯冲引起的横向振荡,AU-1是一个无法令人满意的航炮、火箭及炸弹的发射平台"。但是这并没有阻止美国海军陆战队继续使用该机执行飞行任务。法国曾把它们借走进行研究,以提高他们与其相似的F4U-7飞机性能。尽管AU由海军航空测试中心鉴定可用于舰载飞行,但是并未登上美国海军的航空母舰。

4种活塞发动机动力攻击机的比较如下。

下图:"格隆布"概念的一个与众不同之处是,在航空母舰上进行操作的时候,该机将和牵引机一起被弹射升空。F4F"野猫"的岸基弹射试验(如图所示牵引着LNT-1滑翔机)顺利完成。它的缺点是除了要为一个大的、单次使用的武器提供存储空间外,还要有拖曳飞机后滑翔机所需的开阔的甲板空间,因为拖缆必须充分伸开,以尽量减少起飞时绳子上及其拖曳飞机和滑翔机的负载。(威廉·诺顿收集)

上图：麦克唐纳"石像鬼"是火箭推进的V形尾导弹。它是舰载飞机搭载的空对地武器，重达1650磅，长度不到10英尺。（美国海军，作者收集）

下图：如图所示的普拉特·瑞德LBE类似于派珀LBP，是"格隆布"的简化版。驾驶舱仍然仅用于飞行试验，机鼻的小窗口是电视摄像机的观察窗口，便于飞机瞄准目标。LBE有两个不同的拖钩位置，用于测试以及在挂载炸弹时，适应总重量的差异及重心的变化。（威廉·诺顿收集）

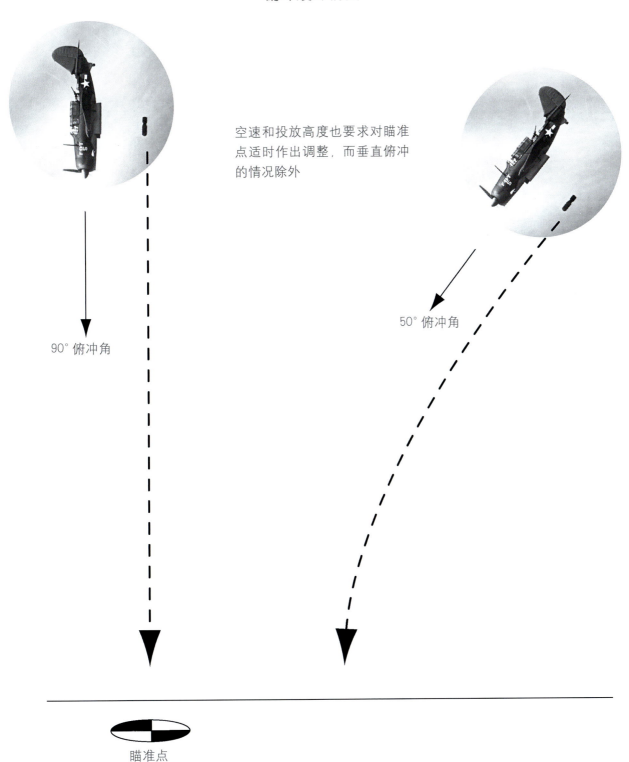

俯冲轰炸精度

上图：俯冲迎角越大，确定瞄准点对于空速、高度和重力的要求就越少。俯冲还会给防御战斗机和防空炮手带来麻烦，因为防御战斗机通常无法咬住装有俯冲制动装备的俯冲轰炸机，而防空炮手也很难把发射仰角调整到足够高。

舰载轰炸机项目——第二次世界大战

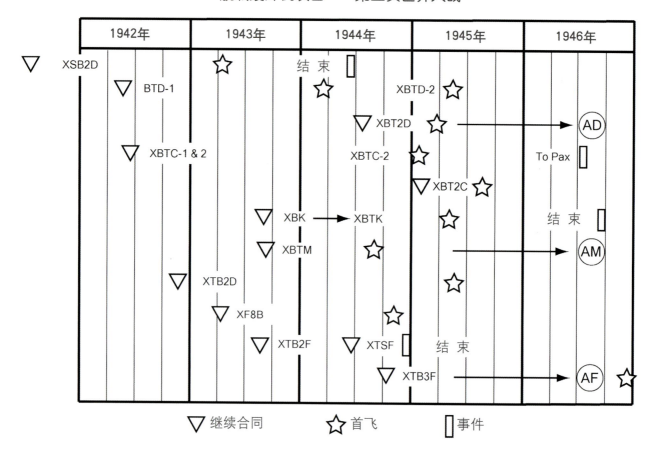

下图：图中展示的武器挂载令人印象深刻，但它对飞机的航程有显著的影响，因为携带如此巨量挂载时，飞机在不添加燃料的情况下已经达到最大起飞重量。当鱼雷被投下时，其前端的流线型风帽被一根系索拉掉，从而保证阻力环的有效性。（格伦·L.马丁，马里兰航空博物馆）

	AD-4	AF-2S	AM-1	AU-1
发动机	R-3350	R-2800	R-4360	R-2800
起飞功率（马力）	2700	2300	3000	2300
最大重量*（磅）	25000	23000	25000	18500
总重**（磅）	21483	21555	24166	18079
内部燃料（磅）	2280	2520	3060	1404
武器军备（磅）	4000	2424	4000	4600
翼展（英尺）	50	60	50	41

* 弹射起飞的最大重量；
** 包括内部燃料、武器在内的总重量。

道格拉斯AD"天袭者"

除了AD-5以外，多年来"天袭者"的基本结构变化很小。从AD-1起，飞机上都有三个炸弹挂架，12个火箭挂架。最初，每侧机翼上只有一门20毫米航炮。AD-4在生产过程中改进为每侧4门航炮。其三个超大的机身式俯冲减速板可以将垂直俯冲速度限制在250节。以前俯冲轰炸机中心线挂架的抛投式挂架亦被炸药弹出装置取代，它可以通过爆炸把炸弹推离螺旋桨。

AD-1到AD-5的变化还包括其专职任务的不同。这些任务包括B代表的"特殊"武器（这里指原子弹）、N代表的夜间袭击、Q代表的电子侦察和对策以及W代表的空中预警。所有这些类型中除了B型机，其他的机型均在机身上为特殊任务专家装有一个或多个座椅。

下图：AU-1是专门为海军陆战队近距离空中支援任务而改进的"海盗"飞机。这架在沃特进行飞行试验的AU-1在两翼下方共挂载有10250磅的炸弹。（沃特遗产中心）

部分由于埃德·海涅曼对控制重量的重视，"天袭者"存在一定的磨合问题。他给了其设计和制造团队很大的压力，以至于第一架AD的净重比其既定目标还要少1000磅。无论在当时还是在现在，净重小于规范值的现象都实属罕见，低于标准值近10%的重量，更是几乎闻所未闻。但是从结构的角度来看，其重量过轻，所以AD-1生产了277架后，便被AD-2取代。AD-2加强了起落架结构并且做了一些其他方面的结构调整（许多存留下来的AD-1也进行了结构加强）。AD-2的其他改变包括：军用功率2700马力发动机、更加符合人体工程学的驾驶舱和不同的挡风玻璃。1948年3月，在"塞班岛"（CVL-48）航空母舰上，加固版AD-1和AD-2完成了着舰测试，以证实起落架切实得到了改进。其中一架完成了携带满内部燃料和3枚1000磅炸弹的超重条件下的着舰。其中一架机翼蒙皮有一小块面积出现了褶皱，在随后的彻底检修过程中得到了修复。由于战后的预算限制，只有178架AD-2和双座的AD-2Q型投产。

AD-3仍在继续增强性能，其修改后的起落架具有更长的缓冲行程，以适应更高下降率的着陆和机身的加固。其他细节上的改进包括驾驶舱，改进后的螺旋桨以及紧急操作装置：控制座舱盖的压缩空气瓶。航空母舰海上测试是在1949年2月完成的。试验证明AD-3的最大起飞重量为18578磅，其中包括全部的内部燃料和两个150加仑的副油箱、250磅的弹药以及一枚2000磅的炸弹。AD-3共生产了194架，包括31架AD-3W预警机。

审查委员会十分看好AD-3，但也提出了一些改进建议。[9]

优点：

- 具有卓越的可靠性、比较易于维护。
- 非常适合舰载作战任务。

下图：从AD-1到AD-4的一个代表性的变化就是电子侦察和对策的性能的提升。这些飞机在俯冲减速板之间有一个电子干扰（ECM）操作员的位置。该机型为电子干扰操作员在右舷提供了一个带窗的门，在左舷提供一个小窗口。图示为一架新出厂的AD-2Q。（美国海军，罗伯特·L.劳森收集）

- 足够的航程和续航时间。
- 具有非常理想的载弹量。
- 高度20000英尺以下时，它在攻击任务中具有绝佳的表现。在没有外挂的情况下，它可以在高度15000英尺以下的空战中与大多数螺旋桨战斗机相抗衡。

缺点：
- 两门20毫米航炮火力不够，需要增至4门。
- APS-4必须由专门人员进行操作，雷达设备在日常任务中是多余的。

全天候的适用性：

AD-3不适合全天候运行，因为存在以下不足：
- 飞行仪表的安排不合理，导致飞行员长期飞行时容易疲劳过度，由于缺乏自动驾驶仪，该情况变得更为严重。
- 没有应对意外结冰的措施。
- APS-4雷达的性能对于仪器飞航设备而言达不到要求，尤其是在飞行员必须独立完成飞行和雷达判读时。
- 雨滴静电干扰下的AN/ARC-5接收器不可靠。

下图：AM"拳师"刚一服役便被打入预备役，未能得到现役与实战部署的机会。图示的这一架正在航展上展出，它被分配到了密歇根州格罗斯岛的美国国家科学院。其机翼上是5英寸的HVAR"高速空射火箭"，另外还有一枚2000磅通用炸弹、两枚1600磅的穿甲弹或半穿甲弹。（美国海军、罗伯特·L.劳森收集）

上图：格鲁曼公司的AF仅被用于反潜战。这是右翼下装有APS-4的"杀手"版，左翼下装有探照灯，内侧机翼下装有一个声呐浮标投放器。其武器为弹舱内的自导鱼雷和深水炸弹以及机翼上的火箭。（美国海军，罗伯特·L.劳森收集）

上图：AD-4"天袭者"是按照几个不同的任务配置设计建造的。图示的几架飞机由前向后分别是AD-4、AD-4N和AD-4W。除了固定式的APS-31雷达，AD-4N还携带有鱼雷和探照灯/声呐浮标投放器以适应反潜战（ASW）任务。AD-4W可使用雷达探测潜艇潜望镜以及进行雷达空中预警。（美国海军，艾德·巴塞尔姆斯收集）

建议：
- 重新安排飞行员的座位，以便更好地分配飞行时的重量分布，从而减轻飞行员的疲劳程度。
- 重新分配飞行仪表的位置，使飞行员不必因"扫描"仪表信息而过于疲劳。
- 装备除冰和防冰设备。
- 用AN/APS-31或AN/APS-19A雷达替换AN/APS-4雷达。

AD-3N是最早投入生产的夜间攻击型。机身内有两个座位，因而需要舍弃侧面安装的减速装置。APS-19雷达比标准雷达配置的挂架安装的APS-4雷达性能更好，与雷达对抗侦测和干扰设备一起成为该机的标准配置。然而，检查与调查委员会（BIS）的报告指出，APS-19A没有提供足够的距离和方位信息，并建议将其更换为APS-31雷达或在APS-19A雷达的显示器上标出距离和方位信息。

1949年中期，道格拉斯生产线上的AD-3被AD-4取代。AD-4相对于AD-3的一个颇受欢迎的改进，是增加了P-1型自动驾驶仪。首批28架飞机交付后，机上APS-4雷达被APS-19取代。包括"平常"（N）、"皇后"（Q）和"威士忌"（W）等改型和新的投放原子弹用的"贝克"（B）等子型号在内，AD-4一共生产了1051架，使其成为数量最多的"天袭者"机型。在即将到来的战争中，它们将负责大部分对地攻击任务。AD-4是第一款拥有4门20毫米航炮的"天袭者"机型，不过直到生产了210架后才加装新的机炮，一些需要大修的AD-4也应用了这项设计。

AD-4N是在AD-3N基础上的进一步完善型号。改进内容包括采用了升级的APS-31雷达（不包括前28架交付的AD-4N，它们装配的还是APS-19），这种新型雷达是一种半固定的配置，安装在飞机右翼的

下图：夜间攻击型的"天袭者"机身两侧都安装有可供出入的门，因为后机舱内有两名机组人员，这需要拆除侧装式的俯冲减速板。这架AD-3N左翼挂架上安装有一个APS-19A雷达吊舱。如图，它已被固定在帕图森河的岸基弹射器上准备进行测试。（美国海军，艾德·巴塞尔姆斯收集）

上图：图示的这架"天袭者"，仍然是一架BT2D，装备有两枚"小蒂姆"火箭和12枚空射高速火箭（HVAR），以及两门20毫米航炮。为防止俯冲加速过快，其三个超大机身俯冲减速板已打开。（美国海军，艾德·巴塞尔姆斯收集）

炸弹挂架处，这样一来，对于合适的雷达目标，AD-4N的水平轰炸能力就能显著提高。与AD-3N相同，该过程需要两名机组成员在机身尾部为飞行员提供导航和电子对抗支援。AD-4N的左翼炸弹挂架上可以携带探照灯，这主要用于反潜任务，不过探照灯将会给敌人高射炮提供过于明显的瞄准点。如果需要在夜间进行目视攻击，有时也会使用照明弹。

朝鲜战争

1950年6月，朝鲜战争爆发后，"天袭者"立即担负起了近距空中支援和切断朝鲜补给线的任务。然而，事实证明，尽管采用了原来的186磅的装甲，即保护飞行员以及发动机配件用的防弹挡风玻璃和偏向板，"天袭者"面对地面火力仍然表现得脆弱不堪（"偏向板"是防御炮弹碎片和浅角度弹丸打击的厚质铝材的一种形象的说法）。因此，在此基础上又添加了另外618磅的铝装甲偏向板，以更好地保护驾驶舱两侧及发动机配件的区域。1952年3月，这种额外的防护措施首次在实战中使用，效果很好。据海军航空新闻1953年5月的一篇文章报道，得益于添加了这些额外的装甲，至少18架"天袭者"幸免于难，数量相当于一支舰载机大队的飞机数，新的防御措施更是避免了飞行员的大量伤亡。

作为降低损失的另一项尝试，美军在1952年1月发布了一项作战需求，即弹射器发射的遥控攻击无人机，且这种无人机仅在现有的舰载机基础上增加一套装备就能够实现。巧合的是，正好有一架现成的F6F-5K靶机符合要求。第90导弹部队（GMU-90）成立于1952年7月，负责进行概念装备的作战评估，它为此分配了6架F6F-5K和2架AD-2Q作为控制飞机。需求发出后不到两个月，GMU-90就从"拳师"号（CV-21）航空母舰发射了一架无人机，击中了一个位于朝鲜的目标。该项技术并不比TDN/TDR项目先进多少。现有的F6F靶机最主要的改变，就是增加了一台电视摄像机，安装在一个挂在右翼的吊舱下，其发射天线安装在机翼的上表面。飞机的中线挂架上装载了一枚2000磅的炸弹。8月28日至9月2日，6架F6F被用于攻击铁路桥梁、水电站和铁路隧道，结果令人失望：1架直接命中，3架近失，1架未到达目标，1架没有造成有效破坏。此后再没有另外的无人机被分配到该项计划中。1954年年初，该作战计划被取消。

下图：航空母舰上的军械军士们穿戴着红色衣服和/或头盔。图示的AD"天袭者"正在挂装500磅通用炸弹。炸弹尾翼的制造、运送、存放都是与炸弹的主体部分分开进行的，这就是它们的颜色及状态不同的原因。尾翼很容易被损坏，这将影响炸弹的弹道，进而影响其准确性。（美国海军，罗伯特·L.劳森收集）

在AD-4N实施的夜间攻击飞行中，雷达只起到了有限的作用。雷达的主要贡献是在往返于目标区域的路途中提供地形信息，以便在遇到山地时，飞机可以及时爬升和下降。一旦进入目标区域，飞行员通常投放照明弹然后依靠视觉搜寻目标。朝鲜半岛冬季的恶劣天气使得美国仓促开发适应当地气候条件的AD-4NL。这是夜间攻击版本与专为AD-4L设计的除冰和防冰系统的结合，真正达到了全天候作战的能力。美国共生产了约36架AD-4NL。

美国海军虽然保持了AD、AF和AM的鱼雷发射能力，但这些飞机基本不会使用鱼雷了，至少不会用于反舰任务。然而在朝鲜战争中，在对付一个不同寻常的目标——华川大坝时，鱼雷最终还是派上了用场。1951年4月，联合国的战略家们认为，大坝阻碍"联合国军"的作战。陆军的游骑兵部队无法夺回大坝，空军的B-29轰炸机的轰炸也没有效果，于是海军受命尝试攻击水闸。第一次尝试是由VA-195中队的AD"天袭者"完成的，该中队当时携带了2000磅的炸弹和"小蒂姆"火箭。二者的轰炸都没有见效。"普林斯顿"号（CV-37）的指挥官，海军上校威廉·O.伽勒里，命令挂装第二次世界大战使用的老式Mk 13鱼雷。虽然沿湖岸边有重兵防守，从防空掩体发射出的高射炮和子弹如冰雹一般，8架AD飞机在堤坝上空冒着枪林弹雨投下鱼雷，终于摧毁了两个闸门，第三个闸门后来也被损坏。

下图：这架F6F无人机标记有V5字样，机腹下装有1000磅的炸弹，它已经被装在了弹射器的滑车上准备起飞。机组人员和飞行员正在做最后的驾驶舱检查。位于近处的AD-4N机组成员们将把无人机引导到靶机目标的位置。（美国国家档案局）

核攻击AD飞机

与舰载照相侦察和空中预警一样，全天候攻击和核武器运载最初也是通过专门配备的飞机，由受过专门训练的空勤人员完成的。机组人员和飞机被分配到各大型岸基"混成"中队中去，并建立任务条令，完成培训，然后被分配到航空母舰的空中作战部署中。

举例来说，VC-35中队于1950年5月在加利福尼亚州圣迭戈的海军航空站成立，用于向"埃塞克斯"级航空母舰提供反潜分队（VC-33与之类似，组建于东海岸）。受朝鲜战争的影响，混成中队的作用被扩大到夜间攻击。一个典型的分遣队包括4架飞机、6名飞行员和包括空勤人员在内的大约40名士兵。其中所涉及的"天袭者"飞机包括多座的AD-4N和单座的AD-4B，它们被改装后都具备了核武器运载能力。

在20世纪50年代后期，仍存在于舰载机大队的攻击中队专门负责核攻击任务。1959年12月，VA

下图：该图中的F6F无人机通过参考挂在右翼的电视摄像机传输的图片进行瞄准。该机的传输天线只有机翼上方的可见。在轮胎旁边的是一个带遮光罩的电视接收器，用来检查信号接收情况。（美国国家档案局）

上图：在朝鲜战争期间被用于摧毁华川水坝的水闸，鱼雷迎来了一次短暂而重要的回归。这架VA-195"天袭者"由安斯罗伯特·贝内特驾驶，正在飞往大坝的途中。他忘了关上化油器进气口。这张照片由中队长，绰号"瑞典人"的海军少校哈罗德·卡尔森拍摄。（美国海军，艾德·巴塞尔姆斯收集）

（AW）-35的最后一个分遣队从西太平洋部署的"列克星敦"号返回。[10]

VC-35在1952年年初收到了第一批交付的AD-4B。在加利福尼亚埃尔森特罗的海军航空站和新墨西哥州的桑迪亚国家实验室基地完成培训。改动的地方包括储存装置的布线以及为其尾翼刻入的机身凹槽。根据热效应分析，控制面上涂层较薄的涂料从蓝色改为了白色。

AD-4B的主要武器是一种"枪爆法"的原子弹，即Mk 8，它装在一个轻型外壳中，所以重量"只有"3250磅。这种武器为定时引爆设计，用于摧毁地下设施或被严密保护的设施，如潜艇洞库。据称，它可以穿透22英尺的钢筋混凝土。该原子弹最初用在俯冲轰炸机上，飞机俯冲投弹后会立即调头以防止灼伤。

1951年12月，停靠在加利福尼亚州奥克兰市的"菲律宾海"号航空母舰（CV-47）被用于对非"中途岛"级航空母舰配备原子武器的"紧急"能力进行评估。VC-35特别分遣队"威廉"在1952年6月被部署到位于韩国的"埃塞克斯"号（CV-9），该航空母舰已接受了储存和装配原子弹的改造。AD-4B被调往日本，其Mk 8原子弹则被存放在航空母舰上。VC-33的基地位于大西洋城海军航空站，它将AD-4B分遣队分配部署到了在大西洋和地中海的"中途岛"级航空母舰上。AD-4B生产总量为193架。

这是一架早期型号的AD-4"天袭者"（每侧机翼上只有一门20毫米航炮）。图中这架飞机挂载了1枚2000磅炸弹和6枚反坦克火箭。这位军械员正在挂装炸弹。（美国国家档案馆80-G-428979）

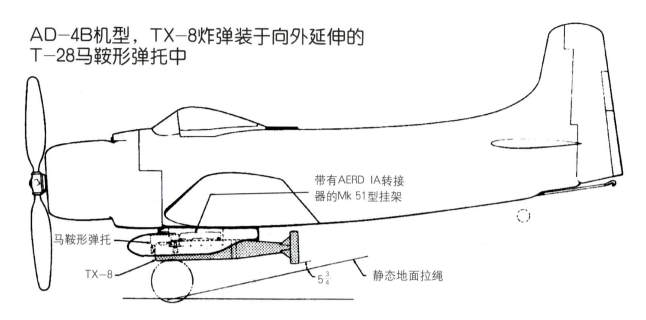

上图：最初的Mk 8原子弹无法被挂载在机身内部，需要AD飞机配备一个内含特殊机构的"马鞍"，才能投放。（杰伊·米勒收集）

下图：此图出现在1953年2月发行的海军航空机密的一篇文章中。它提供了安全俯冲投掷核武器的想法的总结，图中便是AD-4B"天袭者"最初为确保投弹精度所使用的方法。（美国海军，作者收集）

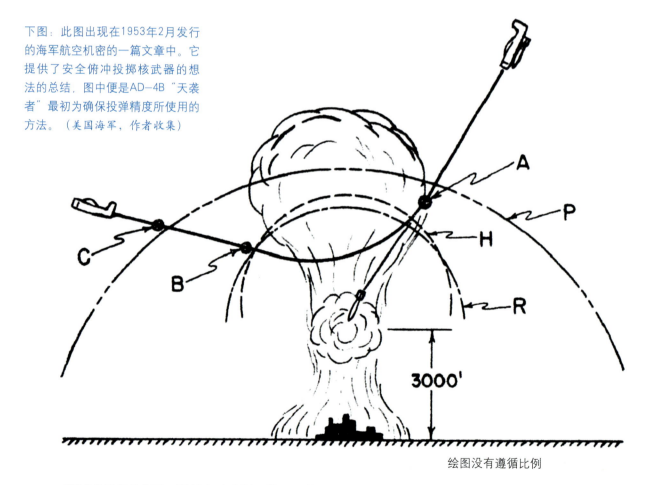

线R定义了辐射范围；**线H**为打击范围；**线P**为爆炸范围。现在，如果飞机在A点投下炸弹，炸弹爆炸时飞机将位于B点，爆炸蔓延到边界P时，飞机将位于C点。

注释

[1] 舰载航空大队于1963年12月更名为航空联队，但其指挥官仍然简称为CAG。

[2] SB2C最终获得了投掷鱼雷的资格，但实战中从未挂载过。

[3] 埃德·海涅曼的《埃德·海涅曼作战飞机设计》，104~105页。

[4] 其他列于评估程序中的轻型飞机包括转换为XLNP-1的派普TG-8和改造为XLNR1的"阿罗卡"TG-5。同时也使用了目的建造的滑翔机，包括韦科CG-4A（XLRW1）和英国通用飞机有限公司的"热刺"。

[5] 《海军航空机密公告》（1945年4月）37~40页："新投掷轰炸投弹技术将允许更大的攻击范围和更高的速度"。

[6] 在AM的岸上航空母舰适应性试验期间，尾钩钩上阻拦索时飞机的尾部发生了剧烈摇晃。最终测试飞机尾部脱落。经过大量的测试、机身加固和尾钩改良，AM终于实现了舰载功能。

[7] 反潜任务装备和武器的重量及体积在当时导致两架单独配置的飞机必须配对使用，其中一架携带大型AN/APS-20雷达，另一架保留炸弹舱鱼雷/深水炸弹并在机翼安装了火箭挂架。

[8] TB3F-1S/TB3F-2S生产飞机被指定为AF-1/AF-2，然后又被定为AF-1W/AF-1S，最终海军航空局在1949年7月将其定为AF-2W/AF-2S。直到1950年，前缀S——反潜战才成为一个主要的任务指定代号，最早用于格鲁曼公司的S2F（SF是格鲁曼公司的一款双翼侦察战斗机）。

[9] 1951年5月25日，舰队评价了AD-3、AD-3N、AD-3Q和AD-3W飞机。

[10] 在"列克星敦"号巡航之前或期间，最后一个VA（AW）-35分遣队几乎已经成了VAW-11分遣队，因为其母中队VA-122于1959年6月重新命名并成为西海岸调任更换训练中队的一部分，任务是训练飞行员驾驶"天袭者"。

AJ"野人"是第一种远程舰载攻击机,能够携带巨大的Mk 4原子弹。图中是1956年一架已到其职业生涯黄昏时期的AJ-2攻击机,此时的它已成为部署在"列克星敦"号航空母舰上的空中加油机。(罗伯特·L.劳森收集)

3 远程核轰炸机

原子弹的试验成功向美国传统作战方式提出了挑战。即将彻底独立的陆军航空队相信，新型B-36洲际轰炸机（其样机在1946年8月完成了首飞）会使陆军和海军的存在变得多余：可能会交战的潜在敌人——苏联，拥有一支庞大的陆军，并且对于海上运输的依赖有限，因此只有依靠战略轰炸才能赢得战争。凭借其10000英里的航程和其号称战斗机拦截和防空设施刀枪不入的防御能力，即使盟国基地和战斗机护航不可用，B-36仍然可以从美军在阿拉斯加和缅因州的基地起飞并在苏联重要的工业区投放原子弹。

在太平洋战争结束前夕，美国海军航空母舰的主要任务已经不再是击沉敌舰，而转化为支援陆战队从海上实施登陆。苏联这个潜在的对手慢慢建立起了一支海军力量，但它从本质上讲主要是沿海和防御性的，没有航空母舰。美国想要保持开放的海洋贸易及保护美国在外利益的航道，最主要的顾虑是斯大林将要采用德国技术建立的一支潜艇舰队。

1947年的《国家安全法》重申了海军对航空母舰和陆基飞机的海上控制任务的控制权。海军将继续出现在需要航空母舰的任何地方，以此来支持各个盟国。1949年，海军迎来了又一次争斗，这一次是关于是否由空军享有战略轰炸唯一控制权，如果答案是肯定的，这将意味着原子弹将交付给空军。

有许多海军军官曾参与过研制原子弹的"曼哈顿"项目。1943年3月，海军上校"迪克"威廉·帕森斯被分配到该项目的军械部。他之前的经历包括参与高射炮弹近炸引信的研发等。这位海军上校除了在原子弹的近炸引信的设计和开发中发挥了关键作用，还成为规划和执行陆军航空部队交付原子弹的负责人，负责在提尼安岛对原子弹进行组装和检查，并且在第一次执行原子弹任务时登上"伊诺拉·盖"轰炸机上随行。弗雷德里克"迪克"阿什沃斯海军少校，是一名海军飞行员以及前TBF中队中队长，是威廉·帕森斯的作战指挥。另一名海军作战飞行员，约翰·T."小鸡"·海沃德也被分配到"曼哈顿"项目中，在中国湖海军军械测试站做内爆装置测试，之后于20世纪30年代中后期开始在美国宾夕法尼亚大学物理学院做研究生工作。

在"曼哈顿"计划中共制造了两种原子弹。两者的原理相同，都源于一项重要发现：中子发生器中能够瞬时产生大量的铀或钚同位素，这会引发前所未有的强大的链式反应。MkⅠ型原子弹产生大量铀或钚同位素的机制是所谓的枪型结构，它使用铀的同位素：无数铀环的集合就像是一堆救生圈被从炮管射进了一个坚固的铀缸。分开时，两个部分的铀处于亚临界状态；一旦相互接触，二者就共同达到临界质量。MkⅢ原子弹的设计更为复杂，其引爆依赖于锥形装药技术，即将一个钚球体压缩至临界质量置于引爆器周围。

两枚原子弹中的枪型结构原子弹，代号为"小男孩"，其设计概念非常简单，因此没有经过试验，就直接于1945年8月6日被投放到了广岛。[1] 7月16日，MkⅢ原子弹在新墨西哥州的沙漠被引爆，试验证明，这枚内爆式原子弹确实能够达到计划中的效果。这次试验为"胖子"扫清了道路，它在提尼安岛——一个太平洋的小岛被组装完毕，然后于8月9日被投放到日本长崎。这两枚原子弹都过于沉重——MkⅠ重量几乎达9000磅，MkⅢ达10300磅——由现有的航空母舰舰载机根本无法搭载。MkⅢ的直径5英尺，长度近11英尺，命名为"胖子"可谓恰如其分。

所有的早期原子弹都是在轰炸机起飞后手动武装的。在广岛和长崎投放的原子弹，是由参与"曼哈顿"计划的美国海军人员手动武装的。由于枪式原子弹缺乏内置的安全设备，"伊诺拉·盖"轰炸机起飞后，帕森斯上校才为原子弹装载了炸药。在飞往日本的途中，阿什沃斯少校负责在B-29[2]轰炸机上打开"胖子"的保险。除了作为武器专家对原子弹进行装配，这二人同时也是任务中的战术指挥官，要最终决定在什么位置投弹，因为只有他们了解原子弹的操作和性能方面的技术知识。

下图：1946年7月在太平洋比基尼环礁进行了两次原子弹的实弹测试，来评估船舶在原子弹攻击下的脆弱性。"埃布尔"（Able）是从一架B-29轰炸机上抛下的MkⅢ原子弹，目标是一艘已过时的海军舰船和德国、日本的一些舰船；"贝克"是一枚水下引爆的23千吨级Mk Ⅲ。"埃布尔"错过了目标"内华达"号战舰，与之相差2000英尺，后者没有沉没，这让海军方面的参与者很高兴。"贝克"不可能击不中目标，但海军认为总体结果表明，船舶受到原子弹的破坏比预想的要小得多。（美国海军，作者收集）

虽然在附加了额外的安全保护装置后，海军的Mk 8混凝土穿透炸弹采用了枪式结构，但从"小男孩"和"胖子"在实战中的表现不难看出，内爆式结构才是首选。MkⅠ只制造出来极少数量，因为它们需要使用的铀比内爆装置原子弹需要的钚更多。其另一个缺点是轰炸机坠毁事件中，枪式结构更容易由于机械碰撞导致临界质量的产生。虽然这不太可能导致发生重大的核事件，但是即便是原子弹发出的"嘶嘶"声，也应该尽力避免。

紧接着，除了稳定翼外，与MkⅢ外形相同的Mk Ⅳ问世了。它的内爆装置的球面形状和大小决定了其直径，B-29修改后的炸弹舱决定了其长度，不过该长度从弹道学的角度来看略有些短。

如果不是海军在广岛和长崎之前承诺要具备核打击能力，他们一定会因此而落后。1945年9月，海军作战部长以一名海军中将为领导成立了海军作战部长办公室特殊武器分部。该分部规划建设一艘可以发射和回收总重达100000磅的飞机的超级航空母舰，以及携带重达12000磅炸弹的情况下攻击半径可达2000海里的舰载喷气或涡桨动力轰炸机。新式飞机为从位于远离海岸的航空母舰（这样才能令其难以被定位和攻击）上起飞，搭载现有的原子弹需要足够大的体积，并且需要能够到达如右图所示区域内的所有苏联海军基地、造船厂和飞机场。

美国航空局的三型舰载型战略轰炸机计划于1945年12月发布，一期计划——开发总重量45000磅、有适度能力的轰炸机——立即启动。1946年1月的性能要求提案（RFP）中表示：飞机"将专门用于在航空母舰上携带特殊载荷，它不需要作为常规打击武器"，不过具备常规对地攻击能力"将更为理想"[3]。提案要求新飞机携带8000磅炸弹时的打击半径为300海里，随后提高到600～700海里。炸弹舱要求能够携带直径5英尺、长16英尺，单点悬挂的炸弹。座舱是密封的，但可以与炸弹舱相通，这样可以在起飞后装配炸弹。

下图：1942年4月由吉米·杜利特对日本实施的攻击证明了利用航空母舰出动大型远程轰炸机的可行性。"大黄蜂"（CV-8）搭载着16架美国陆军航空队的B-25中型轰炸机抵达距日本向东约600千米的起飞点。杜利特和其他飞行员轰炸目标后，继续飞往中国的着陆场着陆。（美国国家档案馆80-G-41197）

三型舰载型战略轰炸机都要求可以从"中途岛"级航空母舰的600英尺长甲板上起飞。其他性能要求如下。

高度35000英尺，燃料60%，喷气发动机开机时，速度达500英里/时；
海平面爬升率：2500英尺/分钟；
最大毛重量下，有动力时的失速速度小于100英里/时；
升限：45000英尺。

其中，对于展开尺寸的定义是：一架轰炸机要有在"中途岛"级的飞行甲板上经过另一架轰炸机的能力，且两架轰炸机都要张开机翼。最大起落架胎面间距为24英尺，以便在弹射时与舰体边缘留出足够间距。

该项目共收到三个提案。沃尔提公司的设计方案被拒绝了，因为它的重量超过了指定的着陆重量，不仅如此，作战半径也低于指标要求40英里。该型机两台R-2800涡轮增压发动机和两台西屋J34喷气发动机为其提供动力，每个发动机舱内各安装两者各一。道格拉斯公司于5月1日提交了方案，到期日之前又提交了第二个方案，之后该方案也被进行了评估，因为它相较第一个方案的配置更为优秀。2号方案也装配了两台R-2800涡轮增压发动机，但是喷气发动机是通用电气公司的I-40（J33，由艾里逊制造）。北美公司的设计是由两台R-2800涡轮增压发动机和一台通用电气公司的J-40驱动，但后者可以选择加力型。相比于道格拉斯的设计，它的机翼有一个较低的展弦比，因此其空重比也低于道格拉斯方案。这意味着道格拉斯方案将在攻击半径上有优势，其半径将超过600海里，而北美公司的设计优势在于着陆重量最轻，起飞距离最短，爬升高度最佳。无加力的情况下最大速度大致相同，而美国航空局对此不甚关心。北美公司的设计成本是最低的。

北美航空公司最终赢得了这场设计竞标，于1946年6月收到了一份意向书。其XAJ-1由两台普惠R-2800涡轮增压发动机和一台艾里逊J33喷气发动机推进。喷气发动机只在飞机起飞、着舰（需要达到波峰高度时）和追击目标需要加速时使用。其NACA型进气口位于机身的顶部，并装上了一个铰链门，在喷气式发动机不工作时，进气口是关闭的。

获得量产许可，公司对飞机进行了一些修改，包括扩大和加深炸弹舱，以适应挂载"终极炸弹"的要求，并在加装翼尖油箱的过载状态下达到700海里作战半径，从而在更长的时间内以高功率状态抵达距离更远的目标。

AJ有三名机载人员：飞行员、投弹导航手和第三名机组人员。1946年10月，在洛杉矶的全国航空协会设施基地进行了AJ全尺寸样机的审查，紧急出口没有设置弹射座椅能否被接受是讨论的焦点。由于对重量的担忧取消了弹射座椅，如果需要紧急跳伞逃生，机组成员可以爬出舱门。另一个争论是：到底是驾驶杆还是方向盘更利于飞行员的控制，但最后还是决定使用驾驶杆。

AJ轰炸员不是坐在机鼻，而是坐在飞行员的旁边并操作ASB-1轰炸瞄准仪，该系统最初被称为Mk 5 MOD 0轰炸指挥仪。ASB-1是一个雷达/光学轰炸系统，也可以用于导航和搜索。ASB-1由诺登实验室公司开发，此后多年间它都是海军重型攻击机的标准轰炸系统。该系统是计算机驱动，并结合了雷达显示器和潜望镜。飞机上有三个雷达示波显示器。其中一个固定指向北方，以便进行地图比对导航；另一个自动

跟踪潜望镜的视线,以便于对初始点进行验证;第三个提供任何选定区域的放大视图和可选择的方向,向上指北或跟踪潜望镜视图均可。该系统重近1000磅,因而只能在重型攻击机上使用。

最初的轰炸系统允许的规避机动幅度为:每分钟爬升3000英尺或每分钟下降6000英尺的高度变化,正负5000英尺的投弹高度,50节的空速偏移;最大30°雷达瞄准的倾斜角和最大60°的光学瞄准倾斜角角度以及侧向偏移能力——以防投放炸弹后炸弹仍处于航线上而飞机偏离航线。如果目标本身并没有发射足够产生干扰的雷达波,且雷达回波良好时,瞄准点的误差可小到5英里。到达投弹位置时,系统会自动打开炸弹舱门,投放炸弹,然后关上舱门。AJ的大小决定了其控制必须依靠液压动力。几乎所有的其他功能,包括客舱增压压缩机,都依靠液压提供动力,因此共有5个独立的3000磅/平方英寸压力的液压系统。

左图:AJ"野人"的弹舱刚好足够装载Mk III原子弹,外形也足够紧凑,机翼折叠以后,能够顺利使用航空母舰上的升降机,并进入机库。这架XAJ的照片拍摄于1948年9月2日。(美国国家档案馆80—G—706015)

临时能力——P2V"海王星"

在此期间，海军需要尽快建造具备投放原子弹能力的航空母舰。美国航空局为完成任务开始修改海军的P2V双发动机巡逻轰炸机。它没有B-29个头大，但是其重量却是任何一架舰载飞机的三四倍。其主要优势是其能够携带10000磅重的炸弹，同时还能携带尺寸较小Mk I型原子弹。它还拥有创世界纪录的航程。因为该型机只能搭载在3艘"中途岛"级航空母舰上，预计只有极少数的Mk I能够派上用场，因此海军只订购了12架P2V-3C飞机。

上校吉米·杜利特曾在1942年4月对日本的攻击中，利用舰载飞机相对较长的航程，驾驶双发动机轰炸机成功地打击了日本。1946年9月，来自澳大利亚珀斯的一架早期型P2V飞机飞到俄亥俄州克利夫兰，未作停留且没有加油，其飞行距离达到11235英里，几乎绕了半个地球（附加油箱占据了一定的有效载荷以支持额外的飞行范围，且JATO允许超重起飞）。P2V起飞全重74000磅，对于所有现有的弹射器来说都太重了，所以它是在甲板跑道由8枚1000磅推力的JATO火箭加速起飞的，这些火箭与挂架在飞机起飞后被丢弃掉。该P2V由涡轮增压的莱特R-3350发动机提供动力，其起飞动力可达到3200马力。巡航速度略低于200英里/时，最高时速约340英里/时。

海军最初打算让P2V也在航空母舰降落，所以修改和改进计划中包括了尾钩。为了达到最大的航程，两个机翼上都安装了附加油箱，机身的前部和中部还添加了油箱，总内部燃料从2350加仑增加到了4120加仑，整整增加了75%。为了减少阻力，背炮塔、火箭发射器、尾橇、观测窗（被六分仪潜望镜取代）和大多数天线被拆除。前部的机枪被拆除，搜索/导航雷达AN/APS-31移到前部。P2V-3C使用的雷达瞄准器

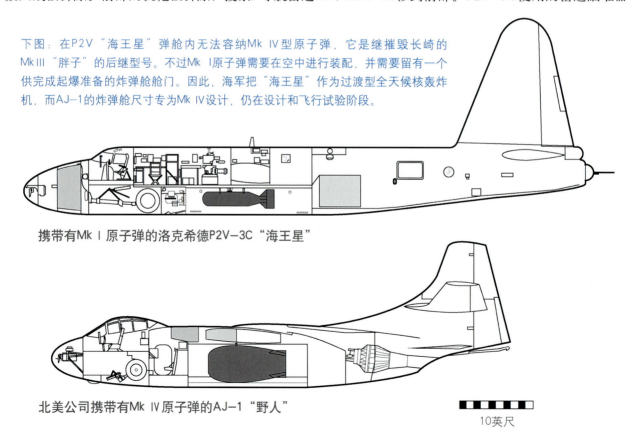

下图：在P2V"海王星"弹舱内无法容纳Mk IV型原子弹，它是继摧毁长崎的Mk III"胖子"的后继型号。不过Mk I原子弹需要在空中进行装配，并需要留有一个供完成起爆准备的炸弹舱舱门。因此，海军把"海王星"作为过渡型全天候核轰炸机，而AJ-1的炸弹舱尺寸专为Mk IV设计，仍在设计和飞行试验阶段。

携带有Mk I原子弹的洛克希德P2V-3C"海王星"

北美公司携带有Mk IV原子弹的AJ-1"野人"

10英尺

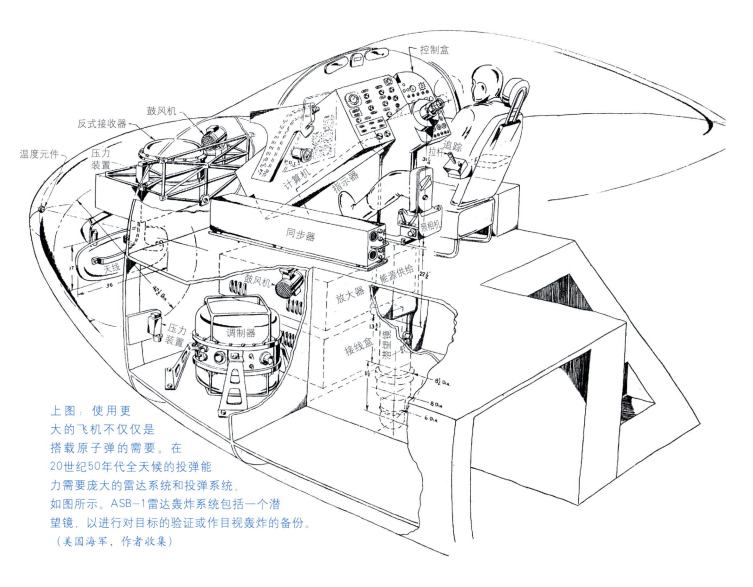

上图：使用更大的飞机不仅仅是搭载原子弹的需要。在20世纪50年代全天候的投弹能力需要庞大的雷达系统和投弹系统，如图所示。ASB-1雷达轰炸系统包括一个潜望镜，以进行对目标的验证或作目视轰炸的备份。（美国海军，作者收集）

是APA-5，雷达回波由AN/APS-31接收。弹舱修改为一个单一的挂点和平台，供飞行中装配原子弹。由于保证飞行时间的机载燃料量超过了发动机机油容量，领航员的位置上增加了一个38加仑的机油箱（他坐在油箱上面），并且增设了管道，以便在飞行中向发动机舱内的机油箱提供补充。为了减轻重量，一个发动机驱动的发电机（共有4个）和应急液压系统被拆除（取而代之的是手动起落架收放装置）。

20毫米尾炮被保留下来。雷达对抗设备被安装在飞机上，用于检测威胁雷达的存在、特征和方位，但这种对抗设备不具备抗干扰能力。机组人员被减少到4名：驾驶员、副驾驶员兼武器专家、轰炸/领航员和报务员兼尾炮手。海上的第一次评估是在1948年4月，从"珊瑚海"号（CV-43）上起飞了两架P2V-2。

新成立的美国空军对海军建立独立战略轰炸能力的努力不以为然。然而，1948年4月，继3月在佛罗里达州的基韦斯特召开的由国防部长詹姆斯·福莱斯特、相关服务部门以及参谋长联席会议参与的一次会议之后，海军获得授权"可以进行必要的空中打击以完成海军的作战目标"。空军保留了战略空中作战的任务，这被定义为"核打击的目标为：通过系统性武力应用选定一系列重要目标，渐进式地破坏和瓦解敌人的战争，使敌人将不再具备继续战斗的能力或再次发动战争的能力"。这样一来，海军至少明确了一点：空军的进攻重点将因此成为城市和工业设施等目标，就像在德国和日本的情况一样，而海军将作为主要攻击军事基地和部署的部队，在必要时使用原子武器。空军对于这种解释不以为然，但是其想法之后在当年8月罗得岛纽波特海军战争学院的后续会议上被国防部长否决。

尽管在1949年的一个协同计划中，P2V成重量在航空母舰上着舰，但是海军无法保证P2V航空母舰降落的质量。[4]这样一来，如果它不能返回陆上基地的话，在海上机组人员只能跳伞逃生。

其实一般不需要回到航空母舰上对飞机进行重新武装，因为显然P2V-3C飞机的数量要远远多于MkⅠ，但如果任务有需求，飞机回到航空母舰降落会更为方便。相反，航空母舰不得不停靠码头，用起重机将P2V飞机运回航空母舰上，这不仅仅是极其费时的做法，而且容易暴露美国的意图，并且增加航空母舰的脆弱性。航空母舰上搭载了P2V飞机后，因为P2V飞机体型巨大，并且不能折叠，舰载机大队的行动会受到阻碍。由于P2V不能被存放在机库，因此只能放弃一部弹射器的运作，或者在每次弹射和回收前挪动这些飞机，如上图所示。

作为第一批具备核实战能力的舰载机部队，海军成立了三支特殊武器部队，分别分派给"中途岛"级航空母舰，包括"中途岛"号（CV-41），"富兰克林·D.罗斯福"号（CV-42）和"珊瑚海"号（CV-43）。三支特殊武器部队均在新墨西哥州的科克兰德空军基地进行了培训，他们要负责海军所有的原子弹装配、维护和检查。（早期的原子弹约需要50人花费80个小时才能完成组装，因为组装之前由于更换电池和点火装置的需要，还要进行频繁的拆卸和复查工作。）这些航空母舰经过改装，也可以提供原子弹处理、存储、维护和挂装的服务。每当原子武器回到航空母舰上，一支特殊武器部队都要全程陪同。

向外延伸的加襟（下翼）

上图：如果需要，结束任务后为了方便水上迫降，P2V-3C的前起落架后面增加了一个水上襟翼。该设备机动打开后，可以保持飞机的机头在迫降时处于水面之上，在B-24上的测试已证明其可以提高水上迫降的生存概率。（美国海军，作者收集）

上图：图示P2V-3C样机是洛克希德对P2V-2的修改版本，内部编号1080。它外部几乎所有多余的东西都被去掉了，雷达也改装到了机鼻。20毫米的防御尾炮被保留了下来。（美国海军，作者收集）

1950年年初其中一支部队先在码头，后来在"珊瑚海"航空母舰上给一架AJ飞机武装了Mk IV和Mk I型原子弹各一枚。[5]

第一支重型攻击机中队VC-5在1948年9月9日成立于加利福尼亚州的莫菲特场站。代理中队长为迪克·阿什沃斯中校，当年"博克斯卡"上的武器专家。海军上校约翰·T."小鸡"海沃德于1949年1月抵达任中队长后，迪克转任副队长。P2V-3C飞机于1948年11月开始向中队交付。第二年2月，中队中的3架飞机飞往帕图森河的海军航空站进行喷射助推起飞（JATO）培训。3月上旬，中队登上"珊瑚海"号航空母舰，这是他们的第一次海上演习。切克·海沃德第一个起飞。他的P2V-3C加载了10000磅的模拟炸弹，燃料加到最大量，总重量为74000磅。他飞到西海岸，扔下模拟炸弹，然后立即返回了帕图森河。其他两架P2V还进行了飞行员资格测试，但测试时总重量较低。

后来在1949年3月，又有两名VC-5中队的队员飞往帕图森河进行航空母舰资格训练。26日，他们在"中途岛"号航空母舰起飞。4月7日进行了另一次装载和发射，这些练习对中队训练和船员都有很大好处。当时，所有的大型"中途岛"级航空母舰都部署在东海岸并可前出至地中海或北海。

北美AJ"野人"

在VC-5中队成立并训练提升通过P2V投射原子弹的能力的同时，北美公司 AJ"野人"也在紧锣密鼓地展开研制。1948年7月在洛杉矶国际机场由全国航空协会的飞行员鲍勃·奇尔顿完成首次测试飞行后，"野人"马上开始服役。不过1949年2月，它第一次发生了机毁人亡的事故。侧滑练习期间，该型机尾翼脱落，试飞员阿尔·康纳和查克·布朗因此丧生。最初，该型机专门安装了大型方向舵，这样可以在其中一个活塞发动机不工作的情况下低转速地降落。然而，在巡航飞行的偏转中，其体积就显得过于庞大。这导致"野人"在飞行中受到很多限制，直到尾翼得到修改，去掉了其二面角并减小了舵的大小，情况才得以改善（机身喷气口上方排气侧纹也被去除）。修改后的尾部也被加装在未失事的AJ-1上。

1949年8月第一架AJ飞机生产并被海军接受。海军上校海沃德将它飞到莫菲特场站展示给了VC-5中队的工作人员，然后又飞往帕图森河以便开始海军的评估工作。

虽然AJ具备完全舰载能力，并可以折叠存放在机库甲板上，但是折叠过程非常耗时，折叠内容包括机身尾部的梯子、机翼的外部折叠铰链和液压机构以及垂直尾翼。海军检查与调查委员会试验期间，一个训练有素的四人团队以最快的速度工作，花了16分钟才完成整个折叠过程，而且这时飞机是停在地面上，无风，而不是在不断移动的航空母舰上。"在船上，正常条件下辅助折叠机构必须用绳子悬挂在机翼上，而在大风、寒冷天气的不利条件下，潮湿的机翼和晃动的甲板，都会给机翼和尾翼折叠带来阻碍。根据上面

下图：美军计划让P2V在航空母舰上着舰，安装一枚原子弹之后再弹射起飞。如图中所示，还设计了尾翼钩附着装置以保证试验安全进行。另外，该飞机还完成了岸上阻拦索试验。然而，该型机从未在航空母舰上降落过。（美国海军，作者收集）

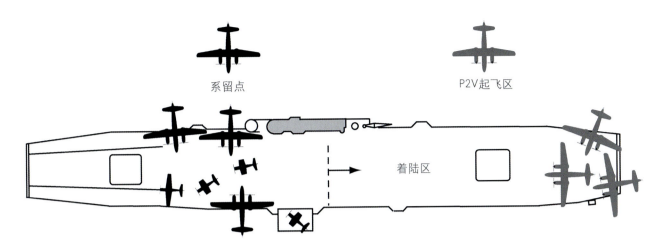

停有P2V和AD的"中途岛"级航空母舰飞行甲板

上图：根据任务航程的不同，3到4架P2V-3C飞机可以从"中途岛"级航空母舰起飞并留下足够的空余甲板以保证足够的滑跑距离。需要注意的是P2V起飞时，甲板上停放的飞机即便有的话也会很少。由于没有飞机可以停在舰艉的建筑区域，在舰载机回收过程中，所有的P2V都要周期性地停在图示的航空母舰前方的区域内。它们可以停放在那里，但在飞行甲板前方停放两架以上的P2V，会使其中一个弹射器受到阻碍。简而言之，鉴于航空母舰的甲板运转能力有限，其舰载机大队中能够停放在航空母舰上的P2V数量受到严重限制。

的测试来看，折叠时间轻易就会增加到一倍或两倍。"[6]虽然满足了原来的要求，并最大限度地减少了重量，但是在航空母舰舰长和舰载机大队指挥官看来，这是AJ飞机最不吸引人的特点之一。

AJ-1并完全不符合原规范的性能要求。该型机可携带一枚7302磅的Mk 15原子弹，但没有副油箱，起飞总重约47000磅，而标准值应该为43000磅。它的最高时速为449英里/时（约390节）、飞行高度34000英尺，标准值则为每小时500英里，高度35000英尺。内部燃料的作战半径只有460海里，而要求的作战半径应该为600海里。但是油箱都加满时，其作战半径是720英里。当装备一枚较轻的3600磅的Mk 5原子弹，油箱装满，再加上一个500加仑的炸弹舱油箱时，其起飞总重为51000磅，作战半径为1010海里。

AJ最初由于其仓促发展并且过于复杂的系统而一度声誉受损。三架XAJ飞机中有两架都在NAA的飞行试验中损失，原因在于飞行中其结构失效。1952年10月VC-7的评估报告中指出，58架XAJ和AJ-1中损失掉的11架飞机并非如记录所示由于飞行员操作失误所致，真正的原因是机械故障。AJ在最初投入战斗时，几乎每年要损失近4架，这其中近70%的事故造成了人员伤亡。事故原因各种各样，令人难以断定，但人们怀疑，在飞行中容易出现故障的液压系统和喷气动力装置是一些情况下失火的原因。最终，新的设计消除了故障，飞机的失事率得以降低。

训练和战备演示

1949年中期，新任国防部长路易斯·约翰逊取消了已被授权的"合众国"级超级航空母舰（CVA-58）的建造，海军的计划遭遇挫折。然而，海军方面一直保持着其计划实施的势头，把具备核武器能力的

在"中途岛"级航空母舰上进行P2V-3C起飞,无论是方向还是距离都没有什么可供犯错误的余地。图中是1949年4月2日"富兰克林·D.罗斯福"号航空母舰上一次起飞的场景。前轮下方的白线为飞机明确了它与航空母舰建筑和端口侧甲板边缘的必要间隙。
(美国国家档案馆80—G—400049)

上图:VC-5中队为给机组人员提供足够的训练而进行了一些远程飞行,这同时也是在为其P2V-3C飞机从航空母舰起飞后可飞行5000英里的能力做宣传。图为1949年4月飞机从"中途岛"号航空母舰起飞的场景。(美国国家档案馆80-G-707168)

轰炸机应用到其现有的航空母舰上,一直到朝鲜战争爆发、美国需要重新确立航空母舰的计划之时。

由于之前未能使国会认识到建造超级航空母舰的必要性,海军加倍努力地向国会展示他们投放原子弹的能力。海军邀请国防部长、空军和海军的高级文职和军事领导层以及媒体方面的人员,于1949年9月26日观看"富兰克林·D.罗斯福"号航空母舰和"中途岛"号航空母舰在诺福克的舰载机演习。当天演习结束后,国防部长路易斯·约翰逊坐在副驾驶的座位,由海军上校海沃德驾驶飞机从"中途岛"号航空母舰起飞,返回华盛顿。

接下来的培训和演习中,1949年10月5日,迪克·阿什沃斯中校在诺福克的海域从"中途岛"号航空母舰起飞,并创造了航空母舰弹射飞机飞行距离的最高纪录。起飞后,他和机组成员穿越加勒比海飞往巴拿马,然后经过科珀斯克里斯蒂、得克萨斯最后在圣地亚哥着陆,飞行共计25小时40分钟,总飞行距离为4880英里。1950年2月,托马斯·罗宾逊破了他的纪录,在执行任务过程中,他共计飞行了5060英里,用时26个小时。托马斯从佛罗里达州杰克逊维尔海岸的"富兰克林·D.罗斯福"号航空母舰起飞,飞越南卡罗来纳州、查尔斯顿后,转向向南,飞过巴哈马抵达巴拿马运河,然后飞回北方,最终在圣弗朗西斯科

（旧金山）降落。

1950年4月，P2V和AJ在"珊瑚海"号航空母舰上开始了共同海上部署，这是AJ第一次装备到航空母舰上。本次作战活动还标志着Mk I型首次装配在P2V的炸弹舱。1950年4月21日，海军少校R.C.斯塔基驾驶最大起飞重量74668磅的P2V升空，打破了海沃德的纪录。海沃德和他的副手埃迪·奥特洛中校则分别驾驶两架与P2V一起用吊车搬上航空母舰的AJ-1"野人"从航空母舰起飞。

1950年1月，VC-6被调往加州莫菲特场站，航空指挥官迪克·阿什沃中校和其他一些人员从VC-5调来。1950年年中，VC-5转移到弗吉尼亚州的诺福克。然后VC-7调到莫菲特场站，1950年8月，VC-6转移到了马里兰州帕图森河的海军航空站。（在为期一年的试运行之后，VC-7也转移到了诺福克的海军航空站，因为核武器的早期任务目标大多位于东欧一带。）

8月31日，海沃德上校开始进行VC-5中队AJ机组的上舰资格评定，他驾驶AJ两次降落在"珊瑚海"号航空母舰上。此次资格审查比平常更为严格正式，飞机座舱右边的座席坐着海军中将菲利克斯·B.斯坦普——海军航空兵部队大西洋舰队指挥官。其余的VC-5飞行员也被限制只有两次甚至一次的着陆机会，成功了才算合格，而以往的标准是6次。

1950年10月，VC-5航空母舰上的AJ型飞机飞赴古巴关塔那摩湾，与"富兰克林·D.罗斯福"号联合演习。起初进展一直顺利，直到10月2日，一架AJ起飞后不久一头扎进海里，只有轰炸/领航员幸存下来。事故

下图：这张XAJ-1的照片似乎拍摄于帕图森河。注意机身尾部的褶皱。在"野人"的第一次亮相仪式上，该型机的蒙皮褶皱就非常明显了，这引起了出席仪式的政要们的担忧。（美国国家档案局）

原因最初认为可能是无意中操作了控制锁，但后来发现可能是升降舵增高的问题。由于此事和另一次事故，AJ飞机于11月21日停飞。该机队后来被整修并恢复了飞行任务，但是不久之后又遭遇了一次坠机事件。

作战部署

"富兰克林·D.罗斯福"号航空母舰1951年1月从弗吉尼亚州的诺福克出发，前往地中海，它携带了一支特别武器部队并且至少携带了Mk IV原子弹。自从11月被停飞后，"野人"进行了飞行安全的改装。1951年2月初，3架P2V-3C飞机和6架AJ飞机通过百慕大和亚速尔群岛离开诺福克前往李渥蒂港和法属摩洛哥。[7]AJ在"富兰克林·D.罗斯福"号的操作训练从2月下旬开始。然而，3月6日，AJ再次失事，机上成员丧命，并且引起了邻近船舱起火。由于这次事件和在海上作业过程中遇到的困难，AJ上岸进行检查和修整，包括将易燃的标准液压油换成水性的氢化润滑油。

P2V-3C飞机在理论上可用于任务，但如果从航空母舰上起飞，将不得不从码头或驳船上吊运至航空母舰。航空母舰上可能还有一些Mk I原子弹，但是当时还没有Mk 8。Mk 8是当时"海王星"唯一可携带的核武器。Mk 8自1952年1月就可以使用了，但当时的P2V-3C还需进行改装。它们的主要用途是在频繁和长期的AJ停飞期间维持机组人员的熟练度并且负责一些物资运输的航班。

下图：着舰信号官（LSO）正在向降落在"张伯伦湖"号（CV-39）航空母舰的AJ-1发出指令信号，CV-39是一艘轴向甲板航空母舰。（美国海军，作者收集）

上图:手动折叠AJ"野人"不仅是一件费时、劳动强度大的苦差事,而且即使折叠成功后,它放在甲板下的空间里仍然很紧张。请注意看:两个牵引车用钢索连在一起,才能提供拉动"野人"所需的动力,另外还有两名水手在注意保持顶部的油箱不会碰到上面的甲板。那些放置在主起落架内侧的设备将用于在情况失控时固定轮胎。(美国海军,作者收集)

下图:8月31日,一架AJ-1在空中飞行,图中其巨大的襟翼和机鼻整流片清晰可见。(美国国家档案馆80-G-418610)

虽然AJ的体积即便在不折叠时也小于P2V，但是它仍然大到足以影响飞行甲板的操作，重到机组人员无法移动，因此总是挡道碍事，不受欢迎。AJ飞机还需要经常进行维修，其发动机维护工作量相当于两架"海盗"战斗机和一架"黑豹"战斗机的维修量，不仅如此，其航空电子设备和液压设计也更为复杂。

根据AJ的局限性，美军专门制订了该型机的作战流程：将AJ作为陆基飞机部署，原子弹储存在航空母舰上。在需要时，AJ将飞行到航空母舰上装载炸弹，然后起飞进攻。AJ将定期在航空母舰上运作飞行，以保持其熟练程度，因此AJ飞机在航空母舰上的存在并不会成为核打击的标志。

5月，部署在李渥蒂港的VC-5中队的AJ飞机终于恢复作战飞行，飞往"珊瑚海"号和"奥里斯卡尼"号（CV-34）航空母舰。在"奥里斯卡尼"号航空母舰上的部署是AJ飞机第一次在"埃塞克斯"级航空母舰上部署。然而，6月AJ再次遭到停飞，由于液压故障，必须要停止将氢化润滑油用作液压油的做法。AJ飞机于10月重返蓝天，参加了1951年11月加勒比海大西洋舰队"中途岛"号航空母舰的训练。期间"野人"共实施了9架次模拟出击，其中4架次在白天，5架次在夜间，每个架次都成功模拟了投放武器，

下图：AJ飞机的减速系统与相当于其一半的重量的飞机的减速系统基本相同。如果挂在跨甲板的拦阻索上的尾钩仍无法使飞机停下来，还有3道戴维斯停机索组成的下一道防线，当其被前起落架或前面的挡风玻璃触发后，它们会立即启动抬起缆绳嵌入主起落架。1950年8月31日，AJ飞机第一次在"珊瑚海"号航空母舰上完成着舰。（美国海军，作者收集）

并在返回母舰时没有被防守方击落。然而出于某些原因，AJ飞机的表现最终被评价为"不突出"。

1952年，ASB-1轰炸瞄准仪终于投入使用。此前，AJ的轰炸机，比如P2V，使用的是APA-5轰炸瞄准仪，后者的目标清晰度较差，且在高空非常不可靠。APA-5最初为用于攻击水面舰艇而设计，但舰船属于容易用雷达分辨的目标。在经过改装后该系统也可以用于高空对地攻击，但结果并不令人满意。

1953年3月，VC-6中队的一支分遣队部署在日本厚木市，为第7舰队提供核打击能力支持。为保持机组技能水准，舰载作战练习开始常态化。但除了偶尔执行武器装载任务或是飞机出现了机械的问题（后者更为常见）需要航空母舰将其运回厚木市并卸载维修外，AJ不会在航空母舰上过夜。下面是检查与调查委员会（BIS）的航空母舰适应性报告：

> 在甲板上的近距离观察显示，该飞机的大小往往会给人一种错觉，因为它看起来比传统的舰载飞机在相同位置时更近更慢。由于飞机不能快速响应控制动作，着陆信号官的信号应保持在最低限度，他必须尽早判断出飞机在接近过程中是否处在理想的条件下，并可以安全地落在航空母舰上，因为它没有复飞的可能。此外，切入之前应立即撤销如"低倾斜"和"高倾斜"等修正信号。若对这些信号做出响应，会导致飞机在切入时爬升或导致飞机着舰时摔在斜坡上。如果飞机速度稍快，但是能稳步靠近，着陆信号官最好使用"了解"信号，并提前切入，而不是给一个"过快"信号，企图减缓飞机接近之前的速度。
>
> 降落时，飞机应该处于前高后低的姿态下，使飞机前轮不必接触甲板。着陆时的冲击载荷主要由主起落架承担，机尾与甲板保持分离姿态。全起落架着陆的尝试经常会导致尾部接触地面而受到损坏……[8]

下图：1953年4月，从"约克镇"号的救生直升机拍摄到的AJ-1在航空母舰上着舰的照片。请注意，AJ降落时航空母舰会尽可能清空甲板。另一架AJ正在顺风转向。（美国国家档案馆80-G-481315）

AJ-2项目

1951年2月，海军订购了55架经过改进的"野人"AJ-2。AJ-2弹射起飞时最大起飞重量为54000磅，着舰限制重量达到了惊人的37500磅。在AJ-1飞行试验和初步运用经验的基础上，AJ-2的重要变化，是如前面所述的尾翼上液压系统及驾驶舱的改变，其中液压系统进行了简化。不过并非所有的改变都是对AJ-1进行改造，AJ-2还有一个改进过的驾驶舱和舱盖，因此第三名机组人员方向朝后坐在上层的甲板上，这样他可以方便地发现敌方战机。不仅如此，紧急出口舱门也得到了扩大。

在一些被分配去驾驶多发动机AJ飞机的巡逻机飞行员的建议下控制杆被改为一个控制盘，油门被转移到了中控台上。方向盘提高了飞行质量，使得在单发动机或液压故障等紧急情况下的处置也有所改善。右手油门的设计让轰炸/领航员可以在必要时帮助飞行员工作，因为这个油门位置再加上自动驾驶仪，使他完全可以控制飞机。这种控制位置理念后来被应用于A3D。

1953年2月19日AJ-2首飞。这些AJ-2不是在加利福尼亚州的唐尼，而是在北美公司俄亥俄州哥伦布市的工厂制造的。1953年12月，最后一架AJ-2完成交付。[9]

1952年11月，AJ-3型飞机的开发计划被提出。它解决了"埃塞克斯"级航空母舰上AJ类飞机起飞初期埋首的问题。即使折叠起来，AJ飞机也无法装入中心线前侧的电梯，所以在各种杂物被移至甲板边缘升降梯上横在船舷时，其弹射过程将被迫暂停。AJ-3不同，该机的机翼折叠处向内挪动了4英尺，并具备电

下图：由于弹射器采用前后交错布置，两个滑轨上的AJ"野人"的位置正好错开，倒是方便了AJ的起降。请注意，在"尚普兰湖"号航空母舰的左侧弹射器上的AJ-1，其喷气发动机进气口是敞开的。（美国海军，作者收集）

动折叠装置，机鼻也可以折叠，并减少了垂直尾翼的长度，方向舵也可动力折叠。该机还计划采用"冲击式进气管"和6350磅推力的J33-A-16A喷气发动机以提高性能。但1953年1月27日，美国航空局在写给北美公司的信中婉言拒绝了这个不请自来的建议。

1953年11月，北美公司向美国航空局提出了一个相对简单的，AJ结合T34涡桨发动机的建议。根据计划，第一架AJ-4于1955年5月交付，是由一架接受大修的AJ-2修改而来。该计划建议在一位重型攻击联队指挥官1954年1月5日的一份备忘录中有所记录。它指出由涡桨发动机提供额外的动力，除了可以进行甲板跑道起飞而无须使用弹射起飞外，还能用"尾部防护装备"取代喷气式发动机，允许飞机在结冰的条件下可以更快地爬升。这"将大大抵消在AJ飞机上除冰设备不足的劣势"。备忘录谨慎地避免了对于A3D（将在第5章介绍）的批评，但指出，这在装有蒸汽弹射器的航空母舰上将被限制。该备忘录还指出，"经过几年不断的排除故障、维修培训、积累备件使用数据、确立供货渠道，使用涡桨发动机的AJ飞机机身在很大程度上保留了下来，并且变得越来越可靠。A3D的使用可靠性想要达到这个程度很可能也需要这么长的一段时期。"

重型攻击联队的建议得到了大西洋舰队航空兵司令的认可，于1954年1月15日获得批准。他指出，

下图：1954年8月的这起AJ飞机事故是由于VC-6的飞行员快要接触甲板时降得太低了，于是尾钩和"约克城"号航空母舰舰艉棱角相碰，直接被打飞。请注意，图中共有两个戴维斯障碍起启用了。这就是为什么大"野人"不被舰长和海军航空兵指挥官普遍认可的原因之一。幸运的是，甲板前方并没有其他飞机，这已经成为该型机部署期间的例行安排。（美国国家档案馆80-G-647377）

AJ"在低高度也拥有相当有效的作战半径",而低空飞行时,A3D的作战半径将只是"它在高空地区的作战半径的一小部分"。他接下来继续评论道,"因为其设计负荷系数相对较低,且扰动气流超过飞机实际承受能力的可能性很大,A3D的全天候作战能力从结构的角度来看是值得商榷的。AJ型飞机设计负荷系数比前者高出50%,其机身可提供相当令人满意的驾驶体验,该型号才能算是真正的能全天候作战的飞机。"

伴随着斜角飞行甲板航空母舰和空中加油技术的问世,AJ型飞机终于开始受到各方面的欢迎。下面是1954年1月21日一份海军航空局写给海军作战部长的备忘录:

> 航空局目前的研究表明,1956—1960年期间,舰载机大队在面对恶劣天气时加油存在非常大的困难,除非特遣部队指挥官能够进行紧急的空降加油。航程短的喷气式战斗机必须配备有空中加油设备和空中加油机。而各种可用类型的飞机中,只有AJ型飞机具有最令人满意的作为加油机的特性。因此航空局优先考虑这款机型。

这就是太平洋舰队的实际情况。当时计划将太平洋舰队AJ型飞机的装备数量将从24架下降到16架。作为回应,1955年3月,太平洋舰队航空兵司令要求美国海军航空局(BuAer)"提供的这种极其重要的飞机达到切实可行的应急所需数量,直到A3D达到令人满意的水平"。10天之后,太平洋舰队司令向第7舰队司令征求"关于维持VC-6中队 的一定数量飞机的可取性和可行性。初步的设想是一艘航空母舰上保留两架飞机和3个机组,轮流驾驶"。

下图:由于AJ是以一个很大的角度接触戴维斯障碍的,所以首先会朝向左舷,之后朝向右舷,飞机最前端的螺旋桨轻易地就把第一道障碍的缆绳和第二道障碍的编带割断了。剩余的制动索在前起落架上挂着晃来晃去,飞机向右舷继续行进,而飞行员则试图摆正方位直线前进。(美国国家档案馆80-G-647385)

在航空母舰配备斜角飞行甲板后,太平洋舰队航空兵司令就要求自1956年8月开始,每个舰载机联队在"埃塞克斯"级航空母舰上都要部署两架AJ型飞机,厚木市的海军航空站将具备维修能力并储存备用的AJ飞机。

1957年6月,海军作战部长批准在满足VA(H)的要求之外,保留更多的AJ-2飞机,只要没超过使用寿命,就可以被用作空中加油机。不过,"对于这种类型的飞机不会再进行进一步的大检修或返工。"所有这些飞机在1959年10月前都被退役除名。

注释

[1] 实验室测试是用来建立临界质量水平的。这涉及把大量的裂变材料并拢并监测其反应。它被称为"瘙痒龙的尾巴"。

[2] 该机以其机长,海军上校弗里德里克·C.博克为名,人们戏称该机为"棚车",有些则称之为"博克汽车"。

[3] 本章中的这则引言和其他信息均取自威廉·E.斯卡伯勒——美国海军上校(RET)在1989年秋季发行的《挂钩》杂志上撰写的一篇文章。

[4] 飞机并没有试图在航空母舰上降落,虽然1985年9月约翰·T.海沃德告诉作者,他曾经使用P2V做过几次着陆实验并由飞机内的飞行资料记录器记录。此外,他还认为,他可能已经成功完成了飞机在航空母舰的全停着陆,无需使用着舰钩,而只依靠螺旋桨的反推力就足够了。不过,据他介绍,P2V没有完成拦阻着陆的资格认证,其一是由于AJ型飞机的出现,其二是因为它需要高于平均水平的驾驶技巧。在岸基资格测试接近尾声时,由于另一名飞行员驾驶飞机着陆过猛,该飞机失去了战斗能力。

[5] 威廉·特林布尔.海上攻击[M]. 马里兰州:安纳波利斯海军学院出版社,2005,第36~37页.

[6] 1951年6月11日,AJ-1型飞机航空母舰适应性测试的最终报告,编号BUNO122594,第21页.

[7] 1956年,摩洛哥脱离法国独立,该镇被更名为盖尼特拉。它位于拉巴特以北的北非海岸。

[8] 1951年6月11日AJ-1型飞机在航空母舰上适应性测试的最终报告,第22页.

[9] 55架AJ-1中,至少有9架飞机发生了致命事故,还有其他的飞机坠毁,但没有人死亡。AJ-2的安全表现更好。

上图:飞行员最后也没能让AJ飞机走上直线或停止下来,飞机撞上了右舷。幸运的是,三名机组人员都得以平安脱险,掉进大海仅两分钟就被救生直升机救起了。(美国国家档案馆80-G-647394)

下图:三名机组人员都在飞机外面等待救援。(美国国家档案馆80-G-647394)

上图:1953年10月在日本佐世保市,一架VC-6中队的AJ-1正在从"约克城"号航空母舰上卸载到停在海港的驳船上,由于着舰力度过猛,导致左侧发动机吊舱破损。由于折叠机翼和垂直尾翼会耗费大量时间和精力,通常在船上AJ飞机都不会正常折叠,除非像这架一样,因遭到损伤而必须被搬下航空母舰。(美国海军,作者收集)

下图:自从戴维斯阻拦索未能阻止配备前起落架的飞机的事件后,应急阻拦索(barricade)——垂直带连接上下两根横向绑带而组成的障碍系统——被增加到了戴维斯障碍之前。该系统可以最大限度地阻止未停下的飞机撞上航空母舰上停泊的其他东西。图中这架AJ-2被用于评估"野人"和应急阻拦索的相互作用。(美国海军,作者收集)

如果弹射时前轮转向后方,那么AJ的前起落架往往会在收回过程中受到阻碍。这就是前轮轮胎右侧被漆成白色的原因。弹射前要对其进行检查以保证方向正确。但是,并不排除在接下来的任务中前起落架不会被卡住,图中这架正在为F9F-8P进行空中加油的AJ恰好说明了这一点。(美国海军,作者收集)

斜角甲板使AJ的缺点最小化的同时,空中加油机改型也加入了舰载机大队。可以注意到,图中那架接受发动机维修的AJ停放在舰岛边,远离这艘"埃塞克斯"级航空母舰——"汉考克"号(CV-19)的斜角甲板边线,所以它既不会妨碍作战,也不需要在飞机弹射和降落时被来回拖动。(美国海军,作者收集)

由于其艾里逊T40发动机的可靠性和进度问题,A2J失去了像其使用涡轮喷气发动机为动力的竞争对手一样的表现机会。(美国海军,作者收集)

4 失望

就像一些伟人的后代一样,道格拉斯(A2D)、北美(A2J)以及沃特(A2U)的第二代攻击机都令人十分失望。然而,在这种情况下,一切不足均可归罪于发动机,如A2D和A2J使用的艾里逊T40,A2U使用的西屋J46。正如事实所显示的那样,它们都没有"错过"这些发动机,海军则正在研制它们的替代品。

在另外两项计划中,海军令生产厂家大失所望。沃特的"天狮星"导弹可以说具备成功的攻击能力,且完全可以用于航空母舰,但最终只部署过两次。海军舰载机部队并不看好它,但是它在潜艇和巡洋舰的部署,为"北极星"和巡航导弹的发展埋下了伏笔。此外,本章中还包含对另一种海军攻击机——马丁P6M水上飞机的一个简短的总结。马丁P6M水上飞机经历了不少麻烦才得以投入生产,但最后由于预算限制其生产计划被迫取消。

艾里逊T40涡桨发动机

在20世纪40年代后期,在海军航空领域,尤其是在航空局内部的动力处(power plant division)中,部分人并不认为喷气式飞机适合航空母舰的作战。涡桨或涡轴发动机则是一个有吸引力的替代方案,它结合了螺旋桨的高燃油效率和喷气发动机的大功率。在涡轴发动机中,喷气发动机排气处安装了第二个涡轮,通过发动机带动转向轴,继而带动变速箱,并最终带动螺旋桨转动。变速箱是必要的,它可以将涡轮机的高转速降低到更适合螺旋桨的速度。其另一个优点是,相同重量下,涡桨发动机的功率比活塞发动机要大,而且前者的机械复杂性更低。

上图:艾里逊T40涡桨发动机的失败影响到了制造商和海军,甚至导致西屋J40喷气发动机被再次启用,因为此时除了J40别无选择。T40通过一个大型变速箱结合了两个动力部分。变速箱与动力部分之间的驱动杆的长度根据实际情况有所变化。P5Y水上飞机采用了这种发动机。(美国海军、作者收集)

上图：海军军械试验站的大多想法都非常成功，并且深受好评。但是也不乏例外，比如20世纪40年代中后期在XBT2D上进行评估的5英寸火箭发射炮。它发射的是5英寸自旋稳定火箭。除了现有的20毫米航炮，还可以在每侧机翼内储存19枚火箭弹。机翼下表面的大型开口可排出火箭尾焰。但"天袭者"或其他攻击机都没有安装该武器。（美国海军，作者收集）

由于螺旋桨盘的大小无法为战斗机提供足够的最高速度，涡桨发动机引起了攻击机研制方面的浓厚兴趣。相比于纯粹的喷气式飞机，涡桨动力攻击机的速度和有效载荷将大大增加，而航程和续航时间虽有所损失，但并不严重。海军也希望，由强大的喷气发动机驱动的对转螺旋桨（消除扭矩施加控制问题）其产生的静推力可以让重达50000磅的舰载攻击飞机弹射起飞，因为现有的弹射器还不足以弹射该尺寸的飞机。

从1945年12月开始，航空局投资了通用汽车公司的艾里逊分部开发T38和T40涡轴发动机。T40涡轴发动机用两台T38涡轴发动机驱动一个变速箱，并带动对转的三叶14英尺直径螺旋桨。其中一台或两台发动机都可以驱动变速箱，从而保证在一台发动机失效情况下的安全性和巡航效率。其起飞额定值为5500马力。在1947年年初艾里逊、普拉特·惠特尼和西屋公司之间的竞争中，海军选择了艾里逊的发动机来驱动新的大型巡逻水上飞机——伏尔提联合飞机公司的P5Y型飞机。

1948年年底，发动机的设计出炉，其预计重达2500磅，功率重量比为0.455。其他将要使用该发动机的飞机还有A2D和A2J。另外，两种垂直起降战斗机——洛克希德公司的XFV-1和伏尔提联合飞机公司的XFY-1也计划使用T40发动机。虽然所有这些飞机都完成试飞，但只有R3Y——被取消的P5Y型飞机的运输版本——短暂而混乱地投入过一段时间实用。

上图：海军也评估了共和公司T40涡桨发动机驱动的后掠翼F-84攻击机。空军当时已经赋予了其XF-84H编号。XF-84H共有两架被生产出来，第一架于1955年7月进行了首飞。该机采用一部三叶式的高速螺旋桨，性能可能更胜于A2D和A2J上安装的对转螺旋桨。该项目在1956年年底终止之前，这两架原型机只飞行了十几次。（美国国家档案馆342-B-01-034-3）

每台T38动力部分都包括17级压缩机、8个燃烧器和1部四级涡轮机。两步变速箱传动比为15.7∶1，因此在发动机正常转动的情况下螺旋桨速度为每分钟868转。电子调速器保证了正常功率范围内的转速桨距恒定。每台T40都在驾驶舱内有两个油门。T40的动力部分和变速箱之间的离合器是由飞行员控制的。脱开离合器变速箱后第一动力部分启动，其离合器在发动机转速达到最大值的82%时触发，此时螺旋桨开始转动，然后第二发动机脱开变速箱启动。

T40的设计超出了当时的工艺水平。电子螺旋桨转速控制系统内需要25个真空管，特别当考虑到发动机产生的水平振动，该系统会非常不可靠。另外，变速箱还缺乏耐久性。不幸的是，与同样不成功的西屋J40发动机不同，T40没有替代品。1950年年底，航空局与通用电气公司签订了一份合同，要求为单个对转螺旋桨开发XT34变速箱，显然放弃了在这方面的努力。

首飞的发动机在1948年中期交付，然而直到1948年10月，发动机甚至还从未满功率运行过。它经过几次尝试都未成功完成50个小时的发动机P5Y上机资格测试，直到1949年9月，艾里逊才终于取得了成功。10月，飞机发动机被运送至伏尔提联合飞机公司进行P5Y的装配。1950年4月，P5Y飞机终于完成了首飞。

最终由于P5Y体型过于庞大、造价过于昂贵而没有投入使用。但在确认了太平洋需要更多更快的空中运输力量来支持朝鲜战争后，海军于1950年8月订购了其运输型——由T40的短轴版本驱动的R3Y"信风"。"信风"于1954年2月第一次试飞，而发动机终于在6月获得了生产资格。该型号飞机共生产11架，在随后的几年中被用作运输和空中加油。然而，其发动机的变速箱和螺旋桨的可靠性从来没有达到令人满意的水平。1957年5月，"珊瑚海信风"（由于数量稀少，和"飓风"一样，大多数R3Y都取了名称）号的螺旋桨失控，在圣弗朗西斯科湾迫降。6月，一架R3Y从夏威夷出发飞往加利福尼亚州阿拉米达的海军航空站后不久，就由于螺旋桨的问题要求紧急降落。最后一次是1958年1月，"印度洋信风"号在飞行中的一次变速箱故障，该故障导致螺旋桨组件从发动机脱落，并将飞机外壳撕裂了一个洞。机组人员在圣弗朗西斯科湾阿拉米达实施了迫降。这一事件最终导致全机队停飞。

道格拉斯A2D"天鲨"

从1947年年初开始,道格拉斯飞机公司花了将近两年的时间进行涡轴发动机攻击机的设计研究和样机生产。航空局已经开发完成了1947年4月由美国海军部长发布和批准的新型攻击机的最终要求。除了具备通常的攻击能力,它还要求拥有足够的自卫能力和火力来保护自己不受敌方战斗机的攻击,从护航航空母舰上展开行动以及在减少载弹量的情况下作战半径达到600海里。道格拉斯在随后的竞争中胜出,并于1947年6月收到一份意向书,要求其进行设计定义、风洞试验、制作样机并接受其他进一步详细设计和开发需要的活动。新型飞机最初指定的代号为AD-3,但很快就被改成了A2D。因为人们认识到它相比于莱特推进的AD-3有着重大变化,显然将会有更好的性能。

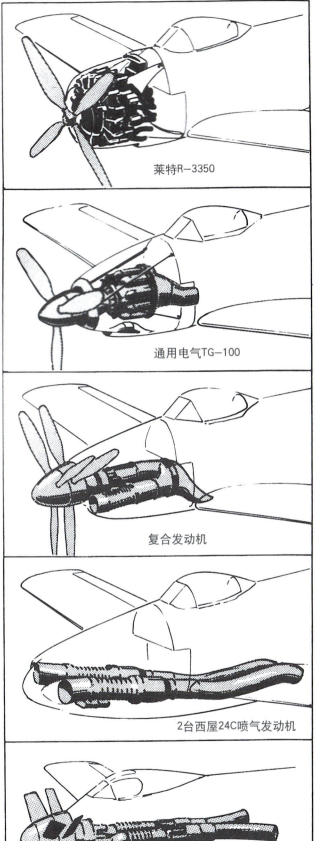

AD飞机上安装的莱特R-3350发动机。

莱特R-3350

AD飞机测试了通用电气公司的TG-100涡轮发动机,但由于交付失败,实际上没有飞机用过这种发动机。

通用电气TG-100

道格拉斯公司研制了喷气和涡轮复合发动机,但没有投产。这种模式采用2台西屋24C喷气发动机,它们喷出的尾气驱动涡轮,后者反过来驱动2个转向相反的螺旋桨。

复合发动机

喷气动力系统由2台西屋24C发动机组成,它们表现优异,但没有满足起飞和航程性的要求。

2台西屋24C喷气发动机

A2D最终使用的动力平台包括2台艾里逊T40发动机,它们通过一个减速箱驱动共轴的螺旋桨。

艾里逊T40发动机

左图:这是几种不同的发动机,它们被用于取代AD"天袭者"的莱特R-3350发动机。其中艾里逊的T40发动机将成为A2D"天鲨"的发动机。

	AD-3	A2D-1
总重量*（磅）	16424	19647
发动机	莱特R-3350	艾里逊T40
功率（马力）	2700	5500
作战半径（海里）	285	420
巡航速度（节）	177	299
最大速度（节）	296	433
内部燃料（加仑）	377	500

*内部燃料加满，外加2000磅炸弹。

1947年9月道格拉斯公司成功完成了样机的审查工作，收到了一份提供两架XA2D-1原型机并于1949年3月进行首飞的意向书。A2D无论是轮廓还是平面图都与AD家族的飞机非常相似。二者的主要区别在于

下图：在选择T40发动机作为AD"天袭者"后继飞机的发动机之前，通用电气公司的TG-100发动机被安装在了一个详细全尺寸模型上，后者作为"天袭者"改型，之后被海军定名为XBT2D"无畏"Ⅱ。（美国海军，作者收集）

A2D马力更大因而速度更快，其机翼只有相对翼弦约12%的厚度，而"天袭者"的相对厚度为17%。高速的另一个副产品是驾驶舱盖，A2D的舱盖类似于道格拉斯F4D的设计，只是由单曲率玻璃改换成了吹制有机玻璃。升降梯和副翼是液压助力的，气动减速装置位于机腹，驾驶舱有空调及加压设备。考虑到A2D的高运行速度，道格拉斯还为其安装了自行设计的弹射座椅。AN/APS-19A雷达的天线被安装在对转螺旋桨的桨毂内。

A2D飞机上装有三个大型炸弹挂架，一个位于机身中心线，另外两个位于机翼折叠内侧。中心线挂架可装载4000磅的炸弹，机翼的炸弹挂架可以装载一枚2000磅重的炸弹或一个150升的副油箱。每个机翼上还有11个小挂架，其中9个位于折叠部分，2个位于翼根。每一个挂架都可以挂载一枚5英寸火箭或一枚500磅的炸弹，不过11个挂架上不能同时挂载500磅炸弹。除此之外，飞机上还固定安装有4门20毫米航炮。

由于A2D配置的T40发动机50小时飞行资格测试直到1950年年初才完成，因此直到1950年5月，由道格拉斯试飞员乔治·扬执行的首飞试验才得以实现。这是一次非常简短的飞行，因为低频振动水平过高，飞行时间仅仅两分钟，这是发动机出现问题的先兆，未来几年内该问题都会成为飞行测试的一大困扰。第2次和第3次飞行时间也不长，因此后来更换了发动机。在6月初和10月中旬之间，A2D没有再进行试飞。

虽然如此，由于预计A2D型飞机具有良好的性能和执行任务的能力，1950年6月，海军还是订购了10架该型飞机。朝鲜战争的爆发带来了更多的订单：1950年8月订购了81架，1951年2月订购了250架。

T40涡桨发动机的运行问题之一是推力的控制。XA2D-1飞行员1953年4月1日的修订手册提到了一个不寻常的警告："着陆时发动机转速的选择必须是最小的推力和重新达到最大推力所需时间的折中。应使用的最可取的速度要靠经验确定。一开始应该先慢慢打开动力部分的控制，然后随转速增加加快速度，这

下图：A2D-1量产型，序列号125482，1954年6月。（杰伊·米勒收集）

样一来就实现了紧急加速控制。过快的加速度可能会导致丧失推力。"

到1950年12月，XA2D已经完成了14次飞行测试，全部由乔治·扬森操作，这终于为该机的第一次海军初步评价（NPE）做好了准备。经由经验丰富的试飞员马里·恩卡尔陆战队上校、特纳·考德威尔海军中校和项目主任休斯·伍德海军少校进行了数次飞行测试后，这次初步评价以悲剧收场。在伍德毫无觉察的情况下，飞机发动机的一个动力部分出了问题。而由于该机没有采用单向离合器，在一台发动机失效后，另一台发动机也跟着一起失效了。他无法阻止预定飞行中飞机不断恶化的下降速度，落地时发生了猛烈撞击，主起落架折断，飞机起火。

这次致命事故之后，飞机的控制管理系统得到了修改，从而在动力单元发生故障时可以提供一个比较明显的警示，然后对故障的发动机自动解耦。然而，解耦器本身就存在问题，这无疑增加了发动机、变速箱和螺旋桨控制系统整体的不可靠性。

1951年6月，第2架原型机开始在卡尔弗城沿着休斯飞机公司的跑道进行简短的滑行测试。1952年4

下图：艾里逊T40所产生的5500马力将被传输至一副三叶对转螺旋桨。该型机桨毂的橙色部分，将作为雷达天线的天线罩。（美国海军，作者收集）

月，继伍德失事16个月后，它终于将要再次试飞。但发动机的可靠性再次带来了困扰，并导致试飞推迟。埃德·海涅曼于1952年年中与艾里逊管理人员见面，审查了T40的发展现状和计划，据他透露，他还就之后的A4D"天鹰"需要达到的标准"礼貌"地威胁了他们。[1]

1953年6月一架"天鲨"成机完成了其首飞。飞行试验仍在继续。10月，道格拉斯试飞员戈登·利文斯顿在飞行中遭遇了一次变速箱故障所造成的螺旋桨损毁事故。他最终借助动力部分的剩余推力，在爱德华兹的大湖床进行了紧急迫降。到了那时，合同要求的A2D只剩下了10架，用来进行不断的评估和发展。在艾里逊再次未能完成150小时的资格测试后，其余的订单都被取消了。[2] 1954年8月，在同一架飞机上乔治·扬森经历了一次灾难性的变速箱大齿轮故障，该飞机因此被迫退役。

道格拉斯的管理层对于T40发动机出现的种种问题和艾里逊解决这些问题的能力感到悲观沮丧，于是他们建议海军取消A2D的建造。1954年9月，生产合同终止。两架已试飞的A2D被送到艾里逊进行发动机和螺旋桨的测试，以支持正在进行的T40发动机的发展和R3Y的质量审核工作。

下图：马丁公司利用由T40质量问题造成的A2D项目延迟的机会，于1949年3月提出了安装双发动机、双座，采用马丁旋转弹舱的喷气攻击机的方案。然而，由于该机选择了几乎与T-40一样麻烦的西屋J46发动机，美国海军认为该方案比A2D好不到哪里去。（格伦·L.马丁，马里兰航空博物馆）

低阻炸弹

在A2D计划的相关创新之中,还有颇为成功的新一代炸弹。20世纪40年代后期,当时的现役炸弹(其实与第二次世界大战前装备的炸弹变化不大)的阻力对于涡桨飞机的巡航速度来讲过高(对于喷气机来说甚至更为糟糕),这会对炸弹的箱式尾翼产生冲力,并且在某些事故中,它们会由于疲劳失效导致炸弹在飞行中被引爆,而缩短或者取消尾翼意味着该炸弹的轨迹会与预期有所不同,因此,需要为新一代飞机研制新一代低阻炸弹。1947年6月,航空局代表军械局与道格拉斯公司签约,要求其为一系列新型低阻炸弹设计外形、弹尾和内部战斗部,外挂副油箱和武器吊舱也将改为更高长径比的形状。

	Mk 81	Mk 82	Mk 83	Mk 84
标称重量(磅)	250	500	1000	2000

如右图所示,道格拉斯通过风洞试验确定了新型低阻炸弹及其稳定翼的外形。1949年7月,道格拉斯用一架XF3D喷气式战斗机对2000磅炸弹和150加仑副油箱的新形状进行了飞行测试。挂载两枚炸弹时,"天空骑士"的速度比之前提高了51节;挂载两个副油箱时,提高了22节。道格拉斯估计,A2D的"天鲨"携带3枚低阻力2000磅炸弹的水平飞行速度将比其携带3枚第二次世界大战时期的2000磅炸弹时提高53节。

依靠气流螺旋解锁的机械式风扇引信换成了更可靠的电发火引信,新的引信大大增加了飞行员在攻击前对于不同投弹方式的选择,因此炸弹将会变得更为准确,因为尾翼的作用力臂更长了,从而不容易受到

下图:第一架XA2D"天鲨"。1950年12月坠毁并导致项目主任海军少校休斯·伍德死亡。(美国海军,作者收集)

上图：A2D采用双曲率驾驶舱盖、AD-5型机翼挂架，每个机翼上有11个小型炸弹或火箭挂架。（哈尔·安德鲁斯收集）

手动操作的过多影响。举例来说，Mk 83的弹道散布预计只有3密位，而M65为12密位。新型炸弹在相同爆炸威力下重量也稍轻。

新一代低阻航弹从20世纪50年代开始交付。

北美A2J"超级野人"

XA2J项目的发展历程与海军XF10F"美洲虎"战斗机类似，二者都是同时期的项目。这两种型号的飞机一开始都是对现有设计的一个简单的修改，以提高其性能；都在设计的指标确定阶段变得更大、更复杂；两个项目都因为新发动机不可靠而在第一架原型机首飞后被终止。

美国航空局选择不将其重型攻击机计划第二阶段引入竞争。相反，它要求北美公司对艾里逊T40推进的AJ"野人"改型飞机给出一份详细的性能指标和计划书。由于仅有相当于全新设计2/3的时间和一半的成本，AJ的改进方案只有一种选择。1948年4月北美公司收到一份合同，要求完成这项改型飞机的指标规划和设计、模型搭建和风洞测试。航空局几乎立即决定要求北美公司围绕T40进行优化设计，从而在对AJ原有机身进行最低限度修改后加装新动力系统。1948年10月在洛杉矶举行了北美公司的第一次全尺寸模型审查。此后不久，北美公司收到一份定制两架XA2J原型机的意向书。

到1949年4月第二次样机审查的时候，XA2J已经成长为最大起飞重量接近72000磅的机型。为了减少被敌方战机攻击的漏洞，该设计被重新修订，护航型新增了机头和机尾炮塔（而轰炸型则不会携带自卫武器）。为了提高舰载能力，复杂的高升力装置——双缝襟翼和尖端下垂——被纳入了机翼的设计中。模型审查中发现了关于机组人员出入口安排上的问题：逃生时飞行员有弹射座椅但他的两个同伴则要使用逃生滑梯。更重要的是，审查委员会还对飞机的尺寸和重量表示担心。虽然符合要求，但他们认为现在的XA2J对于"中途岛"级航空母舰来说太大、太重了。委员会事后还对不使用动力折叠机翼和垂直尾翼的

上图：图为A2J飞机的第一个设计概念图，如图描绘的A2J像AJ飞机一样在机身尾部安装喷气发动机，其驾驶舱位置则非常靠前。（美国海军，作者收集）

决定提出了批评。样机审查报告以这样的建议结尾："对这架被审查飞机在设计和操作上的要求是：减小尺寸、减轻重量并降低飞机的复杂性，从而成为一款更适合在'中途岛'和／或'埃塞克斯'级航空母舰上操作的设计。"

几个月后，北美公司将修订后的配置送到航空局审查，航空局接受了其修改意见。"特殊武器"重量降低到了8000磅，这是为结构强度考虑而减少其重量，因为原子弹本身已经很重了。前炮塔被去掉，辅助喷气式发动机也被拆掉了。除了尾翼以外，XA2J的布局与AJ"野人"类似。由5035轴马力的T40-A-6发动机提供的额外功率（每台可增加1225磅的推力）决定了该机需要一个更大的垂直尾翼和方向舵，还需要为水平稳定器／升降舵单元提供俯仰控制的全动水平尾翼。出于对自卫武器的需求，该修改方案在机身尾部增加了护航型配备的APG-25雷达遥控20毫米炮塔。与AJ不同，A2J飞机的机翼装配了前缘襟翼来保证较低的进场速度，还配备有机翼整体的动力折叠能力，其垂直尾翼也是如此。此外所有机组也都使用上了弹射座椅。

由于以上这些以及其他一些变化，A2J飞机的总重量减为58000磅，这意味着它已经可以搭载到升级版的"埃塞克斯"级航空母舰上了。1949年9月XA2J-1的样机完成了审查。审查结果是，把驾驶舱的道格拉斯弹射座椅改为逃生滑道。然而，由于AJ飞机的一次致命空中事故，它们后来还是保持了原状。

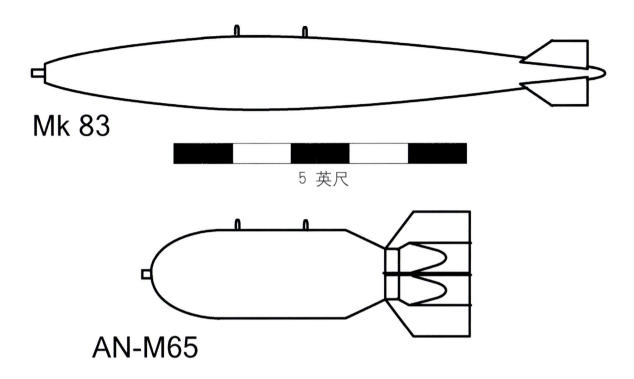

上图：图中下者为老式1000磅炸弹，上者为新式1000磅炸弹。

		修改前	修改后
	AJ-2*	XA2J-1**	XA2J-1***
总重量（磅）	51441	71500	58000
带燃料重量（磅）	10902	21114	15606
载弹量（磅）	7600	10500	8000
空重（磅）	30776	37502	32169
最大速度（节）	385	468	425
高度（英尺）	32000	14000	30000
实用升限（英尺）	33000	38000	37600
作战半径（海里）	695	1230	1025

* 空军战略司令部（SAC）于1957年6月30日审查；
** SAC于1949年4月1日；
*** SAC于1950年12月1日。

正如XA2D项目一样，发动机的可用性问题也导致了XA2J项目的延迟。第一架飞机的发动机本应该1949年年底之前就交付，但事实上该发动机直到1951年3月才获得装机许可。1951年年初，北美公司向航空局展示了一份用普惠T34发动机替代T40的工程研究方案。除了机翼前的发动机舱以外，其他部分都不需要做什么改动，预期重量会比以前更小，且起飞性能也会更好。T34只有一个动力部分，而不像T40一样有两个，因此发动机控制系统比较简单。航空局暂定计划按照其评估结果修改早期生产的飞机。

由于XT40发动机交付较晚且出现了一些问题，直到1952年1月4日XA2J才进行了首飞。但是XA2J仍

上图：A2J设想方案的头部细长，从而允许下一代A2J飞机在尾部火炮之外还可在机头上安装一个炮塔。（美国海军，作者收集）

然比它的竞争对手道格拉斯A3D喷气动力型攻击机的首飞早了将近一年，因为后者也受到了发动机问题的影响。不幸的是，与A2D项目测试一样，XT40发动机的问题又一次阻碍了飞行测试。到7月底，XA2J飞行了仅5次，平均每次飞行时间不到1小时。这个大约每月飞行一次的比率一直持续到1953年年中合同，该项目因为A3D的进展和T40的停滞不前而被终止之时。1952年年初，舰用蒸汽弹射器令人印象深刻的演示更是抹杀了涡桨动力的A2J与A3D相比在弹射起飞性能上的优势。

ASM-N-4"鸽子"是与A2J相关的一种鲜为人知的制导炸弹。该弹是在1000磅通用炸弹基础上加装专门的前部和后部组件而成。导弹前部装有红外探测器和宝丽来公司设计的控制系统。尾部具有转向器和为控制系统提供电力的风力发电机。其设计理念是：发射后的导弹会追踪对比度足够高的热源，例如发电厂或海上的一艘船。1946年3月，该弹完成了初步测试，测试结果表明，从20000英尺高度同时投弹，制导炸弹的精度显著优于无制导的1000磅炸弹。宝丽来公司后来把这个项目转包给了伊士曼·柯达公司。1949年伊士曼·柯达公司签约生产了20枚样弹，由军械局1952年10月完成测试，但是没有后续的结果。

第二架XA2J，BUNO 124440号，从未真正飞行过。测试程序停止后，两架飞机的在爱德华兹空军基地机库内存放了一年多的时间，这是因为该型号尚有成为空对地导弹载机或空中加油机的潜质。然而，当空军在1954年宣布，他们希望将机库用于其他目的时，便决定把它们销毁。由于T40发动机缺乏进展而A3D的潜力持续被开发出来，因而XA2J复活的机会不大，到1954年时其实已没有价值了。[3]

沃特SSM-N-8"天狮星"

除了有人驾驶的轰炸机，海军于1946年发起了一项新的计划，开发一种无人操纵、射程小于500海里的亚声速地对地"攻击导弹",即现代巡航导弹的先驱。该导弹原本是打算从潜艇发射的,所以它具有折叠机翼和机尾便于紧凑装载。沃特公司在竞争中获胜,并于1947年年底收到一份合同。这款导弹被定名为"天狮星",由单台的艾里逊J33喷气发动机推进,体积小,没有水平尾翼,但能够携带3000磅重的Mk 5核装置。其翼展只有21英尺,长度为35英尺,总重约14000磅。一些初步早期的试验和量产弹配有有可伸缩的起落架,允许回收和再飞行。

"天狮星"在爱德华兹空军基地完成了并不成功的首次测试。控制飞机是一架TV-2(T-33)双座喷气式教练机,与"天狮星"采用的发动机相同。经过大量的地面测试,包括高速滑行测试,第一次飞行计划在1950年11月22日进行。"天狮星"起飞后爬升时,失去控制的导弹从TV-2飞机旁飞走,直接坠毁于湖底。故障原因被确定为液压泵组件的疲劳失效,可能是第一次飞行之前多次高速滑行测试造成的后果。

尽管出师不利并且一些相关事宜不得不因此延迟,但在1951年3月29日,试飞成功后的飞行测试大都进展顺利。地面站控制视线外目标已经成为标准实验内容,伴飞飞机会紧随"天狮星"导弹以便在必要时能够将其击落。但这将是一个大问题,因为导弹全速前进时的速度比当时大多数的海军战斗机都要快,而且这些战斗机没有空中加油支持的情况下活动半径远不足以伴随"天狮星"导弹抵达其最大射程处的目标。

1952年,海军作战部长决定将巡洋舰和航空母舰添加到"天狮星"潜在的发射平台列表中。巡洋舰部队对此热情高涨,但航空母舰部队则不以为然。最后除了4艘巡洋舰通过改装可以携带和发射该导弹外,共有10艘航空母舰配备了该导弹。

下图:实际的XA2J比设计小型化,喷气发动机与机鼻炮塔被一并删除。除为应对显著增大的马力而增大的尾翼,XA2J的配置与AJ的基本一致。(美国海军,作者收集)

下图：A2J飞机驾驶舱和尾炮的安装方式与道格拉斯A3D类似。（美国海军，作者收集）

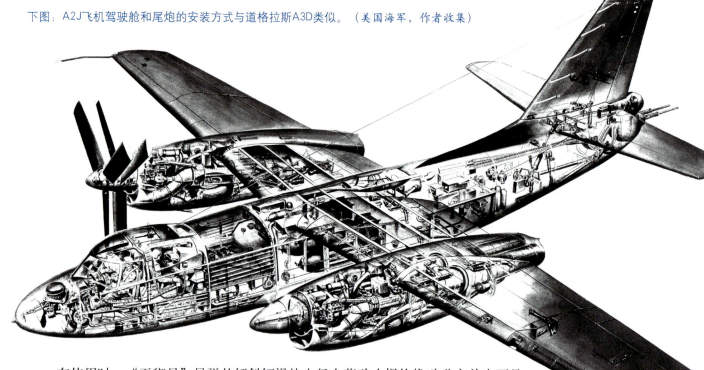

在使用时，"天狮星"导弹从倾斜短滑轨上经火药动力爆炸推动升空并由两具33000磅推力的JATO助推器推动。1952年1月31日，首次JATO助推发射完成，从穆古角发射经导弹控制转移飞行抵达潜艇"鳕鱼"号。虽然因为导弹发射到潜艇的信号没有回应，必须要由控制飞机的引导，但还是按计划以超声速向目标发动俯冲，成功完成了任务。

"天狮星"最初没有自主制导或目标获取的能力。该弹当时是由控制飞机引导到目标附近，随后根据无线电指令向目标发起攻击。该弹射程为500海里左右，因此出现了多种飞机和舰艇合作引导方式，对潜艇等目标实施打击。最初的导弹控制飞机是F2H-2P。拆除相机后，F2H-2P给"天狮星"控制系统留出了空间，同时该机也能在航空母舰上换回照相机或其他任务组件。最早接受导弹控制改装的两架"女妖"很快在一线部队被速度更快的F9F-6D飞机取代了，1956年5月，F9F-6D又被FJ-3D取代。由于操作控制飞机均为单座，飞行员不得不一边驾驶飞机一边向导弹提供制导指令。

让失去控制的导弹四处乱飞无疑是非常不明智的，因此美军着手研制弹上备份系统，这款被称为"被动式飞行终端"的系统利用的是一组连续时间内的检查点的信号。如果失去控制，它将令导弹保持原有航向，直到时钟停下导弹才会停止运行，这样一来到达目标附近的可能性就更大了。"天狮星"于1960年开始配备该系统。

随后进行的是航空母舰发射的资格测试，于1962年12月首次在"普林斯顿"号航空母舰使用繁琐的飞行测试导轨发射器完成。早在1954年8月作战评估就已经开始。1954年10月和1955年3月在"汉考克"号（CV-19）航空母舰进行了4次起竖发射。这其中的最后一次，"天狮星"的控制器被转移到了一艘潜艇上。在其他两个平台，潜艇"金枪鱼"号和重巡洋舰"洛杉矶"号（CA-135）上也实现了"天狮星"的成功发射。后者于1955年和三个核武器武装起来的SSM-N-8部署到了西太平洋地区，标志着其首次作战可用性。

上图：1000磅的ASM-N-4"鸽子"红外制导炸弹正由AD-4"天袭者"进行测试，该炸弹与A2J项目相关。（美国海军、作者收集）

舰载任务首先被分配到了位于加州的米拉马尔海军航空站的VC-61照相侦察中队。由于蒸汽弹射器已经可以产生所需的180节的末速度，所以可以像弹射飞机一样用轮式滑车弹射"天狮星"导弹。1955年8月，在部署到西太平洋前，"天狮星"搭乘"汉考克"号在夏威夷完成了作战适用性试验。第一次测试非常成功，F9F-6D控制导弹直接打中了考拉岩（Kaula Rock）。在部署过程中，该舰至少进行了3次导弹发射演习。在一次模拟攻击目标后，"天狮星"被用来作为VF-121中队F9F-8飞机的空对空靶标。

舰载"天狮星"导弹的主要缺点是，它像TDR和F6F无人机一样，属于一次性武器。虽然它体积小、有折叠翼，但是若将轮式滑车、发射器和追逐飞机都算进去，它们所占用的空间相当于一整个中队的常规舰载机。此外有人驾驶飞机能执行多种任务，即便实施核攻击，也能像"天狮星"一样打中目标，并可能比它更准确。

1955年9月，美国海军在西海岸和东海岸组建了制导导弹第1大队和第2大队，为航空母舰、巡洋舰和潜艇发射的导弹分别提供航路或终端制导。1956年5月，制导导弹第1大队首次在航空母舰上部署，作为一个特遣队操作"列克星敦"号的两架F9F-6D。但是，航空母舰本身没有搭载导弹，由于只用于热战，7个月的部署期间内也并没有巡洋舰或潜艇发射导弹。

另有5个导弹第1大队的分遣队（现在使用FJ-3D飞机）部署在了航空母舰上但没有携带"天狮星"导弹。他们的任务是在必要情况下对潜射导弹的追逐以及导航。事实上，航空母舰从刚刚抵达冲绳附近直到其部署任务结束，FJ-3D通常都会在起飞后返回陆上基地。海军航空母舰对于只在实战中有用的巡航导弹与一个中队的舰载机的权衡并不感兴趣。该大队的最后一次部署是在航空母舰"列克星敦"号上，并于1958年12月结束。

1956年7月,制导导弹第2大队第2分队也在第1分队离开东海岸后携带其导弹登上了部署在地中海的"伦道夫"号(CVA-15)航空母舰。该分队携带了5枚导弹和1个简易斜轨发射架,比弹射滑车的所需空间更小,但有导弹爆炸的隐患。而且,相对于该分队可能承担的"末日使命",其占用空间仍然被嫌太大。部署期间没有进行导弹的发射。这是其第二次也是最后一次与"天狮星"导弹登上航空母舰接受部署。制导导弹第2大队也没有再进行部署。

虽然被航空母舰抛弃了,但是"天狮星"导弹却被水面舰艇与潜艇部队所接受。它为他们提供了一个新的存在理由和作战手段。"洛杉矶"号是用于发展和研究船只装配程序的最主要的巡洋舰。1955—1961年,它曾多次部署到西太平洋地区。"海伦娜"号(CA-75)、"梅肯"号(CA-132)和"托莱多"号(CA-133)也做了导弹部署和发射。继"金枪鱼"号1959年年底的第一次巡逻后,携带"天狮星"的5艘不同潜艇实施40次2~3个月的太平洋巡逻。在任何时间内都会有平均两艘潜艇在海上巡逻。1961年,"天狮星"成为第一个单一综合作战计划(SIOP)的一部分,该计划为所有美国海军和美国空军核武器都分配了目标。1964年中期后,剩余的"天狮星"导弹被用作无需回收的一次性靶机。1966年6月,该弹在夏威夷门口金沙发射进行了最后一次飞行。

沃特A2U"短剑"

F7U"短剑"计划于1946年开始,旨在研制一种高性能、带双加力喷气发动机的战斗机。其气动外

下图:皇家海军以涡桨发动机为动力的攻击机较为成功,图为韦斯特兰"飞龙",由阿姆斯特朗·霍克"巨蟒"发动机驱动。该机研制历程漫长,"巨蟒"已经是它的第三种发动机,但实际投入服役仅5年。(特里·帕诺帕里斯收集)

形非常不寻常，没有水平尾翼，这种布局被认为是处理跨声速操纵问题的最佳方案。但F7U-1出现了严重的超重和发动机问题，因此只进行了少量生产。然而，它的基本概念很有潜力，所以，海军签约沃特F7U-3，尽管是相同制造商的产品，F7U-3具有更强大的发动机。从重量和发动机性能的角度来看，它和F7U-1相比确实并没有什么进步，但海军还是坚持使用沃特F7U-3，因为海军需要一种高性能的通用战斗机，而其他两个备选机型——麦克唐纳F3H"恶魔"和格鲁曼F11F"黑豹"，在研发方面存在的问题比F7U-3更多。

因为西屋电气公司一直没能如预期增加J46发动机的推力并降低其油耗，这使得F7U-3的航程较小。然而，"短剑"因其空对地的能力而被认可，并跻身于第一批具备超声速投弹能力的飞机之列。早在1951年，沃特公司就加紧开发该机的对地攻击型V-389，并试图引起海军陆战队的兴趣，从而有机会研制岸基型号。1952年，沃特公司向海军提交了一份提案，提案中提供了F7U-3攻击机改进型的详细列表。为了增加挂载能力，沃特建议在内侧机翼，即每个外侧机翼面板现有的重载挂架和三个轻载挂架上的内侧，再添加一个轻载挂架。A2U-1采用了J46-WE-8发动机，内侧机翼和减速装置向尾部延长以提供更大的机翼面积。A2U-2的机翼有更加显著的变化，其翼鳍向内移动约6英寸，外翼板段弦减小而升降舵副翼角度增

下图：这次作战测试是从"汉考克"号使用移动轨道发射器和火箭助推器完成的。图为1954年10月列装的第一批"天狮星"之一。（沃特遗产中心）

大，几点综合在一起增加了机翼的展弦比。A2U-2将由两台J46-WE-2推动。A2U-3是A2U-2换装发动机而来的，有的使用的是两台带加力的莱特J65发动机，也就是英国布里斯托尔-西德利"蓝宝石"的许可证量产型；有的使用的是两台J47-GE-2发动机，而不是常年困扰海军的西屋J46。[4]

F7U-3已经拥有了攻击能力。早期，F7U-3已经配置了一个机腹吊舱，可以装载32枚2.75英寸折叠翼火箭。F7U-3作为通用战斗机，也有能力投放常规炸弹和核炸弹，并且是最早能够以超声速投弹的飞机之一。虽然F7U-3除了腹部吊舱只有两个挂架，之后可携带空对空"麻雀"导弹的F7U-3M又添加了另外两个挂架，因此它可以携带4枚导弹。同时F7U-3M在外侧翼面中布置了新的油箱，因为"麻雀"导弹雷达会妨碍现有空中加油探头的安装。

1953年年初，也许是由于道格拉斯A2D所遇到的困难，海军决定授权沃特公司开发"短剑"攻击机版本。海军处于一个尴尬的境地，迫切需要为该机所承担的关键任务提供备份方案，能够满足要求的只有大型飞机。1953年7月，A2U-1的详细规范被签署。除了挂架外，其配置与A2U-1的建议非常相似。A2U-1外翼只有一个像F7U-3M一样的大挂架，而不是若干个小挂架。机腹也有三个小挂架，但这些都位于机腹作为火箭吊舱的一个选项。通过延伸尾部机翼后缘内侧的翼面，机翼面积和减速板的尺寸略有增加。典型的对地攻击任务载荷是7个各装有19枚2.75英寸火箭的吊舱。内部燃料加满情况下，最大载弹量为7000磅。两个内侧机翼挂架每个可以携带3500磅重量，而外侧的机翼和舷外机腹挂架载重则限制在500磅。中心腹挂架可以携带2000磅炸弹。航电设备、轰炸瞄准仪和瞄准具为攻击任务进行了优化。

其中有一项变化，似乎有些违反常理直觉。飞机20毫米航炮的数量从两边各两门减少到仅在右侧有两

下图：轮式滑车专为"天狮星"Ⅰ从配备蒸汽弹射器的航空母舰上发射而设计。这不仅尽量减小了对正常航空母舰运作的干扰，而且也不会因使用JATO助推装置而产生不良影响。（沃特遗产中心）

上图：这幅颇具艺术创造性的画，描绘了具有7个4联装"祖尼"火箭弹吊舱的A2U飞机攻击带有高射炮的油船（用于补充作战舰艇的燃料）的情景。（美国国家档案局）

门。腾出的左侧航炮与炮弹的空间可用于储存80加仑的燃料；从而抵消了在其他燃油系统周围设置灭火抑爆装置所挤占的燃油量。

除外侧机翼面油箱和抑爆系统外，F7U-3M原来的燃料系统的基本结构得到简化，降低了其复杂性和重量。包括左侧机炮和弹药舱燃料在内，与F7U-3相比，增加了352加仑燃油，内部燃料总共1672加仑。与F7U-3一样，外部燃料装在一个220加仑的可抛腹部吊舱和/或每个内侧翼挂架上的一个150加仑的副油箱中。

A2U将由两台西屋J46-WE-18发动机提供动力。该发动机安装的设计也适应J46-WE-8发动机。J46-WE-18可提供6100磅的推力和1.22的巡航燃油消耗率（SFC），这是原本预计J46-WE-2达到的水平。沃特公司和海军方面希望进一步改进的J46发动机可以尽快面世，这就是所谓的Block Ⅲ。1954年6月，A2U依靠Block Ⅲ发动机，在仅使用内部燃料的情况下，作战半径接近450海里，这是J46-WE-8提供动力的F7U-3行动半径的两倍。

F7U-3M进行了进一步修改，以尽量减少空重增量。例如，现在4个液压泵就足以满足要求，而无需6个；原GEG-4人工稳定系统也由较轻的沃特开发的系统代替。在内部燃料加满、携带航炮和弹药，但没有存储的情况下，飞机总重量略超过30000磅。由于预计海军陆战队航空兵会将该机投入岸基使用，设计着陆重量从21000磅增加到25000磅（F7U-3的认可着陆重量约23000磅），需要提高刹车性能并提供更大的轮胎。修改后的起落架和更大的轮胎使飞机的姿态略有不同，因此需要一个较长的拦阻钩。

上图：火箭吊舱变得越来越先进，因此一个武器挂架上可以挂载更多的火箭弹了。1955年3月，图中的AD"天袭者"被用于测试其最大负荷，其较大的MK-7D吊舱中装有19枚2.75英寸折叠翼火箭，其较小的MK-6A吊舱中装有7枚火箭。因此14个机翼挂架可以携带194枚小口径火箭，而不是只有12枚HVAR加两枚"小蒂姆"或炸弹。（美国海军，作者收集）

当时该型机计划生产4架原型机，编号从BuNos138368至138371，第一项计划要在1954年10月前完成，以便1955年1月进行第一次试飞。在此期间，两架F7U-3飞机于1954年年初被分配去进行沃特稳定系统和前四架飞机制造结构的测试。F7U-3M首批交付于1955年10月，最后一批交付于1956年11月，沃特公司计划接下来生产92架A2U。

然而，在1954年年底，海军终于作出决策，认为"短剑"并非其必要的需求。11月18日，在第一架机身组装完整并准备进行检查的同时，美国海军取消了其开发和生产。在公告中，海军解释说该项决定与J46生产时间表的现状有关。其他原因可能还有预算削减以及正在研制的F3H-2型战机，后者也是一种大型的、具备通用任务能力的战斗机。

无论如何，大部分"短剑"还是在1955—1957年之间部署到了攻击中队中，有一半改为F7U-3M，增加了两个翼下挂点。实际上，海军使用F7U的方式与计划中的A2U一模一样。

马丁P6M"海上霸王"

海军曾长期使用大型远程水上飞机进行海上巡逻、侦察敌方舰队并搜索敌方潜艇。最先完成横跨大西洋的飞机之一便是美国海军机组驾驶的海军柯蒂斯（NC）TA，TA即"跨大西洋尝试"（Transatlantic Attempt）的缩写。为了这项尝试，柯蒂斯共生产了4架NC，有3架进行了试飞，最终其中之一的NC-4在

上图:沃特设计的空中加油系统包括跟铰链式可回转加油杆,其加油锥管的位置比软管系统还要低。可以看到,受油飞机装备有两枚Mk 7核弹,加油机也挂载了一枚,这可能是画师的错误。(沃特飞机工业遗产基金会)

下图:A2U使用了大型的、符合空气动力学原理的配平升降舵,并在1953年年末进行评估。具体措施包括将升降舵混合副翼延长到机翼前缘,这可以提供较低的控制系统重量,简化飞行控制系统(降低铰链力矩)。所谓的升降舵混合副翼也增加了机翼面积和长宽比,前者减小了机翼载荷,而后者则提高了巡航效率。(沃特遗产中心)

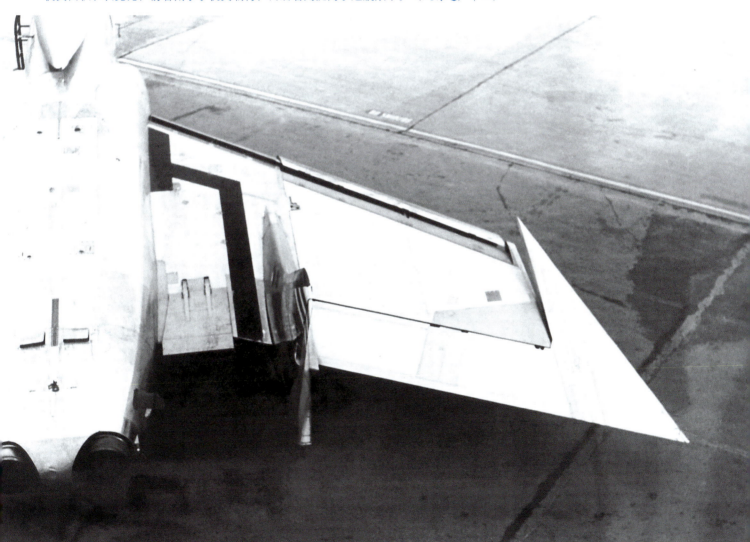

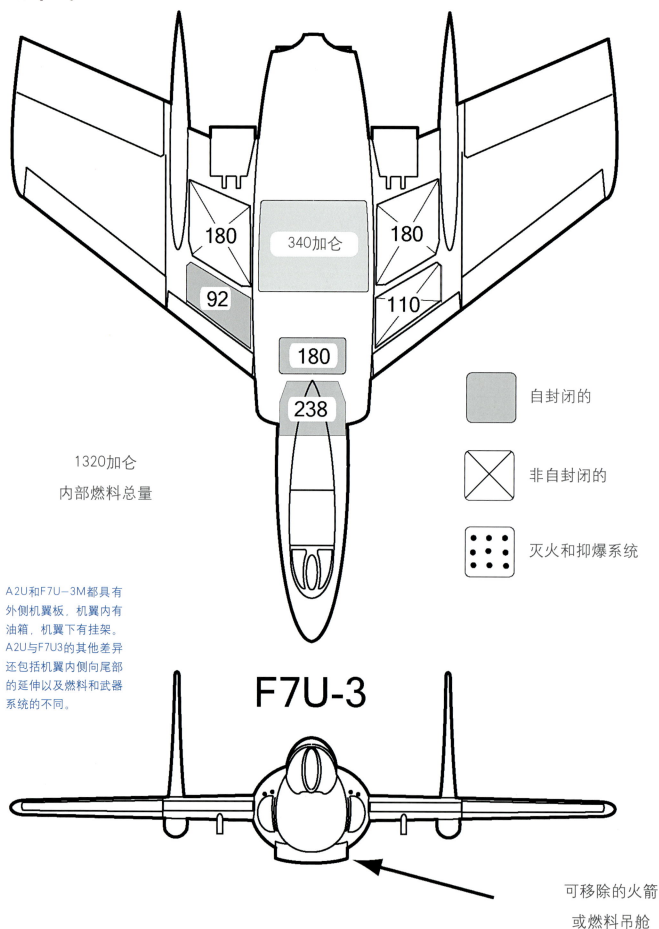

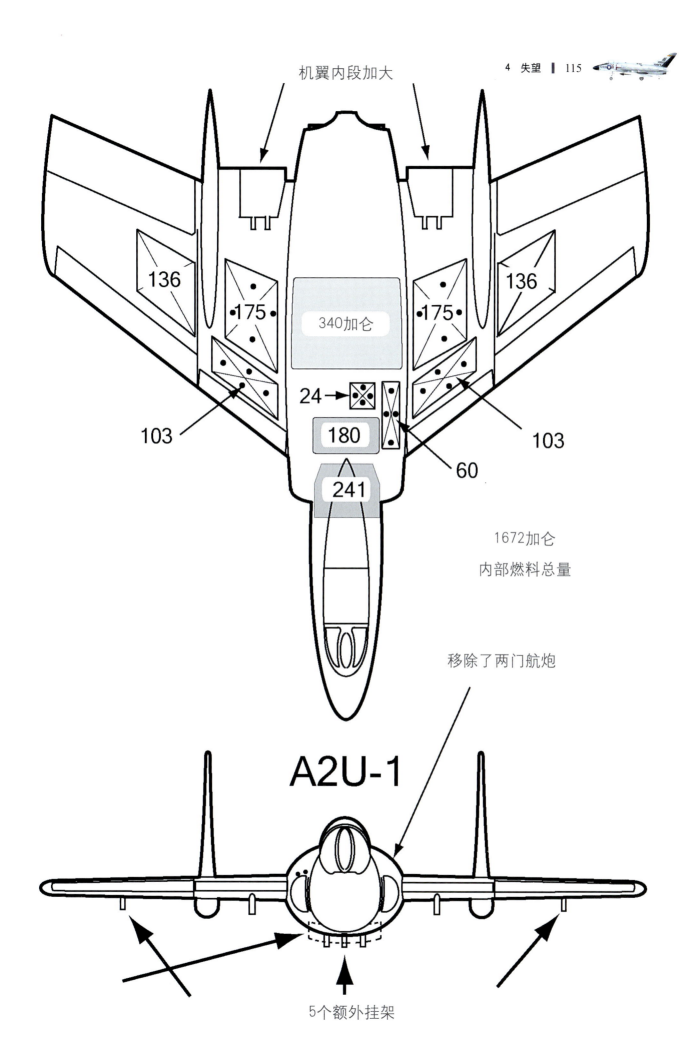

19天的行程后横跨大西洋到达了里斯本。

水上飞机最大的吸引力是，比起任何舰载飞机，它都可以有更大的体积，并且具有较长的航程。1949年，航空局构建了水上飞机打击部队（SSF）的概念。该部队将以大喷气动力的水上飞机为主力，可以携带30000磅有效载荷往返1500英里。航空局在1951年4月向各公司发出邀标。其水上飞机承包商，康维尔公司和马丁公司，都对此作出了回应，最后马丁公司赢得了竞争。

水上飞机打击部队的其他组成包括F2Y"海标枪"战斗机、P5Y巡逻轰炸机和R3Y"信风"运输机。实践证明F2Y滑水橇在起飞和降落方面都很薄弱，最终被取消资格。康维尔公司又建造了两架XP5Y，其中一架坠毁（这次事故不是由于发动机故障），另外一架甚至未曾飞行过。正如前面提到的，只有少数R3Y生产并服役，服役的时间也很短。

1952年10月，航空局与马丁公司签订合同，预定了两架XP6M-1"海上霸王"样机。这个后掠翼的"美人"是由4台柯蒂斯·怀特公司的J67喷气发动机推进的，在海平面的最高时速为0.9马赫。由于J67发展延迟，发动机随后改为艾里逊J71加力式发动机。这是一架大型飞机，总重量160000磅，翼展103英尺，几乎和空军的B-47"同温层喷气"轰炸机尺寸相当。

XP6M于1955年7月完成首飞。一切都进展得很顺利，直到12月7日，样机由于未知故障而导致纵向控制失效，在飞行中解体，造成了4名机组人员丧生。1956年5月恢复了第二架样机的飞行测试，但11月，由于升运系统控制负载与液压执行机构能力计算错误而发生事故，机组人员通过弹射装置全部安全逃出。该方案由于有海军作战部长办公室和航空局足够的支持可以继续下去，不过热衷水上飞机的人数正不断减

下图："水上计程车31号"P6M，1958年1月31日。（格伦·L.马丁，马里兰航空博物馆）

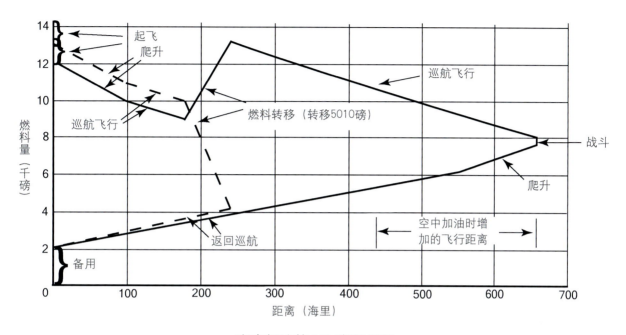

空中加油的A2U作战半径

上图：1954年6月空中加油的优势试验由A2U轰炸机/伙伴加油飞机队伍完成。这两架飞机都配备有燃料吊舱和150加仑外挂副油箱。加油机还携带了额外的150加仑燃料，轰炸机则携带了2000磅核武器。根据分析，在距离航空母舰175千米处开始进行空中加油，轰炸机的行动半径会增加220英里，即约增加50%。

少。然而，美国海军在1954年和1955年的研究依然得出结论：水上飞机打击部队在远程战略轰炸任务中比航空母舰特遣部队花销更少、更有效。[5]

1958年1月，6架YP6M-1中的第一架试飞。一年后，1959年2月，第一架量产型P6M-2试飞，它使用的是非加力普惠J75发动机且最大起飞重量可达195000磅。不幸的是，由于海军作战部长面临着预算的约束，"海上霸王"的核武器使用能力成为多余，而相应的，即将到来的"北极星"导弹和舰载飞机却可以完成其他设想的任务，如空中加油和布雷等。因此1959年8月，航空局正式终止计划，共有14架YP6M-1和P6M-2报废。[6]

注释

[1] 出自爱德华·H.海涅曼《作战飞机设计师》，安纳波利斯海军学院出版社，1980，第181页。
[2] 出自鲍勃·拉恩《诱人的命运：一位经验丰富的试飞员的故事》，专业出版社，1997，第72页。
[3] 这段A2J历史大部分取自1957年12月17日美国海军航空局行政立法联络的行政备忘录中的一份报告，由参议院准备调查小组委员会要求提供的A2J型飞机的数据。
[4] 阿瑟·L.少励是20世纪40年代中期和50年代初期《海军航空新闻》的编辑。离职后，作为一名摄影师和作家，他曾在沃特从事公共关系方面的工作。他从沃特退休后，继续撰写航空史方面的文章。《航空经典》的期号是第12卷第6号。
[5] 出自威廉·特林布尔《海上攻击》，安纳波利斯海军学院出版社，2005，第97~101页。
[6] "海上霸王"P6M项目内容由斯坦皮特和艾尔瑞泰勒的《P6M"海上霸王"喷气式船身式水上飞机》提供。

美国空军的B-47于1947年12月进行了首飞。P6M的大小与之大致相同,在首批B-47量产型交付后,P6M由美国海军开始建造。虽然P6M的任务是布雷以保持对苏联潜艇的压制,但是显然P6M与B-47也有潜力像B-47一样具备原子武器战略投送能力。(美国国家档案馆342-B-01-001-8)

上图：与A2J和A2D一样，P5Y计划也由于T40发动机的质量问题而被推迟。这里的第一架XP5Y正在沙滩上等待发动机。第二架原型机除了发动机外都完成了，但此后一直没有安装上发动机。（美国海军，作者收集）

下图：1955年1月，一架XP6M-1"海上霸王"飞机在四个简易的起落架轮的支撑下展示。水上飞机在水中时起落架会被拆下，离开水面时再重新安装上。正式服役版将采用的是一种大型可变式带浮筒起落架，可以让P6M自行入水或出水。（格伦·L.马丁，马里兰航空博物馆）

上图：P6M位于机翼下的中心部分有一个大的旋转弹舱。图中红色的轮廓是在水上滑行时控制方向和速度的水舵。（格伦·L.马丁，马里兰航空博物馆）

下图：P6M的设计进行了优化，可以在水上起飞和着陆。T形尾翼的出现使水平稳定器不再为大部分水上飞机所用，因为这样的尾翼可以加速起飞。发动机进气口位于机翼上方，这样在起飞和着陆期间就可以尽量减少海水的进入。机翼装有前缘缝翼，以使起飞和降落的速度降到最小。安装在翼尖的浮筒在水面上非常有效，且并没有产生过多的阻力，因此不需要收回。（格伦·L.马丁，马里兰航空博物馆）

A3D"天空武士"在10年时间内一直是美国海军舰载打击力量的中流砥柱,有意思的是,在两款小型轰炸机取代了它的位置之前,它从来没有被要求履行过其首要目标:投掷原子弹或热核炸弹。之后的20年间,"天空武士"在海军中仍然起着配角的作用。(罗伯特·L.劳森收集)

5 "鲸鱼"的故事

艾里逊T40涡桨发动机在A2J上表现不佳，20世纪50年代初，航空母舰上开始引入蒸汽弹射器和斜角甲板时，仍然无法确定道格拉斯A3D"天空武士"采用的喷气动力性能的优劣。航空母舰的这些改进对于舰载高性能飞机来说十分重要，但其重要性在海军决心开始A3D项目时还并不为人所知。这种大型喷气式飞机被亲切地称为"鲸鱼"，但它可能无法在带有传统的液压弹射器和轴向甲板的"埃塞克斯"级航空母舰上安全地操作。然而，A3D是迄今为止能随27艘"查理"（未改装和改装了的"中途岛"级与"埃塞克斯"级）航空母舰作战、且海军飞行员无需自动油门和直接升力控制就可以对其进行操作的最大的喷气式飞机。

规范、评价和选择

喷气式轰炸机是1945年12月美国航空局计划的第3期，目的是为海军争取一部分战略核打击的责任。当时，它的使用依赖于一种新型的超级航空母舰，预计其重量将达100000磅。1948年，海军对喷气式轰炸机的要求是：可携带10000磅的炸弹，攻击与航空母舰相距1700～2000海里的目标，并在完成任务后返回航空母舰。最大速度和高度分别为0.9马赫和40000英尺。

该轰炸机原本计划应用于海军的新型超级航空母舰"合众国"级。该航空母舰的飞行甲板长1028英尺，最宽处宽180英尺，足以搭载18架100000磅轰炸机。液压弹射器能够弹射轰炸机，使其末速度达到每小时105海里，制动装置可以使该飞机降落速度为每小时125海里。1949年4月18日"合众国"号航空母舰安装了龙骨，但仅4天后就被取消了。

1948年8月，喷气式轰炸机项目开始投标，投标各方于12月份递交了方案。康维尔、道格拉斯圣莫尼卡分部、仙童、洛克希德·马丁和共和等公司的设计，都被剔出了考虑范围，足以见此次设计要求的苛刻。[1]康维尔的设计类似于波音B-47，在每侧机翼下和尾部都装有一台J40发动机，和道格拉斯圣莫尼卡的三发动机提议一样，它之所以被否决是因为其预计总重量已经达到100000磅，"这使得无法进一步弥补其缺陷或提高其性能"。仙童公司提出了鸭式布局的方案，采用6台J46发动机提供动力，并安装了可抛弃的双层机翼；这不仅是最标新立异和最重的设计，同时也是耗资最大的设计。洛克希德公司没有提供成本报价，令人惊讶的是，其甚至不屑于提交设计方案。其设计方案为安装4台J40发动机，即使起飞重量为100000磅时也只有望达到一半的任务半径。马丁公司建议海军购买一款并不满足性能需求的设计，大概是为了保持重量低于100000磅，该设计机型只有两人操作，没有炸弹舱通道，没有自封油箱与装甲，没有折叠机翼，也没有炮塔。共和公司甚至没有试图达到重量限制，建议使用两台J40和两台J46发动机。其设计也创下油箱数量之最：机身上10个，机翼上32个。

柯蒂斯公司和道格拉斯公司（埃尔塞贡多工厂）的提议方案值得额外进行考虑，因此1949年年初两家公司被授予该项目的研究合同。柯蒂斯公司的设计在某些功能上类似B-47，具有自行车式起落架以及高展弦比的薄机翼，两台J40发动机位于机翼和机身的交界处（与道格拉斯F3D的发动机一样）。与B-47在地面上一样，横向支持由翼尖起落架提供。主起落架间距长达40英尺，因此弹射轨道和甲板边缘距离比"中途岛"级航空母舰要大得多的"合众国"号新型超级航空母舰上操作。另一个不足是缺乏动力机翼折叠，且将提供类似AJ的系统。飞行员坐在机身的中心线上，其他两名机组成员并排坐在他身后。所有人都装备了弹射座椅，但评估员指出："柯蒂斯公司的设计方案在弹射时不能排除弹射时的爆炸对其他机组的干扰，因而无法保证每名机组成员全身而退。"

性能预测结果使军方更为青睐道格拉斯公司的建议方案，因为它可能达到建议的重量，低于柯蒂斯公司的建议方案和航空局的估计。但海军对其持谨慎乐观态度："虽然道格拉斯公司的估计数据低于实证平均值，但是通过精心的细节设计和严格的重量控制还是能够实现的。"柯蒂斯公司的设计被认为速度稍

下图：建造"合众国"级（CVA-58）就是为了让其成为海军大型战略轰炸机的平台。看似斜角飞行甲板的凸出部实际上是一部舰艏弹射器，使得该舰可以向左、向右和向前发射战斗机，以便尽快出动攻击或防空战机。甲板上其中一架飞机的类型似乎是缩小版的P2V，其他战斗机则很像是FH"幻影"，且有两种尺寸。（美国国家档案馆80-G-706108）

上图与下图:为满足美国海军舰载远距离喷气式轰炸机的需要,20世纪40年代末,大型水上飞机的成功供应商格伦·马丁公司设计了型号245水上飞机,该机采用混合动力、可飞到航空母舰的作战区为潜艇加油,然后回到航空母舰上。该机显然无法放进机库,因为它没有折叠机翼。(格伦·L.马丁,马里兰航空博物馆)

快（在海平面的速度优势为8节，在40000英尺高度为12节），但道格拉斯方案失速速度较低且起飞距离更短。柯蒂斯方案的作战半径较小，半径为1535海里，相比之下，道格拉斯方案的作战半径为1650海里（设计要求为1500海里），但后者被认为在重量上的估计较为保守，"如果燃料负载得到校正，重量上的问题足以抵消其作战半径上的优势。"

因此，虽然出价略高于柯蒂斯·怀特，1949年中期，道格拉斯公司还是被选中着手制造其设计的飞机。

> 重型攻击机对于海军航空部队的未来至关重要，因为实验飞机成本而不符合政府的最佳利益。工程上的优势……让道格拉斯公司（埃尔塞贡多工厂）的设计从工程的角度来看是显而易见的选择。目前道格拉斯公司（埃尔塞贡多工厂）在设计和生产海军舰载机方面的战绩，在这场竞争中远远优于所有其他的竞争对手，并且这种优势要大于暂时的成本优势。[2]

最初的合同要求是两架原型机和一架静力测试机，与通常情况下无异。而原始的要求必须改变以适应国会取消"合众国"号航空母舰的决策（即必须减小飞机体型，使其可以应用于"中途岛"级航空母舰）。然而，飞机速度和高度上的性能并没有降低："如果有必要，可以允许减少其作战半径。"[3]最终A3D-1缩减了作战半径，其携2000磅载荷的作战半径约为1200海里，无论如何，这对于舰载飞机而言仍然是一个巨大的飞跃。

下图：道格拉斯埃尔塞贡多的原方案和XA3D类似，但驾驶舱离机尾更远，且安装了一个尾轮起落架。在"合众国"号航空母舰方案流产后，该飞机进行了重新设计，改用前三点式起落架和尾部折叠翼。（杰伊·米勒收集）

上图：这架柯蒂斯设计的双J40发动机的战机也在海军的远程喷气轰炸机竞争中进入了决赛。其总重量比道格拉斯埃尔塞贡多轻500磅，但其作战半径不如后者。后来道格拉斯改进了设计，成为绝对的赢家。（《尾钩》杂志）

详细设计

1949年9月中旬，样机审查在道格拉斯的加利福尼亚州埃尔塞贡多厂房进行，同时进行的还有北美公司XA2J飞机的第3次审查。道格拉斯总工程师埃德·海涅曼说服了美国航空局，A3D能够满足其修订后的要求，达到70000磅的总重量。为提高飞行速度，"天空武士"战机机翼的设计为较薄的后掠翼，且为达到足够的作战半径，其机翼具有较大的展弦比。机翼安装在机身上部，为原子弹所需的大炸弹舱提供了空间。发动机被安置在机翼下方的吊舱内，便于维护。由于机翼的高度，所有的起落架都收纳于机身内。3名机组人员都位于驾驶舱内，可以在飞行中在炸弹舱武装炸弹。通道巧妙地与道格拉斯的逃生滑道相融合，取代了部分弹射座椅，使飞机重量得以最小化。[4]防御武器是一座遥控、雷达瞄准的双20毫米尾部炮塔。机翼和垂直尾翼可折叠。

"天空武士"是为数不多的、没有要求安装副油箱的海军飞机，但它仍然具有出色的作战半径。[5]由于位于机身重心的机身深弹舱以及喷气飞机所需要燃料的体积，除每个机翼上一个油箱以外，又在炸弹舱的前方和后方各增加了一个大油箱。发动机从机身尾部的油箱提取燃料。燃料自动从前方的油箱传输到机尾的油箱，以保持飞机的重心在允许范围内变化。机翼油箱燃油通常会被传输到机身油箱使其保持满盈状态，直到机翼油箱变空。它们没有自我封闭功能，所以进入作战时理想的情况是机翼油箱已空（如果前方油箱或传输系统出了问题，机翼燃油仍可直接转移到尾部的油箱）。A3D-1早期的一次事故就是源于燃油平衡系统出现的故障，最后3000磅的燃料无法传输出去，因此当时的机组人员不得不跳伞逃生。

随着时间的变化，除了飞行员以外，其他机组人员的职责发生了改变。在开始时，右边是炮手和辅助飞行员。他原本应该为一名初级的海军飞行员，但与AJ飞机相同，虽然右侧座位也可以够到油门和自动驾驶仪，但A3D-1只有一套飞行控制系统。他需要操作ASB-1轰炸瞄准仪——机载搜索、导航雷达系统和轰炸瞄准具的结合体。为了导航、目标跟踪和视觉轰炸，在该系统中也包含潜望镜。最初设计的领航员和炮手，即第3名机组人员，面对机尾和飞行员背靠背而坐。和第二次世界大战轰炸机的炮手一样，他是非军官空勤人员，也是飞机的机务队长，主要负责飞机的保养和维护。如果需要手动解锁，他也负责在飞机起飞后进入弹舱为核弹解除保险。他的位置可提供辽阔的空中视野，因此观察训练也是他的必修课程。几年后，右座的人通常就不再是飞行员了，而是负责导航任务。

目标导航是通过航位推算法推算方向（根据估计风力修正），并加入了视觉、天体和雷达定位。海军希望从高空利用雷达识别投弹点实施攻击。

A3D型飞机一个不同寻常的特性是：发电机和液压泵通过安装在机身的发动机排出的空气转动涡轮机驱动，而不是直接由发动机上的变速箱供电。虽然这种方法在"天空武士"整个使用寿命中的应用都没有出现问题，但是海军最终决定，该发电方法和缺乏弹射座椅的设计都不可以在未来的设计中重复。

下图：道格拉斯A3D样机以其为安装尾炮而略显不同的机身尾部形状和减震尾杠为特色。注意主起落架上的阶梯。该阶梯后来被从设计中删除了，改为由机身上部通过驾驶舱延伸出来。（美国海军，作者收集）

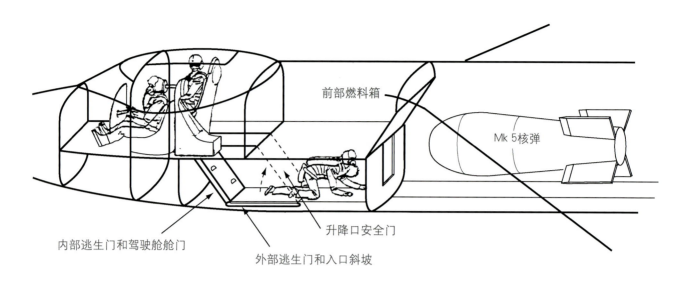

上图：原子弹的设计最终淘汰了机上插入关键部件的步骤。虽然起飞后仍然有装配炸弹的要求，但已不再需要手动机械装配。

20世纪40年代末，海军希望规模较小的A2J飞机可以比A3D提前几年开始服役，跟随比"中途岛"级航空母舰更小型的航空母舰完成远程打击任务。然而，20世纪50年代后期，就在A2J和A3D第一次飞行前，海军决定加快AJ替换它们服役的进程。由于可用资金只够预定A2J和A3D其中之一，而预计A3D飞行速度更快且攻击半径略广，因此选择了A3D。

	A2J	A3D
总重量（磅）	58000	70000
最大速度（节）	425	564
任务半径（海里）	1025	1075

尽管如此，北美公司还是继续开发A2J飞机，因为该机型在"埃塞克斯"级航空母舰上执行作战任务时很少失误。

1951年2月，首飞前20个月时，道格拉斯收到了一份意向书，要求其生产12架装备J40发动机的A3D-1飞机。然而1952年4月，美国海军又改变主意，决定改用额定推力为9500磅的普惠J57-P-1发动机。由于西屋公司在时间和性能上都达不到承诺标准，A3D和海军战斗机计划都面临着巨大风险。海涅曼说服了海军把F4D和A3D飞机都换用普惠J57发动机投入生产。如事实证明的一样，所有使用J40发动机的飞机都无法达到性能要求。

发 展

1952年10月28日，XA3D在爱德华兹空军基地完成首飞，使用的发动机为J40。其实这一次的飞行并没有完全准备好，因此第二次飞行是在超过一个月后进行的。直至1952年1月，XA3D都没有再次飞行。那时，发动机的问题使所有使用J40发动机的飞机都停飞了，这种状况一直持续到1953年的7月。受J40发动机

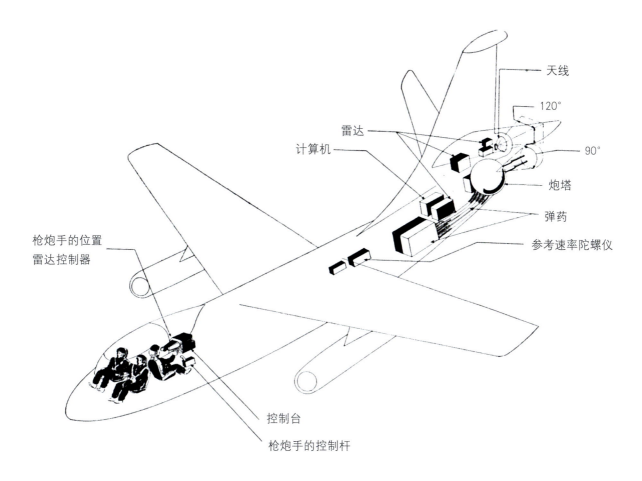

上图：Aero 21B尾炮塔系统是一部雷达控制的自动航炮，由向后乘坐的机组人员操作。炮塔包含两门20毫米航炮，每门炮弹数为500发。炮塔上方的雷达可扫描飞机后方120°的锥体范围内的目标，并可以探测和锁定5500码范围以内的目标。炮手在屏幕上可以收到反馈信息，跟踪和瞄准发射航炮，当炮手摁下开关即可发射炮弹。不过该系统并不可靠，很难命中目标。（美国海军，作者收集）

的影响，第二架XA3D直到1953年10月才得以首飞，此时距第一架由J57提供动力的A3D-1量产型首飞已有一年的时间了。

通过风洞试验和新的模拟计算机分析预测证实，高展弦比的薄机翼存在固有的扭转刚度不足的问题，这很可能引起机翼的气动弹性问题。幸运的是，替代J40的J57发动机和一些结构性的变化相结合，将机翼扭转不稳定性移出了飞机的飞行包线。[6]

无法预料的问题之一是在大约200节的速度下炸弹舱门打开时，炸弹舱内的气流循环和机身受到的气流冲撞。气流非常强烈，以至于有些时候炸弹舱内的炸弹在释放时根本无法落下。经过多次飞行试验的不断改进得出了最后的解决方案，即在炸弹舱门打开时，在炸弹舱前面伸出一个栅栏。这种设计能使得飞机在速度高达0.9马赫时，仍然可以干净利落地进行投弹。

内侧机翼加入了一块卸升板进行侧滚控制。实践表明，在高速飞行时，现有的副翼就像是扭转弹性机翼上的配平片一样，会造成飞机向指定方向相反的一侧滚转（水平尾翼也会产生类似的问题）。扰流板安装在了12架量产型A3D-1中的10架上，是A3D-2的标准配置。

早期的飞行试验中常遇到主起落架轮胎故障，因为相对较小且高压强的轮胎容易抱死打滑。该问题的解决归功于防滑刹车系统的开发，该系统可以检测到打滑发生的可能性并间断性地释放制动压力，以保持机轮的转动。然而，这会导致着陆滑跑距离过长，因此A3D后面添加了阻力伞。

A3D的另一个特点是可以使用喷气助推起飞系统（JATO）。机身的每一侧减速板前方都有6个重4500磅的助推火箭的安装点。在航空母舰弹射器无法使用的情况下，该系统在理论上允许A3D从甲板上起飞，因为JATO和喷气发动机总推力与A3D飞机的总重量大致相当。

1954年8月21日，第5架量产型从加利福尼亚州爱德华兹空军基地飞往弗吉尼亚州诺福克海军航空站。整个飞行过程没有停顿，历时4小时40分钟，飞行距离2385英里，平均时速为510英里/时。"天空武士"在40000英尺的高度巡航，马赫数为0.82～0.85。在诺福克，该机被改装成了从A3D-1量产型改装而来的5架A3D1Q中的第一架。

第8架量产型被分配到结构论证项目中。在飞行包线的扩展实验中，它至少有两次在俯冲中超过了声速。1955年10月，在又一次俯冲测试中，水平稳定器附加结构出现了故障。机组人员启动了逃生滑道，但驾驶舱隔板发生故障而不能使用滑道，最终没能成功逃生。其替代飞机及机组人员差一点也遭到了同样的命运。测试数据损失调查显示，稳定的正向连接结构可能会发生故障。经过稳定安装的重新设计，过载问题得到解决。

1955年10月，6架A3D-1开始进行检查与调查委员会的验收，以确定其是否可以投入现役飞机。其主要不足是，对于高速低空任务的适应性被其相对较低的结构强度所限制。为了减少重量，规范极限载荷系数在战斗总重55942磅时只有2.49，远远低于常规值6。1955年12月7日报告中得出的结论是：不能将A3D-1交付给舰队作战单位，除非18项紧迫问题全部得到解决。其中最严重的问题是缺乏紧急放油装置，前轮摆振（造成内部损坏前机身），发动机压缩机停机，发动机关机后制动力不足，弹射器系留组件和拦

下图：图中展示的是1952年10月，第一架即将降落于爱德华兹空军基地的XA3D，其气动减速板已展开。第二架XA3D的发动机舱稍有不同，其进气口是垂直的，不是图中这样向后方倾斜的。（杰伊·米勒收集）

阻钩附件结构强度不足。这些问题在随后的改装中都得到了修正。

尾部炮塔收到的评价褒贬不一。根据早期的检查与调查委员会报告：

> MK-21B Aero 21B尾炮塔系统在初步试验阶段的结果非常令人不满意。委员会建议，由于即使在正常运作的情况下其有效性依旧没有保障，应认真考虑在今后的生产中去除这种炮塔，利用其空间装配其他需要设备。[7]

但随后的一份报告指出：

> 战斗机在高空对A3D-1的攻击主要采用慢慢靠近机尾的战术。由于模拟枪炮运行轨道与航向更趋向于成锐角，这需要战斗机飞行员在射击时作出精准的判断，即使是在没有进行回避动作时，进入射程后战斗机的攻击也会因为一点微小的航向变化而被完全阻止。机尾视野的缺乏以及机尾的攻击优势为保留尾部炮塔安装提供了充足的理由。[8]

A3D-1被认为已经达到或稍微优于所有的合同性能保证。空重仅超过保证值522磅，或者说1.5%。考虑到项目开始时重量方面的困难程度，不得不说这是一个巨大的成功。

下图：由于进入炸弹舱的气流引起了炸弹下落不顺畅的问题，A3D不得不在炸弹舱前安装一个可伸缩格栅。导流板的前面是机组通道和逃生门。机身下面前轮附近的整流罩下保护的是炮手的潜望镜。机身尾部敞开的小门，是机场着陆时拖曳阻力伞弹出的位置。（杰伊·米勒收集）

为A3D考虑设计了两种不同的启动配置：在采用弹射起飞时，飞机在弹射器冲程结束时的姿态会接近在最小的弹射末端速度预期下产生最大升程的迎角；而水平滑跑起飞会使飞机的机头向下，前起落架支柱压缩。在发射行程的最后，当弹射装置发动时机头发生反弹，进而机头弹起。经过岸基和海上测试后选择了水平启动配置。

最初航空母舰上的现场降落采用的是低平的方法，即切断动力在短时间内下降着陆。由于着陆拦阻钩附件结构的失败，海上测试的实践和资格被推迟了。第一次在海上适应性测试于1956年4月在"福莱斯特"号（CV-59）航空母舰上完成。弹射时飞机的最大总重量为70000磅。LSO引导着舰和光学助降镜引导着舰两种方式都进行了测试。在第二次测试时，将迎角指示器和为LSO准备的三个外部指示灯加入了测试之中，它们被视为在航空母舰上安全降落必不可少的设施。航空母舰上的一个主要改动是扩大的弹射器上的尾焰导流板，以在发射过程中保护A3D后面的甲板上的人员、设备和飞机。

使用和部署

舰队引进计划（FIP）于1956年2月开始实施。该项计划历时6个星期，共有5架FIP飞机交付给杰克逊维尔海军航空站的VAH-1——即将建立的A3D第一中队。

1956年10月，VAH-1中队的航空母舰资格验收在"福莱斯特"号航空母舰上完成。但据报道，一些机组人员是在11月"福莱斯特"号航空母舰向地中海行进的途中完成资格认证的。此次行动目的是对苏伊士运河危机作出回应。1957年1月，VAH-1第一次完整部署在"福莱斯特"号航空母舰上。

检查与调查委员会关于特殊武器的试验报告也于1957年1月发布。1956年，试验曾在新墨西哥州阿尔伯克基柯克兰空军基地的美国海军航空武器设施进行。研究明确了A3D应携带Mk 5至Mk 8核弹以及Mk 12、Mk 15 MOD 0、Mk 18和Mk 91等核弹。

最初，虽然机组人员也进行投放水雷等常规武器的训练，但是A3D轰炸机的唯一任务就是使用核武器。"福莱斯特"号和同等大小的航空母舰将部署12架飞机组成的"天空武士"中队。而3艘"中途岛"

下图：喷气辅助系统（实际上即火箭助推）让A3D在航空母舰的弹射器不能工作的情况下也可以自行起飞。（杰伊·米勒收集）

级航空母舰可容纳9架A3D。更小一些的"埃塞克斯"级航空母舰上将增加3个空中分队。两架"天空武士"将长期部署在飞行甲板上，并装配有核弹，随时准备立即起飞到达预定的目标作战。每架飞机的机组人员都在飞机附近待命，以便能够在命令下达后的15分钟内起飞。

由于A2J计划已取消，蒸汽弹射器和斜角甲板使A3D在"埃塞克斯"级航空母舰的操作变得可行。1956年6月，A3D完成了其在"好人理查德"号（CV-31）航空母舰上的验收。虽然具有一定的挑战性，但是结果证明A3D可以在该级舰上使用。由3架飞机组成的分队在6艘部署在太平洋的小甲板航空母舰上执行了多年飞行任务。第一个部署在太平洋的A3D单位是VAH-2中队Bravo分队，装备A3D-2型，部署于"埃塞克斯"级航空母舰"好人理查德"上，1957年7月随该航空母舰前往西太平洋。

海军不放过任何一次机会展示其新型原子轰炸机的航程和速度。1956年7月一架"天空武士"由海军少校哈伍德、A.亨森和R.米耶尔斯操作驾驶，从火奴鲁鲁（檀香山）到新墨西哥州阿尔伯克基不间断、不加油地飞行了整整3200英里，并以此证明了新型舰载喷气式攻击机的性能。全程共用时5小时40分钟，平均时速为每小时570英里。9月，第一重型攻击联队的指挥官J.T.布莱克上校率领两架A3D从部署在太平洋的"香格里拉"号航空母舰（CV-38）起飞展开了横跨美国的不间断、不加油飞行，最后降落在佛罗里达州杰克逊维尔。

海岸到海岸的创纪录飞行在1957年2月遭遇了尴尬，当时一架全新的A3D上，飞行员试图在飞机起飞进入巡航速度后纠正存在安全隐患的起落架警告，在起飞后立即收回了起落架控制手柄。这实在是一个坏主意，两个主起落架的门本已经关闭，又再次打开，结果门和门制动器一起被气流冲走了。实用液压系统被破坏造成其中一个主起落架无法靠应急系统伸展开。飞行员和其他机组人员跳伞逃生，A3D则依靠其自动驾驶仪，飞进了莫哈韦沙漠内的目标区内并在那里迫降，令人惊讶的是，机身竟然几乎没有受到损害。

然而该事件并未中止创造纪录的活动。1957年3月，A3D-1"天空武士"的驾驶员戴尔·考克斯海军中校打破了两个横贯大陆的速度纪录：一个是洛杉矶到纽约往返的纪录，9小时31分钟35.4秒；另一个纪录是从东到西顶风横跨大陆飞行仅用5小时12分钟39.24秒。

与AJ-1一样，50架A3D-1一生产出来就投入服役，这导致其所部署到的中队需要对试验已确定的大

下图：由于机场着陆时存在刹车减速问题，飞机上加入了阻力伞。图为1957年3月A3D-1创造了海岸到海岸的飞行纪录后着陆时的照片。（美国国家档案馆80-G-101774）

部分缺点进行初步处理。A3D换装后比AJ"野人"所经历的人员及飞机的损失要少得多。不过尽管它们有更好的安全记录，还是出现了如何为A3D选拔合格飞行员的问题。

这是AJ"野人"中队飞行员选择的一个遗留问题。从飞行员的角度来看，一方面，多发动机的AJ飞机更像是一架大型巡逻机，而不是舰载攻击机。巡逻飞机的飞行员也确实对完成其单飞机、远距离、全天候飞行任务具有更丰富的经验。另一方面，分配到巡逻中队的飞行员很少在航空母舰上降落，因为海军陆基和舰载机部队之间并没有多少交流。同样，很少有舰载机飞行员具有驾驶多发动机飞机的经验。简而言之，问题就在于到底是训练舰载机飞行员驾驶全天候、原子弹投放任务的多发动机飞机更容易，还是训练巡逻飞机飞行员在航空母舰上降落更容易。巧合的是，领导创建海军重型攻击任务的海军上校约翰·T.海沃德，正是一名同时具有舰载飞机飞行经验与巡逻轰炸机飞行经验的飞行员。虽然他更倾向于第二种方案，但其第一个中队还是两类飞行员各占了一半。[9]具有巡逻飞机飞行经验的飞行员在驾驶AJ"野人"上一直没有什么问题。然而，

左图：有了斜角甲板和蒸汽弹射器，A3D飞机就可以在最大起飞重量下状态下从"埃塞克斯"级航空母舰上起飞了，图示为"香格里拉"号航空母舰。注意弹射器牵引钢索正落入水中。（杰伊·米勒收集）

上图：Mk 5型原子弹正被吊运到航空母舰的储存设施中，这是A3D的核武器之一。其尾翼已被拆除，并绑在了炸弹的两侧以便于运输。（美国国家档案馆80-G-1026987）

A3D的航空母舰降落增加了额外的难度。

1957年8月，第六舰队指挥官，海军中将，绰号"猫"的查尔斯·布朗，向海军航空兵司令员致信，其部分内容如下：

> 我深信，我们必须立即停止这种愚蠢的训练方案。作为一个临时的权宜之计，我建议早日保证每名高级管理人员（重型攻击机中队的）都是前舰载机飞行员。自然，这样的改动将会有深远的影响，利于今后的发展。虽然我认为这样做将会有所帮助，但是唯一真正有效的答案是在健全的前提下让一切都从头开始，即与我们现在所做的完全相反。我们必须开始使用合格的舰载机飞行员，并训练他们驾驶多发动机飞机。

除其他事项之外，结果是以好斗闻名的第二次世界大战时期舰载飞行员，海军上校J.D.拉梅奇，被分配去指挥部署在东海岸的重型攻击机联队。下一个得到部署的VAH-5中队也进行了飞行员的分配调动。另一个A3D中队VAH-3也被建设成非部署训练中队，所有中队接受部署前都被安排在佛罗里达州桑福德的海军航空站训练。

A3D-2

道格拉斯生产A3D-1后紧接着又着手生产了A3D-2，并于1956年6月进行了后者的首飞。虽然细节上进行了非常多的修改来解决之前遇到的问题，但是归结起来，二者主要的区别在于A3D-2使用的是更强大的J57-P-10发动机，其不使用喷水功能时最大推力10500磅，若同时喷水则最大推力为12400磅。弹舱也进行了修改，可以增加所携带储备的数量，可内载一个辅助油箱。虽然加强了结构设计，使其限制载荷系数增加到了3.1，不过该数值仍然只有通常作战装备飞机总重的一半。从第49架生产的A3D-2开始，加入了空中加油探头和一些其他细节变化，如航空电子设备。A3D-2共生产了164架。

一架参加飞行试验的A3D-2于1958年1月在自动驾驶仪的开发测试中坠毁。在一次低空高速运行的自动驾驶过程中，飞行员向相反的方向转动舵。逆转使垂直尾翼负载过大，在反折线处损坏了。飞行员和飞行测试工程师都因此而丧生。事后，道格拉斯非常认真谨慎地重新设定了飞行条件，以帮助确认顺序和负载，飞行中自动驾驶仪的使用也因此受到限制。

当时，飞机的高空入境轰炸行动太容易被探测和拦截。1959年，A3D中队开始训练高—低—高的飞行包线，其中第一段高度达到巡航雷达探测的边缘；然后飞行员驾驶飞机下降到目标区域进行低空飞行，并以半翻滚机动甩投核弹；一旦发现敌方防空力量对抗，飞行员就重新爬升到高空并返航。

A3D很早就添加了空中加油能力，它既可作为空中加油机又可作为收油机。为了空中加油任务，该机最初评估了两种不同的锥套系统。除了现在熟悉的软管系统，可折叠的刚性配管也进行了测试。后者的优势在于，锥套位置远低于加油机，使受油机不会处于加油机的气流下。然而，这样的装置占据了炸弹舱的

下图：如图中VAH-10中队的A3D飞机所示，最初生产的A3D的尾炮已被改装成了机头和机尾的防御电子对抗系统。但是该飞机还没有加装弧面前缘翼。（美国海军，罗伯特·L.劳森收集）

大量空间,而且在加油油箱和接收机连接后,就没有多少变化的空间了。软管和锥套系统的开发和认证于1958年完成。

作为改进A3D的持续计划的一部分,为提高其上升限度、作战半径和有效载荷,道格拉斯发明了弧面前缘翼(CLE),即在机身和发动机吊架之间加入前缘缝翼。虽然不是所有的预期性能都得到实现,但是其失速速度确实降低了,最大弹射重量也增加为84000磅,该成果由1959年11月"独立"号(CV-62)航空母舰的舰载适用性试验证明。然而,正常操作情况下,舰上弹射最大总重量仍然限制在73000磅,而机场起飞最大总重量为78000磅。有弧面前缘翼的A3D-2只有最后的41架,它们还装配了数字化的ASB-7轰炸系统,该系统提供了更好的轰炸精度;还有所谓的"鸠尾",用ECM自卫系统取代了尾炮塔,但是其效果从未达到人们的预期。不仅如此,这些A3D-2还安装了炸弹舱油箱的固定管道和空中加油探头。可便捷拆装的空中加油用油箱减小了弹舱容量,使得原有的12500磅载弹量降低至8000磅。这些改进中除弧面前缘翼外的大部分,都加装在早期的A3D-2飞机上。

用于除轰炸外的其他任务的A3D飞机被非正式地称为"附加版本"。它们的机身经过了重新设计,因此没有炸弹舱和钢筋舱盖,其驾驶舱/客舱结构使座舱可增压两倍,这样一来,飞行员在40000英尺高空飞行时仍然可以不用氧气面罩。这些飞机包括A3D2P(RA-3B)照相侦察机、A3D-2Q(EA-3B)电子侦察机以及A3D-2T轰炸/领航员教练机。

1962年重新编号的过程中,A3D-1改为A-3A,A3D-2改为A-3B。在1965年3月开始的越南战争中,A-3B被用于投掷炸弹和布雷,这种用途很快在1966年年底就终止了,此时标准航空电子组件(SAM)的安装已经变得更加普遍了。此后"天

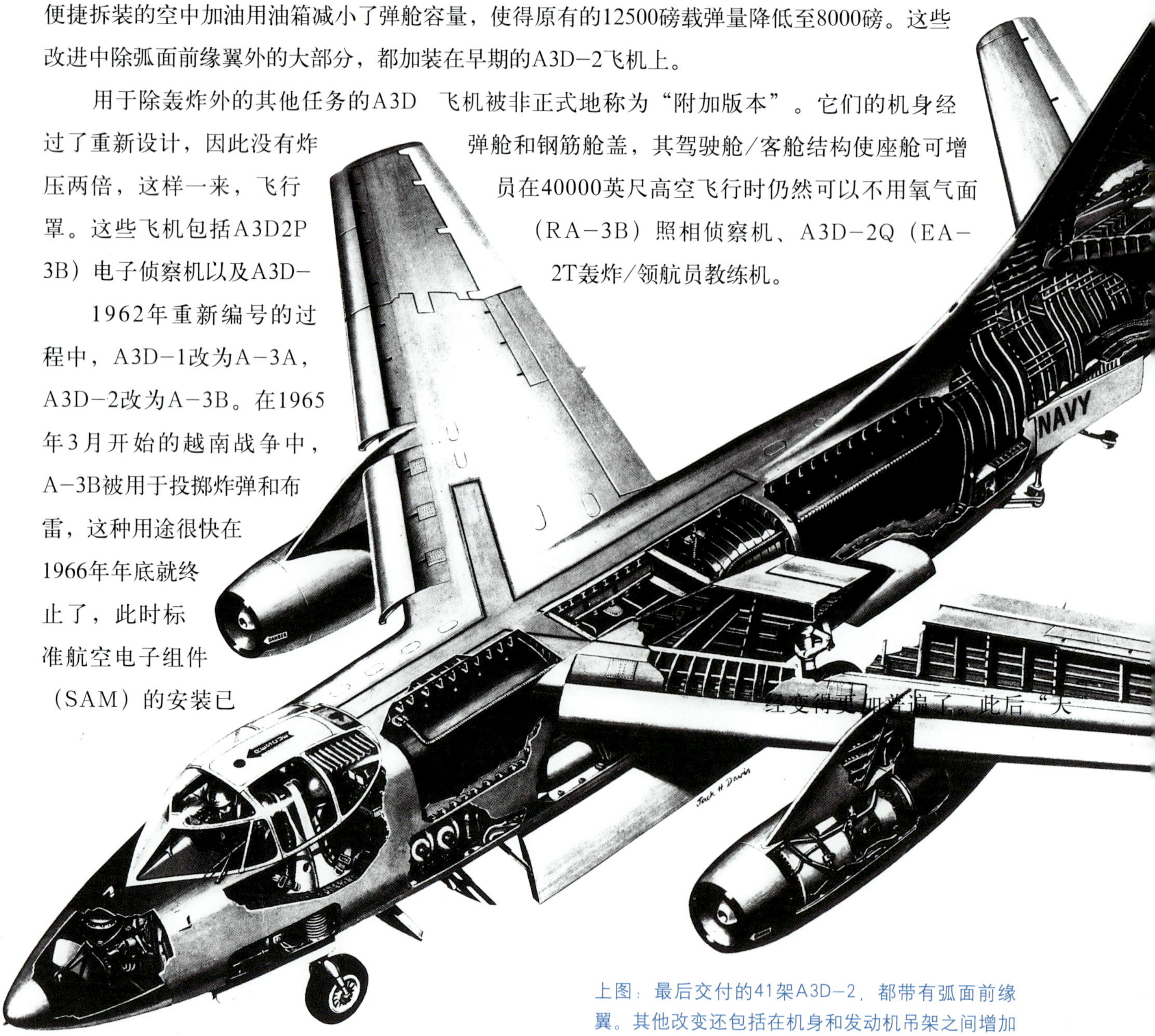

上图:最后交付的41架A3D-2,都带有弧面前缘翼。其他改变还包括在机身和发动机吊架之间增加条板,如该剖面图所示。(美国海军,作者收集)

空武士"开始被分配执行重要的辅助任务,首先作为专用加油机。这些轰炸机在加利福尼亚州阿拉梅达海军航空兵返修基地进行翻修,安装了一个半永久性的油箱组件,之后其代号被指定为KA-3B。KA-3可以传输其43200磅燃料容量中的30000磅给受油飞机,部署在每艘航空母舰3~4架飞机的分队中。

随着航空电子设备的尺寸和重量的降低以及来自飞机雷达瞄准的威胁的增加,越来越多的飞机都配备了电子支援(ESM)设备。ESM 是对于已知的目标雷达发射信号的简单警告。后来设备变得越来越复杂,能够覆盖更多的频率,并提供威胁来源的方向性指示。最终,它们能够排除来自目标雷达的欺骗手段,并防止地对空导弹的追踪。

在越南战争开始的时候,对敌雷达干扰主要由VAW-33和VAW-13——两个道格拉斯EA-1F"天袭者"中队负责。很快"天袭者"就表现出了其脆弱性,很明显它们无法飞越目的地和抵抗干扰,由于其动力不足,亦无法为海上的攻击飞机提供充分的保障。航空局过了很长时间才要求对其进行更换。当时的解决方案是"空中加油机、对抗措施和打击飞机"。该方案并没有得到坚持,最后一个打击任务在改装甚至无法实施,但"天空武士"适合做加油机和干扰机。

最初的5架EKA-3B是由A-3B改造而来的。接下来的34架是由KA-3B修改而成的。除了加油机套装,修改中还在机身两侧的机舱中增加了ECM天线和航空电子设备以及炸弹舱门、垂直尾翼。该机还具有另一个功能——电子侦察。由于增加了约两吨的航空电子设备和天线,其空重增加到了接近45000磅。因为最大着陆重量需要保持在50000磅,所以着舰时只能携带5000磅的燃料。作为加油机,EKA-3B可以提供约21500磅燃料。

1967年5月,VAW-13中队收到了第一架EKA-3B。11月,它被部署到了"突击者"号(CVA-61)航空母舰上。转换工作进行得很紧凑,因此6个月内,已经有了5个3架飞机组成的"电

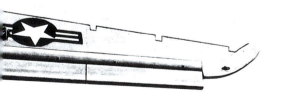

右图:A3D用于常规轰炸是在越南战争期间,但在敌军的地对空导弹防御更为普遍之后,它就退出了这一任务。照片是从座舱越过ECM操作员的位置拍摄的,该操作员是面对后方而坐的。(美国海军,罗伯特·L.劳森收集)

上图：A3D飞机起到了重要的保障作用，为在越南为执行打击任务前后的战斗机和轰炸机提供加油服务。炮手/领航员通过潜望镜全程监视着加油过程。（美国海军，罗伯特·L.劳森收集）

动鲸鱼"海上分队。"福莱斯特"级别的舰船也将部署一个两架KA-3B组成的支队。由于该类任务日益重要，战术电子战中队由原重攻击中队的基础上建立起来，代号VAH改为VAQ。

1974年5月，最后一个EKA-3B支队从"奥里斯卡尼"号航空母舰上撤出。然而，这不是"鲸鱼"的最后一次部署。电子侦察型的EA-3B飞机，由VQ-1、VQ-2和VAQ-33中队使用，将继续部署在航空母舰上执行作战任务。该型机是从照相侦察机RA-3B改装而来的。VQ-1支队获得了最后一次部署"鲸鱼"的荣誉，这次部署于1987年11月以最后一次从"突击者"号航空母舰上起飞后结束。该分队属于VQ-1中队的电子侦察型支队，所用飞机类型为EA-3B。

海涅曼曾表示，如果原子弹的尺寸很快就会变小的话，A3D一定还具有相同的作战半径，但机身会比它现在小很多。但无论如何，他的下一款作品将海军原子轰炸机推向了另一个极端。

注释

[1] 大多数为美国海军供应舰载飞机的厂家都争相降价竞标，比如切斯沃特·格鲁曼公司、麦克唐纳公司和北美公司等。可能是因为它们对这个尺寸等级飞机缺乏了解（北美公司除外）。当然北美公司早已经有了一份A2J的合同。

[2] 建议设计说明、总体评价和这句话是从美国海军航空局1949年2月21日刊发的一份备忘录中截取的，其主题是：远程重型攻击机非正式设计竞赛——由C.A.尼科尔森，D&E的助理首席建议。

[3] 从海军作战部长到航空局科长的备忘录，序号0205P551，时间1949年4月29日，海军作战部副主任（航空）J.D.普里塞签署。

[4] 如果A3D可正常控制，那么逃生降落伞可以使用；但如果A3D失去了控制，则无法继续使用。该机的型号有时因此也被打趣成"三人全部死亡"（All three to die）。

[5] 如果需要更大的航程，可以把副油箱装在炸弹舱内。

[6] 1957年，一架A3D-1飞机重新更换了普惠J75发动机并进行了飞行测试，以便向海军提供为P6M和道格拉斯DC-8项目使用该发动机的飞行经验。

[7] A3D-1型飞机于1955年12月7日的服务验收试验报告。

[8] A3D-1飞机服役适用性测试，2号报告，最终报告，时间是1956年10月22日。

[9] 约翰·T.海沃德，C.W.博克兰德. 《"蓝夹克"海军上将：海沃德的海军生涯》，马里兰州安纳波利斯海军学院出版社，2000年。

越南战争中,EKA-3B是A-3家族的终极攻击支援型号,为机群提供加油和干扰服务。可以看到,这款喷气式飞机依然在使用老旧的拉线式通信天线。(美国海军,罗伯特·L.劳森)

海军20世纪40年代末的超级航空母舰和远程核轰炸机的计划最终得到了实现。"福莱斯特"号航空母舰于地中海实施首次全面部署,时间为1957年1—7月。空中大队包括战斗机F3H-2N和FJ-3MS以及攻击机AD-6S、F9F-8BS、A3D-1S。这张照片中,甲板上共有7架A3D-1,还有几架FJ-3位于轴向甲板上的弹射器上准备起飞。(美国国家档案馆80-GK-22688)

A4D-2N是秉承可携带原子弹的"天鹰"轰炸机概念的最后一代飞机,增加了有限的全天候作战能力。注意飞行员的头部上方靠后的位置有一块处于缩回状态的隔热板。飞机的气动控制面被涂成了白色,以尽量减少核爆炸光辐射对飞机的伤害。(美国海军,罗伯特·L.劳森收集)

6 单人,单枚核弹,单程?

第一颗原子弹的设计者们并不知道原子弹到底有多大的威力，但无论如何，在设计原子弹的大小和重量时都要受到B-29炸弹舱的负载和尺寸的局限。原子弹Mk Ⅲ"胖子"重达10000磅，其爆炸当量为20000吨的TNT炸药。Mk Ⅰ型"小男孩"比它要小一些、轻一些，威力稍逊于它。原子弹发展迅速，很快就有了相同的尺寸而威力更大的产品，也有了体积更小、重量更轻而威力更大的产品，其大小和重量已经可以由战术飞机携带了。1951年，Mk 8原子弹率先登场，该类原子弹在第2章中提到过；紧随其后的是1952年首次宣布开始服役的Mk 7原子弹。虽然其重量仅1680磅，轻于Mk 8（3250磅），但是Mk 7却显得更为笨拙，长15英尺，直径30英寸，因为它和"胖子"一样使用的是内爆法，需要创造临界质量。实际上，Mk 7的外壳就是一个紧贴着核装置球体的整流罩。这使得它成为战斗机或小型单发动机攻击机的尴尬负载。但该弹仍有两个极为显著的优点，一可针对目标或投放飞机逃脱爆炸冲击的能力，来调节炸弹的当量；二是遥控装置被植入炸弹的内部区域，这意味着不再需要在飞行的同时引爆炸弹了。

"白痴循环"

  战术战斗机的性能和机动性允许该类飞机使用一种投弹技术，可以避免两个顾虑：一是从高空进入目标范围后被雷达检测到，引起敌人防空系统不必要的注意；二是爆炸发生时飞机离炸弹不够远。解决的办法是以最快的速度和最高的高度，抵达目标并投放炸弹，然后立即返航离开。该方法被戏谑地称为"白痴循环"（Idiot Loop），它是1952年由美国空军为Mk 7原子弹发明的。[1] "白痴循环"共有三种不同的投弹方式，且三种方式的进入/脱离路径相同，都是一个半8字形轨迹。喷气飞机从低空高速进入，速度在每小时500海里以上，离地面50~100英尺。到预定点后，飞行员开始以4G的过载拉起飞机，同时炸弹会在指定投弹轨迹的瞬间自动释放。飞行员继续拉杆，直到飞机倒挂，与炸弹朝着相反方向，并开始下降。然后，飞机向右侧翻滚，并继续俯冲到50~100英尺，全程都处于加速状态。当原子弹爆炸时，投弹飞机将距离爆心5~10英里，并迅速扩大分离距离。

  由空军在20世纪50年代初开发的低空轰炸系统（LABS）对完成该机动并不重要，但它减少了飞行员的工作量，提高了投弹的准确率。由飞行员在起飞前正确编程后，该系统可以指示飞行员在恰当的时间拉升并投放炸弹，保持飞机以正确的速率直线上升，并在爬升过程中在正确的点上自动释放炸弹。系统将可能在机动的三个点投弹：低角度、高角度或越肩。每个投弹点都有各自的优点和缺点。低角度投弹（约

45°）可在距离目标最远的距离上进行，这意味着可将暴露于敌人防空设施的风险降到最低，然而，这种方式是最不准确的。高角度投弹（约65°）必须接近目标，但它提供了最长的炸弹滞空时间，这意味着飞机距离爆炸点最远。越肩发射（约110°）时飞机被敌方击落和被原子弹炸毁的风险更高，但有时这种方法是必要的，比如说对于要攻击的目标不存在一个令人满意的初始点时，这种方式也是最准确的，可为目标识别提供保障。

低空进入的被探测概率最低，但它会使得目标导航和攻击变得更加困难。像仪表进场着陆一样，"白痴循环"也对初始点（IP）有所要求。初始点是指一个在目标周围几英里范围内突出的、易于识别的标志

上图：图中所示的是低空轰炸系统（LABS）指示器，为飞行员提供必要的指导，让其尽可能准确地拉升和投弹。飞行员唯一需要做的就是让指针保持指在中央位置，直到预设计时器投放炸弹为止。（作者收集）

下图：低空轰炸系统的投弹方式示意图。

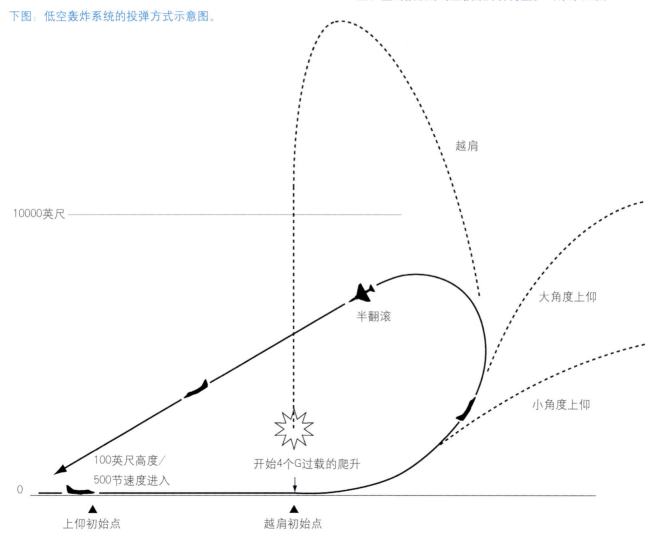

性地标,如桥梁或某些地理特征点等。它必须在50英尺的高度可见,因为飞行员袭向目标时需要飞越初始点,而目标这时不在其视线内。

在初始点,飞行员启动预设的倒计时,按下驾驶杆握柄上的投弹按钮,会有声音提示倒计时正在进行中。一旦它停下来,飞行员就立即开始上拉驾驶杆,俯仰和航向命令指针指向低空轰炸系统指标,以确保飞机以正确的速度垂直爬升。低空轰炸系统会在弹道恰能到达目标的位置释放炸弹。

如果没有合适的导入初始点,那么目标本身必须是初始点。这样有两个好处:这样的攻击最为准确,而且由于不需要考虑标志性地标初始点的可用性,只要地形允许的情况下可以从任何方向对目标进行攻击。然而,这样会使飞行员暴露在目标周围来回巡逻的防空力量之下。由于在飞机上拉之前已经越过目标,所以炸弹应该在飞机做一次"垂直半古巴八字"特技飞行之后再投下,故名"越肩"。越肩发射时载机与核弹爆心距离较小,因为炸弹和飞机向同一方向飞行,在其发射后,大多数时候炸弹是向上而飞机是向下的,因此,这是最需要减少武器当量和/或爆炸高度的机动方式。

随后又诞生了另一种低空核轰炸技术。在高速飞越目标的同时投弹,炸弹由于降落伞或其他阻力装置而放缓速度,于是飞机就可以与其分开了。

除了低空轰炸系统,武器控制箱也被用于投放原子弹的飞机,它提供了炸弹尾翼的重新配置、炸弹武装(可插入/拔出的核心)及其控制电路检测等功能,确保核武器能够可靠投放。

过渡型战术核攻击机

几种已经服役的单座战斗机和攻击机为进行原子弹的投放而进行了修改,A4D"天鹰"以及随后的FJ-4B则在开发时就已经考虑了这一点。

道格拉斯AD"天袭者"

AD"天袭者"是多年来海军原子弹投放能力的重要部分。它的航程弥补了其在速度上的缺陷,"天袭者"似乎能永远飞下去。在低高度飞行时,它也可达到这样的航程,这一点使其成为压制敌方防空系统的首选。1953年下半年,单座型AD-4开始被AD-6接替,这些AD-6飞机带有中心线和机翼内侧挂架,可携带比AD-4更大的挂载。其机身结构也得到了加强,允许飞机承受更高的机动载荷系数和更高下降率的着舰,[2]但其最大起飞总重量没有增加。驾驶舱的变化包括增加了发动机扭矩压力表来改进动力管理,以及加装战术空中导航(TACAN)和UHF追踪器以改善导航性能。AD-6不再使用APS-19雷达示波器,该装置被低空轰炸系统(LABS)控制面板取代。

由AD-6/7投掷特殊武器的飞行任务剖面被称为"喷砂器"。在出发后,飞行员将以50~100英尺的高度接近目标,其高度与航空母舰干舷高度相同。在水面上的所有导航都依靠航位推算法,通过测算波峰高度的方向和速度确定风修正补偿。在以树梢高度抵达陆地后,依靠地标辅助导航。执行核攻击任务时,AD-6起飞总重约22000磅,内油加满并带有两个300加仑副油箱时,其最大航程巡航速度大约为140节,随着燃料重量的减少,速度可增加到170节。在该任务下AD-6作战半径达1000海里,任务用时12~13小时。[3]第六舰队的一些目标,已经超出了AD飞机的作战半径,因此美国在友好国家上空设置有空中加油航线,用于在返回途中给飞机加油。太平洋舰队的飞行员在攻击远距离的目标也面临着同样的挑战。

当然,AD飞机无法达到喷气式飞机的原子弹投掷高度和距离,即使在全油门以及喷水加力的情况下,其速度也只能达到275节,仅略高于喷气式飞机速度的一半。因为对于特殊武器投放任务的飞机来说,越轻越快才越好,所以它们都去除了装甲、4门20毫米航炮和机翼外侧的挂架。由此产生的孔洞用后来被称为"大力胶带"的材料遮盖。

"天袭者"的飞行员十分感谢武器工程师们在海军兵器试验站(NOTS)为Mk 7增加了火箭发动机,该弹就可以在投放后飞向更远的目标。这就是被称为"BOAR"的30.5英寸的火箭,Mk I MOD 0。BOAR这一缩写可以理解为:"轰炸用机载火箭"或"原子火箭军械局",此处则是指前者。在发射角度大约20°时,BOAR的最大射程约7英里。BOAR的发展于1952年开始由海军军械试验站研制,1953年6月首次进行飞行试验,1956年列装。BOAR的测试任务中采用了5英寸的火箭来模拟该弹的弹道。

道格拉斯公司共生产713架AD-6飞机。后来又生产了72架AD-7,1957年2月交付了最后一架(另外168架被取消,因为1956年海军已经开始将"天袭者"换装为A4D"天鹰")。然而,越南战争初期,海军仍然继续部署"天袭者",其最为突出的战绩是击落了两架米格-17(一架于1965年6月20日被VA-25的

上图:AD-6机身下方的蓝色的物体就是Mk 7原子弹。飞行员在飞机起飞后会将尾翼展开。图中这架"天袭者"还没有完全做好执行核打击任务的准备,因为该机仍安装着外侧机翼挂架和20毫米航炮。(美国海军,罗伯特·L.劳森收集)

两名飞行员击落,另一架于1966年10月9日被VA-176中队的威廉·T.巴顿上尉击落)。然而,螺旋桨驱动的"天袭者"性能此时已经跟不上舰上战斗机联队的飞机。

从"天袭者"到"天鹰"的过渡用了十年,VA-25攻击机中队是最后部署"天袭者"的中队,AD-6和AD-7型号此时已经修改为A-1H和A-1J。1967年7月至1968年4月,VA-15在"珊瑚海"号上航空母舰服役,在这最后一次战斗任务中,他们和斯坦利航空集团的A-1飞机进行了改装,加装的弹射座椅为飞行员提供了更大的逃生机会。VA-25中队的最后一次战斗任务飞行使用的是A-1H飞机(BUNO 135300),该机目前在彭萨科拉海军航空国家博物馆展出。

单座"天袭者"因为其近距离空中支援无与伦比的能力——续航时间和载弹量,将继续在美国空军服役。

喷气式战斗机"占位符"

海军和空军一样,最初都将现有的喷气式战斗机改装后用于携带战术核武器。F2H-2B是最先改造完成的,型号中的B指不同的装备(F9F-2B中的B指的是增加的炸弹和火箭挂架,而不是核武器投送能力)。虽然当时的原子弹还没有第二次世界大战时的空射鱼雷重,但是与早期舰载喷气飞机的有效载荷相比还是非常沉重的。1951年年底,在朝鲜战争期间,"好人理查德"号航空母舰上的F9F-2"黑豹"战机可以装备多达6枚的火箭,总重840磅(除装满弹药的20毫米航炮以外),但只有当甲板风速超过30节

下图:当AD"天袭者"开始部署时,一线的海军战斗机是螺旋桨驱动的F8F"熊猫"。直到喷气动力舰载战斗机,甚至喷气动力攻击机开始登上航空母舰后,"天袭者"依然在航空母舰甲板上服役。(美国海军,罗伯特·L.劳森收集)

才可以满足起飞。甲板风速每超过该速度1海里,就可以添加两枚火箭弹。甲板风速(WOD)如果不足30节,那么"黑豹"就需要留在甲板上。当然这并不是什么大问题,即使没有自然风,"埃塞克斯"级航空母舰的修长船型和强劲动力,也可以产生高达33节的甲板风速。

VC-4支队的F2H-2B于1952年4月登上"珊瑚海"号航空母舰,开始了该型机的首次部署。因为弹射后侧倾控制的需要,横向重心限制使得该型机不能在弹射时加满挂载原子弹一侧的翼尖油箱,而最大起飞重量的限制也不允许该机增加在另一侧机翼补偿的重量,F2H-2B的任务半径最初受到了限制。意外的是,一家英国公司20世纪40年代中后期开始发展空中加油技术。海军经过评估,迅速采用了这种探头与锥套空中加油系统,因为它允许飞机减少燃料载荷携重型武器进行弹射起飞,爬升到一定高度后再重新加满燃料。如果喷气轰炸机可以在返航的路上加油,其任务半径将进一步增加。

有了空中加油技术,F2H-2B具备了战略打击的范围。1953年,惠特尼·菲特尼参加了从"中途岛"号航空母舰出动3架"女妖"的军事演习并在古巴上空巡航。向北由AJ"野人"加油后,飞机降低高度抵达了伊利湖,之后被空军雷达检测到。为躲避拦截,飞机爬升到了50000英尺的高空,飞越伊利湖,再次进行空中加油后,返回古巴关塔那摩。整个往返航程超过2800英里。[4]

F2H设计存在许多不足,所以进行了改造,修改后的型号为F2H-3;雷达系统进行改造后则更名为F2H-4。具备核能力的"女妖"最初被分配到VC中队,该中队向航空母舰提供分队。由于后续的F2H-2

下图:1968年AD(此时已更名为A-1)与VA-25中队最后一次登上"珊瑚海"号航空母舰,此时海军的主力战斗机已经是2马赫的"鬼怪"F-4B。VA-25中队有一半都是由斯坦利航空集团提供座椅的A-1。(美国国家档案馆80-GK-43788,艾德·巴塞尔姆斯)

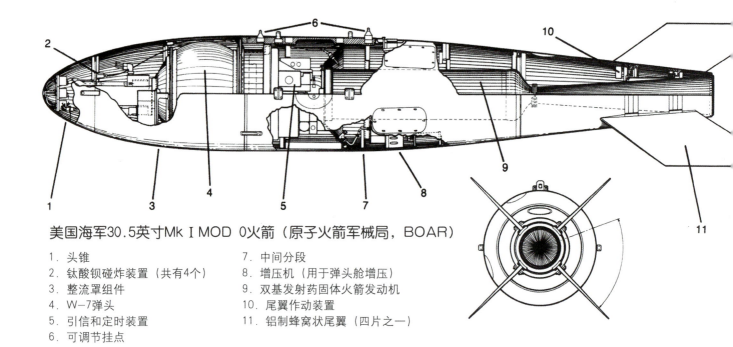

美国海军30.5英寸Mk Ⅰ MOD 0火箭（原子火箭军械局，BOAR）

1. 头锥
2. 钛酸钡碰炸装置（共有4个）
3. 整流罩组件
4. W-7弹头
5. 引信和定时装置
6. 可调节挂点
7. 中间分段
8. 增压机（用于弹头舱增压）
9. 双基发射药固体火箭发动机
10. 尾翼作动装置
11. 铝制蜂窝状尾翼（四片之一）

上图：为了提升Mk 7原子弹的爆炸威力与突破敌军防御的能力，美军为该弹上安装了火箭发动机，成了非制导原子火箭。（杰伊·米勒收集）

和F2H-3/4从一开始就规定要有核武器运载能力，所以这些飞机的代号中都没有B后缀。

另一个填补A4D空白的临时类型是F9F-8B，经修改后也具有携带和投放核武器的能力，曾一度被短暂分配到了VA中队。

轻量级攻击机

埃德·海涅曼曾在20世纪50年代初从事轻型战斗机的研究工作，不过这对于即将向北美公司（FJ-4）和格鲁曼公司（F11F）签订合同的美国海军而言已经显得多余。[5]海军要求他设计一种可投放核武器的轻型喷气攻击机，也由莱特J65发动机提供动力。他们期望该机最大速度可达500节，最小内油作战半径是400海里，最大起飞重量为30000磅。

道格拉斯公司随后主动向海军提出建议，为1952年6月合同的签订埋下了伏笔。海军要求道格拉斯建造一架XA4D，使用A2D项目的资金（A4D"天鹰"不是海军A2D的替代品，而是道格拉斯A2D的替代方案）。基于创新设计工作以及航空局约翰·布朗中校的积极参与，这款小飞机的总重量只有15000磅。1952年10月，样机完成了审查。海涅曼依靠他自己设计的A4D超越了他之前AD"天袭者"取得的巨大成功，他将飞机简化到了其最本质的状态。A4D的驾驶舱已经小到不能再小。弹射座椅、飞行员的安全带和降落伞进行了重新设计，以减少重量。因为A4D是"昼间目视攻击机"，航空电子系统也进行了最大限度的简化，同时也是为了进一步减轻飞机重量，单个电子元件被集中到了一个机箱中，消除了多余的动力供应和启动附件。该机采用带尾三角翼翼型，翼展限制在最大允许翼展27.5英尺内，所以不需要考虑折叠系统和结构的重量。通常装备的4门20毫米航炮减少到2门。空中加油的能力最初没有考虑进去，但后来供应商们被要求在极具挑战性的重量要求下具备该能力,而且只能成功不能失败。

起落架的长度需要向飞机重量让步,但依然要符合携带Mk 7要求,还需要放弃通常情况下的反转角度限制。为适应现有的飞机,Mk 7安装了折叠式尾翼,并确保了炸弹的最小离地高度。A4D甚至可以携带着Mk 7着陆。它只有三个外挂架:中心炸弹挂架和两个副油箱用翼下挂架,一旦副油箱内燃料用尽就会被丢弃。

该项目没有经过竞标,迅速发展为一份20架量产型飞机的订单,包括XA4D原型机和静态试验机。一般初始订单都为两架飞行测试飞机和一架静态测试样机,然后在适当的时候少量订购。如果初步飞行测试一切顺利,就发出量产订单。海军显然是想尽快利用核武器小型化的优势。

1954年6月,XA4D首飞。随后,7月,第一架A4D-1量产型下线。即便与进度缓慢的生产同步进行飞行测试,也还是遇到了一些困难。尽管如此,相比同期研制的道格拉斯F4D"天光"而言却是进展迅速的。海军军官吉米·凡尔登曾在1953年驾驶XF4D创造了飞行速度的世界纪录。然而,他在1955年1月A4D的事故中丧生,当时他正在评估跨声速飞行过程中的机翼下垂问题。液压控制系统失效后,他被迫在高速下弹出座舱,可能因撞击到座舱盖而失去意识。在副翼前外侧机翼面板添加了两个涡流发生器后,机翼下垂问题得到了成功修复。[6]

1955年9月A4D-1在"提康德罗加"号航空母舰(CV-14)完成了初始舰载试验。下面这篇报告对其作了一个不寻常的评价:

下图:F3H"恶魔",像当时所有的海军喷气式战斗机一样,被期望成为通用战斗机完成对地打击任务。图中这架VX-4中队的"恶魔"的武器装备是一个奇怪的组合:一枚低风阻3000磅AN-M118"爆破弹"和6枚100磅的AN-M30A1炸弹。(特里·帕诺帕里斯收集)

上图:这架序列号为125067的"女妖",是27架修改用于投放Mk 7或Mk 8原子弹的F2H-2B之一。修改包括增加一个大型挂架(如图位于发动机进气口外侧)和一个空中加油探头(图中隐约可见,从右外侧的20毫米航炮端口延伸出来)。1955年,这架F2H-2B被分配到VF-101中队。(美国海军,作者收集)

从航空母舰适应性的角度来看,A4D-1体现的基本设计理念产生了良好的效果。但是在结构上,该类飞机缺陷极少。只有在安装拦阻钩时,才能体现出其飞行重量的冗余。飞机整体复杂性的降低为其极佳的可用性作出了贡献。

1955年10月,戈登·格雷上尉驾机将500英里封闭航线的飞行速度纪录提升至695英里/时(604节),这是为数极少的攻击机打破战斗机飞行速度纪录。

1956年3月,有6架A4D飞机由检查与调查委员会开始试飞。作为这项活动的一部分,4—6月,位于新墨西哥州阿尔伯克基的柯特兰空军基地的海军航空兵武器设施完成了该型机的核武器评价。A4D与Mk 7、Mk 12和Mk 91核弹的整体兼容性令人十分满意(Mk 91替换了Mk 8),Mk 12甚至可以在尾翼张开的状态下被带回。

1957年12月11日,检查与调查委员会在关于A4D-1的报告中列举了18个需要强制纠正的问题和一些建议纠正措施的项目。海军航空航天局局长曾表示,若经济上可行,则会采取纠正措施,但这些缺陷即便不调整也几乎不会影响飞机执行任务。唯一严重的缺陷是从H-8蒸汽弹射器上弹射起飞所需甲板风速不符合规格。一些不良的操作品质是飞机设计所固有的,例如侧风着舰易受影响、高亚声速下机动性能低下、低抖动边界、在巡航速度下横向和纵向稳定性不足。

该报告继续申明，1957年7月之前被接受的A4D-1的起飞距离和作战升限无法达到标准，但"以后的生产合同中将会有更宽松的保证要求，这样飞机就可以达到标准了"。成为海军青睐的供应商的确是一件美事。

在此期间，1956年年底舰队换装计划已经在东海岸VA-72中队和西海岸的VF（AW）-3中队开始展开了。1956年10月，罗得岛昆锡点海军基地的VA-72中队是第一个接受A4D-1量产型的中队。A4D-1只生产了165架。1957年9月，西海岸的VA-93中队成为第一个部署A4D-1在"提康德罗加"号航空母舰的中队。A4D-1生产完成后，紧接着开始了A4D-2的生产，后者有空中加油能力，其他结构和部件也有所改进，并且具有发射"小斗犬"导弹的能力。A4D-2共生产了542架，从1957年年底开始交付。

FJ-4B

北美正在研制的FJ-4几乎与道格拉斯A4D项目同时进行，该机也使用J65发动机。作为一种轻量级、高机动性、低成本的战斗机，它并没有安装涡喷发动机加力燃烧室。虽然它符合规范要求的速度、范围和空中转弯能力，但是海军还是没有接受FJ-4，而是选择了超声速的F8U"圣骑士"，生产出的FJ-4全部都交付给了海军陆战队。然而，海军航空局还是秉持传统，为了给新的飞机项目准备一个低风险的备份，1954年7月，海军与北美公司签订了订购FJ-4B的合同，此时距离"天鹰"首飞刚过去一个月。FJ-4B只增加了最低限度的设备：两个挂点、一对减速板（原来的一对减速板不够有效）、提高侧滚控制能力的扰流板（同时也用于抵消外侧吊架上Mk 7的重量）和低空轰炸系统（LABS），其首飞是在1956年12月。

北美公司也为FJ-4B配备了专用空中加油吊舱。加油机将携带两个外形类似的外挂吊舱：一个加油吊舱和一个自带空气驱动泵的200加仑外挂副油箱。轰炸机起飞时将携带核武器和3个外挂副油箱，飞行途中

下图：战术核武器的大小造成了一个难堪的局面。因为主起落架支柱已用金属套管延长，所以F2H可以携带着Mk 7极为小心地滑行或起飞（单程）。套筒会在起飞后缩回起落架时被抛弃。（美国海军，作者收集）

上图：1954年，VC-5中队的AJ-2加油机为VF-31中队的F2H-3的"女妖"空中加油，后者携带了一枚Mk 7教练弹。（美国海军，罗伯特·L.劳森收集）

下图：可清晰地看到A4D样机的起落架额外增加了长度，为各种原子弹提供了更充足的离地间隙。发动机的进气口和排气口在细节设计过程中也有所改变。驾驶舱盖也将被改变为常规的两件式布局，首架样机最初还没有安装带框架的单片式挡风玻璃。（加里·维尔威收集）

上图：F9F-8飞机上的Mk 12的尾翼处于折叠状态，以此来保证地面和襟翼间隙。该尾翼前缘存在一定的偏转角，可以使炸弹在投放后产生像足球一样的旋转运动，减少炸弹的弹道变化。（美国海军，哈尔·安德鲁斯收集）

下图：Mk 12原子弹体积较小，它被安装在F9F-8上时不像Mk 7一样存在离地间隙的问题。大型尾翼折叠到一边以解决尾翼和地面的间距问题，起飞后尾翼会重新展开。（美国海军，哈尔·安德鲁斯收集）

右图：A4D的驾驶舱非常简洁。左侧的条纹面板拉动时可抛弃所有外挂，右侧的可切断液压飞行控制，这需要将控制杆延长以提高杠杆力作用。最终，因为还需要增加开关，仪表板向下方延伸到了飞行员的膝盖之间。（加里·维尔威收集）

下图：采用与A2D和F4D不同的新型弹射座椅也是A4D减重工作的体现之一。虽然只是稍微进行了一点改变（"天鹰"座椅取消了与驾驶员所佩戴躯干安全带相连接的座椅安全带和肩带），这是一个显著的设计区别。（加里·维尔威收集）

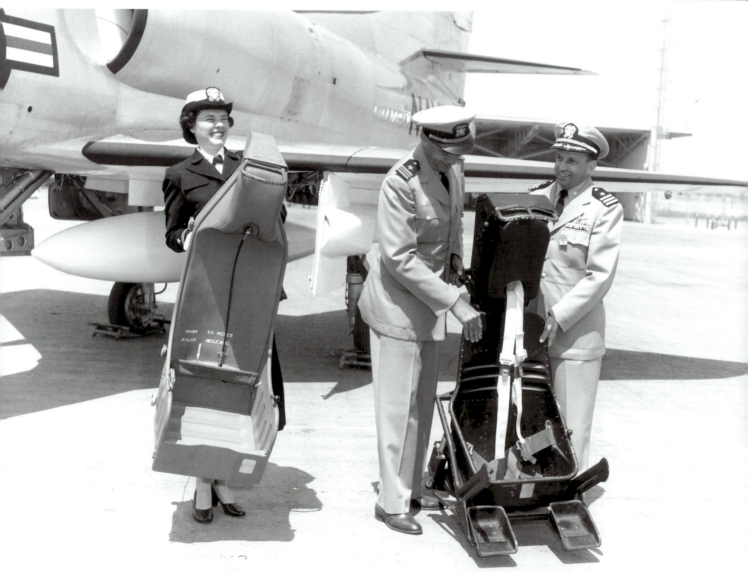

由加油机为其进行空中加油，作战半径为1115海里，且带有2395磅的Mk 28核弹。美国海军上校威廉·C.查普曼（RET）回忆说，在1958年他曾准备从位于冲绳岛的航空母舰起飞，打击位于亚洲的几个分散目标，他的参谋长在加尔各答降落，而他自己则在阿留申群岛降落。[7]

根据1967年7月1日各自的SAC图表，携带Mk 28核弹和尽可能多的外挂副油箱后，两架飞机在海平面投弹任务上表现相似。

	A4D-2	FJ-4B
起飞重量（磅）	22130	26893
包括最大外挂燃料量的总燃料量（磅）	9530	9112
Mk 28核弹重量（磅）	2025	2395
任务半径（海里）	550	565
可空中加油（磅）	890	1115
战斗起飞重量（磅）	15625	23187
海平面飞行性能		
最大速度（节）	562	542
爬升率（英尺/分钟）	7800	5100
战斗升限（英尺）	41300	40000

下图：照片中是一架早期的A4D-1（它具有一体式挡风玻璃和机翼的缝翼上涡流发生器），展示出相对于F2H"女妖"，为了照顾Mk 7核弹增加的离地间隙。（加里·维尔威收集）

虽然可以说FJ-4B在某些方面比A4D卓越，比如它的挂架数量是A4D的两倍，但是它只生产了222架，最后一架是1958年5月交付的。海军之所以偏好A4D，似乎是因为其较低的单位成本和维护工时。为了方便支持和培训，所有的FJ-4B都被分配到了太平洋舰队。最后一个中队VA-216于1962年上交了他们原有的飞机并收到"天鹰"。[8]

尺寸问题

在A4D和FJ-4B开始部署之前，就已经有人对于A3D相比于小型飞机的存在价值提出了质疑。航空母舰上只有这么大的空间。如果在其他方面性能一致的情况下，飞机越小越好。各种指标被用于比较不同类型飞机在航空母舰上相对占用的空间。第二次世界大战之后，这项指标是"埃塞克斯"级航空母舰上前200英尺可停放的飞机数。在20世纪50年代中期，该指标变为"CV-19斜角甲板航空母舰的飞行甲板和机库甲板上的降落点所能容纳的最大飞机数"。后来，这个指标又变为基础飞机的比率，可以用来粗略计算一支特混舰队所能容纳的飞机数量。

A3D和A4D在"中途岛"级航空母舰上所需的空间不同，此时飞行甲板正在进行回收作业，但保留了两个前甲板弹射器以供值班战斗机弹射。以最大数量的方法衡量，小型A4D（加装加油探管后）即使不折叠在CV-19上也可以停放106架，同样的空间却只能容纳78架FJ-4B或25架A3D。然而，A3D可携带10000磅的弹药往返1200海里，而A4D只能携带2000磅弹药飞行800海里。随着空中加油技术的引进，FJ-4B已经可以在携带Mk 28时拥有与A3D大致相同的任务半径了，当然，使用空中加油机会使携带炸弹的飞机数

下图：A4D-1于1955年9月顺利获得舰载资格认证。出于某种原因，空气动力学前缘缝翼又重新应用于这架"天鹰"上。（加里·维尔威收集）

量削减到原来的一半。"天空武士"还能够进行雷达导航和轰炸，但A4D和FJ-4B的飞行员的装备却无法帮助他们在夜间或恶劣天气条件下发现甚至是抵达目标。另一方面，轻型攻击机的支持者还认为，小型飞机更容易渗透敌方防空系统并生存。

A4D的改进

道格拉斯于1957年获得A4D-3合同。该型号使用的是普惠J52发动机，后者与莱特J65推力相同，但燃料消耗较低。由于增加了提供离地高度报警和导航以及为Mk 9轰炸瞄准仪投掷炸弹提供倾角数据的能力的APG-53雷达（机头因此加长9英寸）、自动驾驶仪、全姿态指示陀螺仪和挡风除雨系统等，A4D-3具备全天候作战能力。机翼前缘是弧形的，这是因为A4D-1/2的缝翼在服役期间遇到了问题，发生了开闭不一致的情况。然而，海军决定不在新发动机或修改机翼上投资，因为这样会限制航空电子设备的发展，从而影响全天候作战的能力。最后批准投产的型号被定名为A4D-2N，空重比之前增加了约600磅。A4D-2N共量产638架，用于更换A4D-2和FJ-4B。

海军对于FJ-4B的采购一定程度上促使了道格拉斯于1958年提出A4D-4计划，其仍旧使用J52发动机。A4D-4做出了重大的配置变化，机翼变为后掠翼且具有更大的翼展，因此机翼必须折叠；增加了4个外挂点，每个机翼上有2个；机身被加长了，以便提供空间给更多的燃料和电子设备；由于气泡式座舱盖

下图：较高的挂载离地高度和粗短的机翼是要付出代价的，会使飞机的翻转角度和侧风能力不佳。1960年11月，这架A4D-2在"中途岛"号航空母舰上发生了倾覆。（美国海军，作者收集）

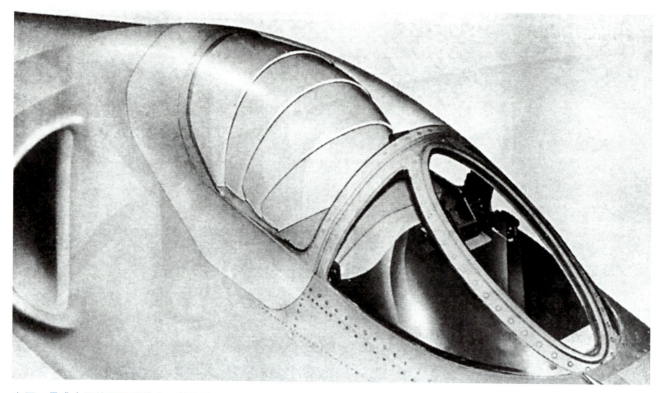

上图:最难克服的原子弹效应是其热效应。因此,轰炸机配备了防热护罩,可在释放炸弹后迅速遮盖驾驶舱。(美国海军,作者收集)

下图:空中加油技术使得A4D的任务半径大大延长。图示携带Mk 7原子弹的一架VX-1中队A4D-2正在由另一架配备有道格拉斯开发的空中加油设备的A4D进行空中加油。该套设备包括软管卷盘、油泵和燃料。燃料也可以从加油机的内部和外挂副油箱传输到受油机。(美国海军,T.斯科特收集)

上图：为了弥补"天鹰"有限的导航能力并扩大其任务半径，美军提出由一架A3D带领两架A4D到航路点，并在每架飞机独自前往各自目标之前对其进行加油。加油会使A3D的任务半径减少，但其最大航程只需要满足SIOP的要求就足够了。（美国海军、罗伯特·L.劳森收集）

下图：北美公司也专门为FJ-4B飞机研发了空中加油系统。加油锥套及软管卷盘在右机翼下的吊舱中。左翼下的大型副油箱和另一侧的加油吊舱都在前部配备了风力涡轮发电机，为燃油泵和软管卷盘电机提供动力。任何一架FJ-4B都可以配置为轰炸机或空中加油机。（美国海军、罗伯特·L.劳森收集）

的变化，机舱向后视野得到了改善。导航能力得到加强，使用航位推算导航计算机，其输入端是一个星象跟踪仪和一台多普勒雷达。但可能是由于预算的限制，海军没有接受这一提议。

A4D飞机在常规武器挂点方面的缺乏使它受到很大局限。因为需要外挂副油箱，A4D-1和A4D-2只能携带两个副油箱和一枚炸弹或两枚炸弹与一个副油箱。1959年，在中国湖武器试验站的VX-5中队找到了一个解决方案，即多功能炸弹挂架（MCBR）。该原型机使用6个从坠毁的AD"天袭者"上拆下来的小型Aero-15挂架焊接到A4D外部悬挂的标准挂架的适配器上。A4D起落架可提供足够的离地间隙，这一点对于改装非常有帮助。1959年10月，"天鹰"依靠适配器投放了第一枚Mk 81炸弹。12月，在亚利桑那州尤马海军陆战队基地，VX-5中队的一架A4D使用适配器投放了其3个炸弹架上全部的16枚Mk 81炸弹（由于起落架舱门的位置，两侧机翼挂架只能挂载5枚炸弹），负责空中作战的海军作战副部长、海军中将皮里，对该设计表示赞赏。没过多久，道格拉斯公司主动递交了一份多联炸弹挂架（MBR）的建议提案，并在1960年年初被授予合同。同年6月生产出第一部合格的挂架并交付。

原型MCBR和道格拉斯的MBR都还只是直接投下炸弹。下一步细化的概念是使用火药气体推出炸弹，让炸弹从挂架上更顺利地脱离。这就是多联炸弹弹射挂架（MER）。在某些应用场合，6枚炸弹过多，所以又研制出了较短的三联弹射炸弹架（TER），每个TER挂架上只能携带3枚炸弹。MER和TER炸弹架的发明使得"天鹰"无需加长外侧机翼，因为挂架是很难在折叠机翼飞机上装载的。唯一的缺点是，MER和TER会增加重量和阻力，这一点必须考虑到任务规划中。

两个额外的机翼挂点最终加载到了"天鹰"A4D-5上。该型号订购于1959年7

上图：作为防止热闪光的额外保护，飞行员装备了全白色的防闪光飞行服。VA-76中队的永利·福斯特（以"胡克上校"的昵称而闻名）在20世纪60年代初的一次飞行前做了该套装的模特。（永利·福斯特上校，美国海军，退役）

"中途岛"级航空母舰上的飞机种类和数量

VFAW	F3H	16
VF	F11F	32
VFP	F11F	6
VA	A4D	18
VAH	A3D	9
总数		81

下图：FJ-4B的6个外挂点允许它携带5枚"小斗犬"导弹和一个相应航电设备的吊舱。A4D早期只有3个挂架，因此最多可以携带3枚"小斗犬"导弹。如果不是设法将制导设备塞到了机身里，则只能携带两枚导弹。（美国海军，罗伯特·L.劳森收集）

VA-113是相对较少的部署有A4D-1的中队之一。A4D-2从一开始就具备空中加油能力。（美国海军，罗伯特·L.劳森收集）

月，并于1961年7月首飞。A4D-5的发动机改为普惠J52-P-6，与莱特J65发动机相比空重得到了减少，推力增加了800磅，油耗也更少。由于更换了发动机，进气口也进行了改造，添加了一个分隔板。机头再次被加长，以安装更多的航空电子设备。新的任务功能组件包括"塔康"系统、Mk 9轰炸瞄准仪，无线电高度表、多普勒导航系统和升级版低空轰炸系统。1962年12月开始，A4D-5开始替换舰队的A4D-2N，该型号共生产了500架。

1962年，A4D-2N型号改为A-4C，A4D-5改为A-4E。[9] 1964年8月，北部湾事件激化了越南战争。自FJ-4B退役后，"天鹰"是舰载机联队唯一的轻型喷气式战机。A-4机队几乎在战争一开始就立即遭受了损失。8月5日，越军防空炮兵击落了埃弗雷特·阿尔瓦雷斯中尉驾驶的"天鹰"，他也成为海军在这场战争中的首位战俘。"天鹰"的开发最初是为了投放原子弹，但其服役期间多年作为模仿米格-17的假想敌，也曾服役于海军的"蓝色天使"表演队，而最终它作为战术轰炸机结束了其在海军的战斗生涯。

A-4根据实战经验做出的重大变化之一是增加了自卫航电系统，以探测敌方雷达的活动，特别是针对苏联装备的地对空导弹（SAM）。SAM（此处主要指苏联研制的SA-2导弹）是为攻击大型笨重的轰炸机而设计的，战术飞机可以通过在最后一刻急转弯逃脱其攻击。然而，飞行员需要能够及时看到它并且立刻做出机动反应。此外，要在同一时间应付两枚或更多SAM的难度更会大大增加。1965年8月，道格拉斯和桑德斯联合启动了一个项目：将桑德斯的ALQ-51 EF频段干扰设备适配到A-4"天鹰"上。该项目恰如其分地被命名为"鞋拔"项目，内容包括安装黑匣子、天线相关布线工作。1965年10月第一架修改完成的"天鹰"部署在"星座"（CV-64）级航空母舰。据桑德斯的宣传，SA-2向没有保护的飞机发射10枚导弹可以击落一架，而对于安装了对抗措施的飞机，需发射的导弹数量为50枚。

另一个用于自卫的改造是ALE-29A对抗发射装置。这种内置的装置可以发射干扰弹或箔条，种类和方式全凭飞行员选择。每个布洒器可以装30发干扰弹，其中的两个布洒器通常安装在机身尾部的底部。炽热的热焰弹为追踪而来的红外导弹提供了另一个目标，而箔条则可以有效对抗依靠雷达瞄准的高炮和SAM。

下图：FJ-4B可以携带Mk 7原子弹以及3个外挂副油箱（这里没有显示），它比A4D更具有作战范围上的优势。图中可看见额外的俯冲减速板就是位于涂有VA-216的机尾肋面板。（哈尔·安德鲁斯收集）

6 单人,单枚核弹,单程? | 169

下图:军用飞机制造商的业务模式依赖于改进飞机的合同。不过大多数建议都无法实现,如同这架J52发动机的A4D-4一样,现有设计的修改投入实际量产的案例可以说是少之又少。(美国海军,作者收集)

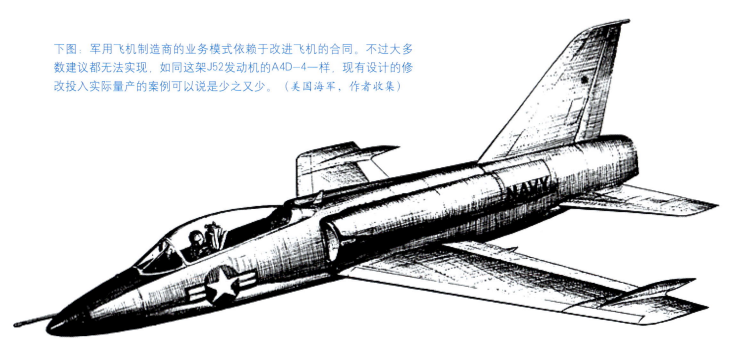

下图:多联挂架适配器让A4D在执行常规武器的投弹任务时更为有效。A4D只有3个外挂点,可以携带炸弹的最大数量为3枚,且会大大缩减其航程,因为这样一来就无法使用外挂副油箱了。更大数量的小型炸弹比2枚或3枚大型炸弹能提供更强的近距离空中支援能力,且能够提高炸弹 命中概率。这张宣传图片中,有2枚炸弹的存在显然干扰了主起落架舱门。(美国海军,作者收集)

"祖尼"火箭

第二次世界大战期间美军舰载机使用的是5英寸口径的"高速空射火箭"（HVAR），由于只能在外挂架上装载1枚，被每个吊舱可以携带4枚同口径的"祖尼"折叠翼火箭所取代。因为每枚火箭重量都减轻了27磅，这样一来挂载相同重量的"祖尼"火箭数量就可变为原来的4倍。"祖尼"折叠翼火箭是20世纪50年代初在中国湖海军军械试验站开发的，比2.75英寸的折叠翼火箭"巨鼠"稍大，后者最初是由截击机使用的空对空武器，专门用于对抗重型轰炸机。"祖尼"于1957年被批准生产，该火箭可兼容各种用途的弹头，例如反装甲、延时高爆和近炸等弹头。根据弹头的不同，"祖尼"折叠翼火箭大约110英寸长，重达107磅。其精度取决于所有的尾翼是否能同时展开。"祖尼"火箭因为具有更高的速度而比HVAR具有更高的精度。

"小斗犬"

"祖尼"火箭让战机在近距离支援任务中具有进行毁灭性打击的能力，但精度欠佳。另一种新的导弹"小斗犬"与A4D-2和FJ-4B一起开发并于1959年首次得到了部署。该导弹由火箭助推，由发射飞行员扳动小操纵杆或控制按钮实现制导，保持导弹后面的曳光管叠加在目标上。也就是说飞行员必须尽量减少机动，跟在导弹后面直到导弹爆炸。空军也采用了"小斗犬"导弹，不过与以往一样，最初其细节、设计甚至代号都不相同。海军的ASM-N-7A（后来还有AGM-12B）也被称为"小斗犬"A，采用滑轨发射，弹头重250磅，总重达570磅，射程3~6英里。虽然速度可达2马赫，但海军还是觉得它的弹头小了

左图：Mk 4炮吊舱可以在需要时加强A4D的扫射能力。该吊舱装有Mk-11双管外能源航炮，最大备弹量为750发，最大射速可达70发/秒。该吊舱1963年完成开发测试，但舰载飞机似乎很少使用，因为据说其可靠性较低。（美国海军，作者收集）

上图:A4D-5是"天鹰"过渡到成为一款有效的常规打击飞机的最后一步。J52发动机提供了更大的推力,另外新增的两个挂架提供了更多的炸弹挂载点。(美国海军,罗伯特·L.劳森收集)

点,因此又研制了弹头重1000磅的ASM-N-7B(AGM-12C),即"小斗犬"B。"小斗犬"B长13.6英尺,重达1785磅,射程达9英里。为了避免其更为强大的火箭发动机可能对机身造成的损害,更大一些的"小斗犬",像"小蒂姆"一样从弹射挂架发射,并且在连接到挂架的挂绳达到完全伸直状态时才开始点火。

"铁手"和"百舌鸟"导弹

美国军方设计了以雷达为目标的反辐射导弹。美国发展出的第一种反辐射导弹,其实就是更换了引导头的"麻雀"空对空导弹。由此发展而来的AGM-45A"百舌鸟"重约400磅。当该弹引导头检测到雷达时,会把雷达脉冲重复频率的音调传输到飞行员的耳机,并通过ADI向飞行员显示敌军雷达的大致方向。其弹头相对较小,但足以炸毁雷达天线,暂时消除敌人控制SAM的能力。

A-4"天鹰"被选为执行代号"铁手"的防空压制任务的最佳机型,于1965年开始装备第一批"百舌鸟"。执行"铁手"任务的A-4飞机会赶在攻击机前飞往越南的SAM火力网,试图吸引其注意力。一旦被雷达照射到,A-4飞行员就将向其发射一枚"百舌鸟"导弹。如果雷达操作员不关闭雷达,导弹就可能追踪并炸毁其天线设备。然而,这种附带损害较轻,而且天线易于更换。因此最终在"百舌鸟"导弹击中目标天线后加入了发烟装置,这样一来就可以即时跟进打击雷达站了。

早期的"百舌鸟"导弹除了弹头较小外,还存在其他方面的限制。A-4飞行员在瞄准和发射"百舌鸟"时需要几乎直接朝向雷达发射点,因为导引头没有装万向接头。这样带来的最为显著的缺点就是攻击范围有限,这有时会导致对方SAM系统和A-4飞行员同时向对方发射导弹。但是,只要有一枚地对空导弹(SAM)被牵扯进来,雷达发射场通常就会关闭雷达,双方因此陷入僵局,因为无论是SAM还是"百舌鸟"导弹都无法再继续制导了。而且"百舌鸟"只能在一个固定的频率范围内制导,可能与需要追踪的雷达站点不匹配。在20世纪70年代初引入的改进中,"百舌鸟"射程限制问题得到了解决,换装了推力更大且燃烧时间更长的火箭发动机,使其射程增加到了25英里。

"白星眼"

回归到无动力的、电视制导的滑翔炸弹之后,20世纪60年代初,美国海军军械试验站开始了对"白星眼"的研发。"白星眼"与第二次世界大战时期的武器一样,使用电视制导,但不像老式炸弹一样需要一架装载专用航电设备的TBM或PV飞机投放并由专人引导。"白星眼"从单座飞机上发射后,就可由载机制导。攻击机飞行员将目标图片显示在多模式APQ-116雷达显示器上,然后控制炸弹的制导系统。"白星眼"可以在投放后被引导至选定图像的位置。

"白星眼"属于重型武器,重达1140磅,其弹头重825磅,且需要载机携带重达600磅的数据链吊舱。然而由于其圆径概率误差(CEP)仅为10~20英尺,可以说其打击效能相当于3枚常规的500磅炸弹,更何

下图:1966年9月6日弹射员正发出信号,指导VA-12中队的A-4E飞机起飞。弹射滑车加装了固定器,前后固定缆的形状酷似雪糕筒。该机挂载了250磅的炸弹,中心挂架上装配有"蛇眼"集束炸弹,外侧挂架上带有第二次世界大战剩余的箱型尾M57炸弹。(美国国家档案馆428-K-33067,安杰洛·罗马诺)

况由于增大了发射点与目标的距离且飞机无需跟随导弹对其进行引导,飞机的脆弱性大大降低。但是,该类炸弹只能用于制导系统可以分辨和跟踪的目标。也就是说目标需要满足高对比度、高亮度且不被烟雾或灰尘掩盖等条件。攻击范围取决于投弹高度以及电视上目标的清晰程度,但理论射程至少可以达到15英里。该弹已经成为昼间作战的首选武器。

1967年3月11日,"好人理查德"号航空母舰的VA-212中队的A-4E飞机成功攻击了敌方军营和小桥,这是"白星眼"导弹第一次在战斗使用。次日,"白星眼"的目标是清化大桥。然而,3次直接命中只造成了大桥的浅表损伤,这暴露了其局限性。

1972年,"白星眼"导弹得到了大幅度改进。"白星眼"Ⅱ的重量是"白星眼"Ⅰ的两倍多,弹头重1900磅。10月,该弹被用来摧毁残留的清化大桥。

美军随后对于"白星眼"导弹的进行改善,允许飞行员投弹后在途中指定目标。目标的指定也可以通过另一架携带有一个数据链吊舱的飞机的飞行员完成。这个版本被称为"扩展范围数据链路"(ERDL)。"白星眼"Ⅱ ERDL的翼展也比标准的"白星眼"略大,这使它从高空投放时最大射程可超过30英里。

左图:这些VA-212中队的A-4E飞机队列正在从"好人理查德"号航空母舰滑行起飞,时间为1967年。"入侵者"227挂载了"百舌鸟"和一枚弹头有小幅度修改的"小斗犬"导弹,233携带有"白星眼"炸弹,221装有"百舌鸟"导弹和三联弹射炸弹架(TER),挂架上装有"蛇眼"。(美国海军、罗伯特·L.劳森收集)

上图:迪克·斯特拉顿对于2.75英寸折叠翼火箭准确性的评价如下:"Mk-7D火箭巢有19个独立的弹头,甚至连我也不知道其目标到底在哪儿。"他的看法也许被1967年1月攻击越南桥梁期间不幸碰撞并爆炸的一对Mk-7D火箭所影响。他驾驶的A-4的发动机里卷入了一些爆炸碎片,随后出现了灾难性的故障,而他也成为越南战争期间美国的第一位战俘。(加里·维尔威)

注释

[1] LABS机动的另一个绰号是哈里·S,这是一个双关语。它其实是美国唯一一个授权原子弹使用的总统的名字和中间名缩写。

[2] AD-7的发动机稍微不同,并且对一些结构进行了额外的加强,对于飞行员而言都驾轻就熟——事实上两种飞机的飞行员使用的是相同的飞行手册。

[3] AD型飞机的最大续航受到滑油供应的限制。发动机每小时要消耗3~4加仑的滑油,而滑油箱中最多只能携带36加仑滑油。

[4] 里克·摩根,"他们现在在哪里?惠特尼·菲特内"。

[5] 海涅曼在展开轻型战斗机的研究前,正在规划另一种小型攻击机——640方案,该机采用3400磅推力的西屋J34-WE-36发动机推进,其目的是要可携带一枚Mk 7,并使用两个喷气助推起飞(JATO)部件从潜艇上起飞。

[6] 鲍勃·拉恩,《诱人的命运:一个试飞员的故事》.明尼苏达北布兰奇特别出版社,1997年。

[7] 给编辑的信。

[8] 1956年6月,格鲁曼提出了F11-F型飞机的方案,该机型带有6个外挂点,与实施轻型攻击核投送任务的A2F相同。其主要卖点在于它在LABS投弹时具有推力。进入速度比A2F快100节,在越肩投弹中不会受到猛烈冲击,最重要的是,"老虎"在爆炸发生时将距离爆炸点约9英里。海军选择了继续使用A4D。

[9] 没有使用A-4D作为代号,因为可能会与原来的A4D相混淆。

6 单人,单枚核弹,单程? | 177

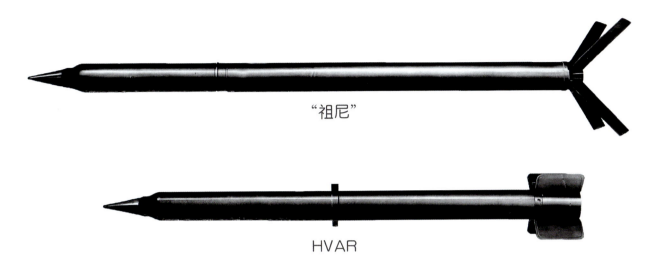

	总重量 (磅)	战斗部 (磅)	速度 (英尺/秒)
"祖尼"	107	15.5	2200
高速空射火箭	134	7.5	1330

上图:"祖尼"火箭是用来替代原5英寸高速空射火箭(HVAR)的。"祖尼"上的翼片在弹簧的支持下张开,将弹翼折叠后,装在火箭吊舱内的一根5英寸的发射管内,该吊舱使得"祖尼"的携弹量比HVAR翻了4倍。

上图:"小斗犬"导弹是能够脱离防空火力范围并同时提高轰炸精度的解决办法。发射导弹后,飞行员通过操纵一个小控制杆以导弹尾部的曳光管为标记来引导导弹到达目标位置。(美国海军,哈尔·安德鲁斯收集)

1962年8月"企业"号航空母舰部署了一些最新式的海军飞机,这也是F4H–1和A3J–1的第一次完整海上部署。在这张照片上展示的还有最新的F8U、F8U–2NE战斗机和卡曼HU2K涡轴动力直升机——后者取代了备受推崇的HUP直升机,执行落水飞行员搜救任务。然而,此时的海军仍然依赖AD–6飞机的有效载荷和耐力来执行对地攻击任务。(沃特档案馆)

7
超声速打击

海军在20世纪50年代中期开始了其第一个超声速攻击机计划。1955年，美国空军已经开始将超声速的F-100C作为一种战术战斗轰炸机装备到各个中队。接下来的F-100D对地攻击能力更为出色。1952年，共和飞机有限责任公司与美国空军签订了F-105的合同。一开始其目标是成为战术核轰炸机，其载荷被布置在内部的炸弹舱里，以保证最高的速度能力。虽然被空军指定为战斗机类型，但是在海军中它被指定为攻击机类型。1955年，F-105首飞，之后于1959年列装到海军中队。因为不受航空母舰起降的限制，F-105的机翼相对较小，因而在低空高速飞行时相对平稳。但是根据预设标准，该飞机起飞需要至少1英里长的跑道。F-105仅由一台普惠J75发动机驱动，在没有外挂的情况下，低空速度可达1马赫，在35000英尺高空可达2马赫。[1]

国会中越来越多的人认为，超声速突破敌人防空属于必要的生存能力。据乔治·施潘根贝格的说法，海军作战部长办公室罗伊·艾斯纳认为"除非有超声速投弹能力，否则海军航空兵将会消失"[2]。超声速冲刺能力大大提高了防空战斗机和早期地对空导弹的拦截难度。更为重要的是，在国会争夺预算时，它的表现可以和空军的轰炸机相匹敌。海军当时刚刚部署了喷气式舰载战斗机，而这些飞机都是只有在俯冲时才能达到超声速。幸运的是，航空母舰几乎已经完成了其需要的发展变化过程，蒸汽弹射器、斜角甲板和光学助降系统的等弹射和回收超声速飞机的必要装置都已装备，这是搭载保卫舰队和攻击机是十分必要的先进舰载战斗机的必须装备，且新型舰载战斗机已经具有与其陆基对手相当的性能。

根据海军作战部长办公室的意见，海军航空局攻击机处于1954年开始评估超声速攻击飞机的非正式提案。

麦克唐纳AH

F8U"十字军战士"的出现导致麦克唐纳超声速昼间战斗机在竞争中失利，于是麦克唐纳展开了积极的营销活动，以向海军出售其他产品。F2H"女妖"的生产接近尾声，F3H的生产刚刚开始，其未来由于西屋电气公司J40发动机的问题而显得非常具有不确定性。1953年9月，麦克唐纳公司向海军提供了一种超声速、全天候的通用战斗机的研究，包括采用各种加力发动机的单、双发动机飞机，不过它们使用的都是F3H的基本配置。其中他们花费心血最多的是两款像F2H一样的双发动机机型。F3H-G使用的是新型J65发动机，而F3H-H使用的是更新型的，甚至仍在研发中的J79发动机。这种设计的特征之一是包括驾驶舱在内的机头可以进行互换，允许飞机在战斗前进行重新配置，从战斗机转换为攻击机，反之亦然。该型机机身有9个挂点，从而拥有强大的武器挂载能力。每个机头上都装有雷达和瞄准具，以及专门任务所需的装备，比如4门20毫米航炮，54枚2英寸折叠翼火箭或可弹出胶卷的机载照相机。麦克唐纳除了上述的机头类型，还有单座全天候截击机选项和双座配置。

20世纪50年代初期，舰载航空大队任务类型不断多样化，需要相应地减少舰载战斗机和舰载攻击机的数量，麦克唐纳公司的可互换机头正是解决该问题的办法。当时的一个典型舰载航空大队配备有搜救（直升机）、预警、电子对抗、全天候攻击/反潜作战、全天候防空、照相侦察、"天狮星"控制和核打击等飞机。利用可互换机头的概念，航空母舰可以部署飞机数量较少的航空大队加上各种额外的机头。特混舰队司令官可以依照作战需求调整和重建空中力量的战斗巡逻、拦截和侦察等能力。例如，如果一架侦察飞机损失或损坏了，且无法修复，就可以使用备用侦察机头来取代它。

1954年，海军航空局计划开发一种单座、全天候、超声速攻击战斗机以取代沃特A2U攻击机和麦克唐纳F3H-2全天候战斗机。它评估了手头的几个方案：F3H-G/H（F3H衍生的单发动机飞机）、格鲁曼公司的98D飞机（"老虎"的一种变型飞机，后来被定型F9F-9）和北美公司的F-100飞机。F3H-G/H的设计赢得了这场非正式竞争。1954年9月，海军向麦克唐纳公司AH-1提供了一份意向书。在海军航空局和

下图：美国空军的F-105被定型为战斗机，如图所示，包括YF-105B的所有该型机子型号都被设计为炸弹舱内部可运载核武器的攻击飞机。（美国国家档案局）

麦克唐纳F3H-G/H提案

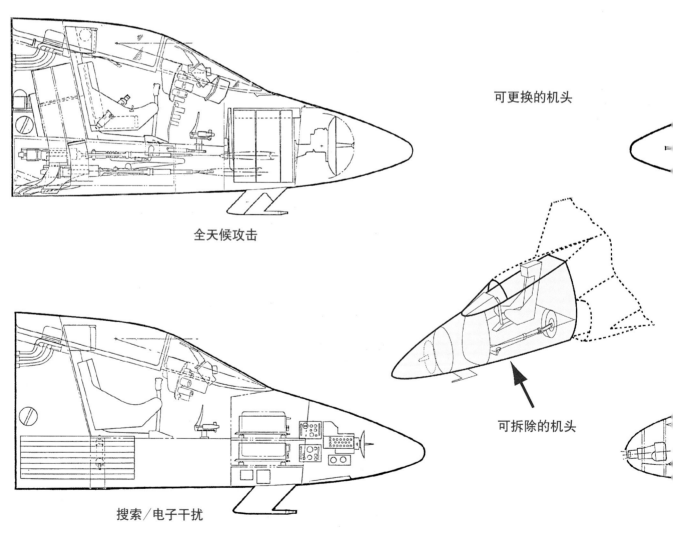

全天候攻击

搜索/电子干扰

可更换的机头

可拆除的机头

麦克唐纳公司就是否要使用J65或J79发动机等规范的细节进行进一步的商榷之时，海军航空局和海军作战部长办公室仍对任务要求辩论不休，显然二者从来没有达成过一致。航空局想开发一种通用的战斗机，而海军作战部长办公室得出结论是，如今最为迫切的需求是高性能的舰队防空战斗机，只配备导弹足矣。因此，1955年5月27日麦克唐纳公司签署AH-1详述的前一天，海军作战部副部长签署了一封给海军航空局的信，拒绝了装备航炮、火箭、导弹和特种武器且具备携带未来"叮咚"核装药火箭能力的AH-1飞机。海军作战部长办公室要求航空局重新定名AH-1为F4H-1，并规定只需配备空对空导弹，虽然"在不对其战斗能力造成重大影响的前提下，具备特殊武器能力也是可取的"。但即便如此，F4H最终还是按照航空局的初衷研制成了一款通用战斗机。

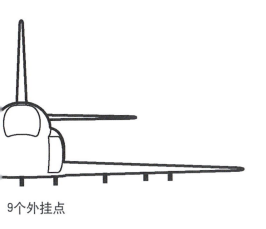

9个外挂点

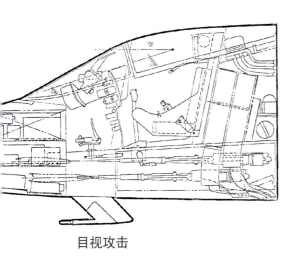

目视攻击

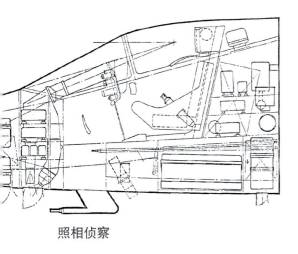

照相侦察

北美通用攻击型武器成为A3J

1954年，北美公司也在发展和促进其同样具有创新性的"北美通用攻击武器"（NAGPAW）飞机理念，该机的最初计划是采用单座布局以及优化低空、高亚声速速度曲线。其中包含了三项创新——惯性导航、向后弹射炸弹以及辅助火箭发动机。惯性导航使用已知起点、运动传感器和计算机的组合来确定飞机的当前位置。低分辨率雷达可上传惯性导航中点的位置，提高投弹精度。NAGPAW的最大特点就是武器释放方式。为保证最小阻力，机载武器都在内部存储，这些武器不是被投放下去，而是向机身后方抛投出去。出口由两片翻盖门封闭。根据北美公司的专利申请，武器交付方法和手段于1955年12月1日提出，1961年4月4日申请专利成功：

> 由于其特殊的存储方式，常规炸弹的炸弹舱和内部存储方法是迄今为止最有效和实用的。然而，这样的炸弹舱使用的是伸缩式炸弹舱门，基本上集中在机身内部，存在一定的缺陷。机腹需要精心设计的阻摇撑钩和悬挂系统、投弹时的安全间隙、内置伸缩舱门以及尺寸紧密贴合的平台，这其中的每一项都会增加

1961年4月4日　　　　　　　　G.R.基尔肯斯等　　　　　专利号：2977853

武器投放的方式

1955年12月1日

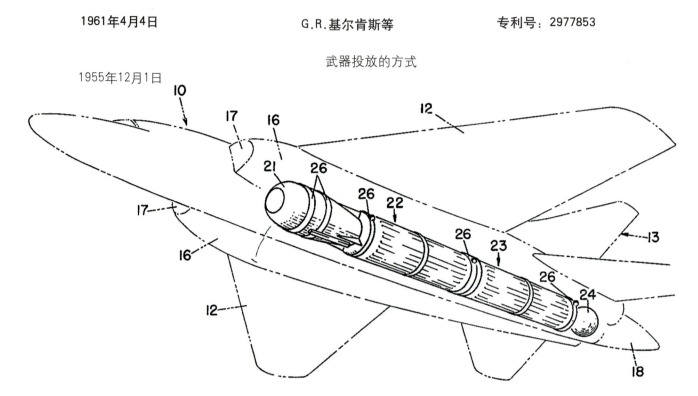

上图：这是授予乔治·R.基尔肯斯和弗兰克·康普顿的专利，图中描绘了纵向炸弹舱的主要元素。18是通用蛤形炸弹舱门；21为核弹；22和23为油箱；26为塑料滑带或类似物，用于支撑内部载荷；24为电子对抗装置。（作者收集）

飞机的尺寸和重量。进一步说，由于飞机的超声速行驶频率不断增加，并经常需要在特定姿态释放内部存储武器，因此武器分离上遇到了很大的问题。此外，一直以来，从传统炸弹架上释放特殊存储武器都存在困难，在相对较短的发射冲程下，不易避免不合要求的过高初始过载。

航空局的攻击分部对此很感兴趣，但他们希望飞机具备超声速能力，并且若被要求在短时间内发起核打击，那么即使航空母舰处于停泊状态也能够从甲板上零风速起飞。1955年1月，航空局授予北美公司一项研究合同，要求其按照这些需求更新其北美通用攻击武器的设计。

现在回想起来，除了为零风速甲板（WOD）起飞设计的更大的机翼和内部炸弹舱，航空局攻击分部几乎完全复制了战斗分部已经使用过的麦克唐纳设计。因为对速度的需要，最后选择了两台J79-GE-8加力发动机，与F4H飞机使用的发动机相同。此外，经过反复思考，由于任务工作量的增加，飞机上加入了第二名机组人员。因此F4H和A3J都具有独具特色的可变几何结构进气口、为降低着陆速度而设的副翼上方的边界层控制、为减小阻力设计的机组人员的串联位置以及先进的任务航空电子设备。两种飞机都能够在高空达到2马赫的速度，并在海平面达到超声速。于是F4H和A3J并行开发，仅相隔几个月就取得了具有里程碑意义的成果，最后二者进行了第一次联合部署。虽然建造的F4H飞机远远多于A3J，且囊括了更多的世界纪录，但是A3J的设计也同样出色。

	F4H*	A3J-1**
有效载荷	4枚"麻雀"导弹	1枚Mk 28原子弹
重量（磅）	580	1885
内部燃料（加仑）	13178	19074
总重量（磅）	43072	55160
最大毛重（磅）	49311	56293
机翼面积（平方英尺）	530	700
作战半径（海里）	410	685（超声速）
最大速度（节）	1220（36000英尺）	1147（40000英尺）

* SAC 1960年4月30日。
** SAC 1961年4月15日。

除了标准全动尾翼（为超声速飞机设计的），A3J还装有一个全动式垂直尾翼，主要用于偏航控制。代替副翼实施滚转控制的是机翼上的扰流板和引导气流进入扰流板的"导流板"。虽然已有了机械备份，但该机还采用了早期的电传操作系统。事实证明，在该机所采用众多创新的飞行控制系统中，只有电传操作系统是值得仿效的。

下图：A3J样机有一些功能上的改变。照片上可非常清晰地看到飞机的双垂直尾翼、驾驶员/领航员头顶的透明舱盖、发动机进气口弯曲的外侧和宽敞的一体化玻璃风挡。两个尾翼显然无需折叠就可与机库顶棚保持距离。北美公司工程师总结时可能会发现，单一的折叠垂尾的重量要比两个非折叠垂尾轻。（特里·帕诺帕里斯收集）

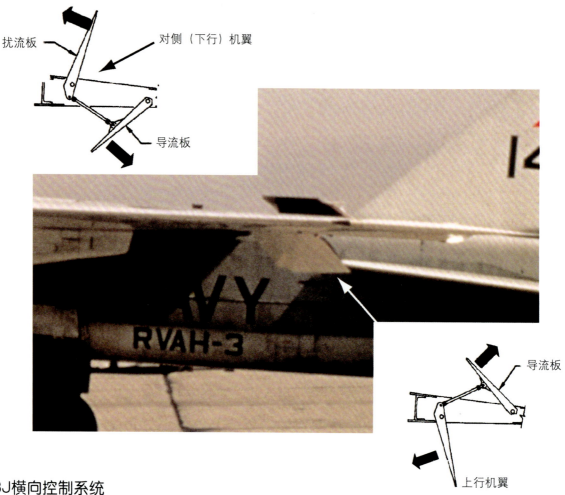

A3J横向控制系统

上图：北美公司滚转控制系统去除了传统的副翼，因此在高速飞行时，会造成机翼扭曲，并增加了扰流板的额外功以使翻滚轴与飞机中心线重合。该系统在动作时一侧机翼上的空气通过机翼上表面转移到下表面，以增加升力；另一侧机翼与之相反，以减少其升力。

右图：A3J体积很大，但几乎没有未使用的空间，所有的空间都被航空电子设备、任务设备、燃油箱、发动机及内部炸弹舱等利用起来了。（美国海军，作者收集）

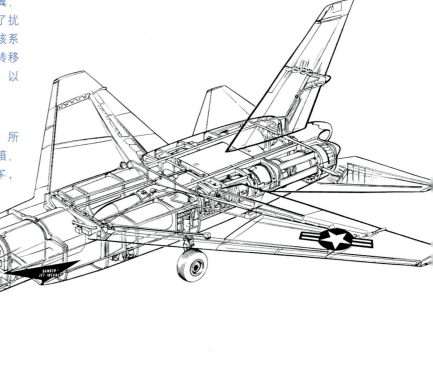

上图:载荷串向后喷出的速度大约为每秒50英尺,以确保载荷串主动分离。在图中最右侧的硬件是槽形泡罩,连接在上面的电子装置会干扰和诱导敌方防空系统。(特里·帕诺帕里斯)

  当飞机起飞和降落时,后缘襟翼降低,发动机排出的空气吹向后缘襟翼实现边界层控制。边界层控制是20世纪50年代中期一种新兴的空气动力学概念,只对像J79一样强大的喷气发动机适用。襟翼控制模式选择超声速模式时,前缘襟翼设置在0°偏转;选择巡航模式时下垂5°。还有一个设置可以保持最低燃油消耗:后缘襟翼下垂,前缘内侧和中间部分偏转30°,外侧偏转20°。

  出于重量和平衡的考虑,重磅炸弹需要装配在飞机的重心附近。核弹后面的隧道空间用于放置副油箱。这些油箱内的燃料会最先被使用,然后它们会作为炸弹的组件一起被抛弃。它们被称为载荷串,最靠后的燃料箱上装有一组可张开的翼片。尾锥被抛弃后,气动喷射装置会将载荷串以50英尺/秒(约合30节)的速度向后方射出,核弹被发射出后会与载荷串主动分离,期间飞机的重心会短暂向后移动。该创新设计也同时兼容上仰和越肩投弹。

  有一种外挂选项本身则是早期版本的"诱饵"设备,装在隧道尾部,在炸弹之前被射出。这样一来,敌方的防空雷达很有可能瞄准的是外挂物而不是已经飞入云端的A3J飞机。外挂后方的管状弹舱内还可以选择安装一台火箭发动机。火箭发动机还能提供更强的爬升性能和加速,使A3J达到目标时位置更高,速度更快,任何拦截武器都拿它无可奈何。助燃剂将携带在载荷串内,抵达目标后,火箭将先被抛弃,然后飞机投出接下来的载荷串。

  A3J采用AN/ASB-12轰炸/导航系统,包括一部惯性自动导航仪、一部通用雷达、一台闭路电视(代替潜望镜)和一台"VERDAN"多功能数字分析仪。该系统具备独立导航和武器控制能力,能够计算运动轨迹,并可以自动释放炸弹,还提供了地形回避模式。后来该机型的飞行员还使用了第一代的抬头显示器(HUD),即"飞行员用投影显示指示器"(PPDI)。

下图：图中是一个典型的A3J-1载荷串。最左侧的是稳定鳍，将在弹出后展开。右边是核装置，在该照片中的原子弹似乎是Mk 27型。这两者之间有两个油箱。（杰伊·米勒收集）

由于A3J不会由其他飞机护送，其自卫能力非常重要。其中一个与众不同的特点是该机在机翼和机身上安装了红外探测器。驾驶舱两侧附近各安装一部红外探测器，机翼后缘折叠位置安装了两个。检查与调查委员会在试验期间，发现A3J不能有效探测到接近的战斗机，即使是那些装有加力发动机的飞机也不例外；机身探测器由于日光照射会大量出现虚警。事实上，APR-18型战斗机雷达探测器从某种程度上来讲更为有效。A3J的自卫设备还包括ALQ-41和ALQ-51，它们分别为X波段和S波段雷达的干扰器。

A3J的木制全尺寸模型审查是在1956年3月完成的。在对航程、航空母舰适应性方面的麻烦以及回避炸弹爆炸的优点进行权衡之后，为该机配备火箭发动机的计划1958年年初被取消。乔治·施潘根贝格说："一些性能检查后我曾经写了一份备忘录，我们认为如果足够走运，这架飞机的航程将（短到）'足以'抵达舰队外层防空圈的驱逐舰处。超强性能火箭将消耗太多的燃料。"[3]

"民团团员"最初计划携带XASM-N-8"乌鸦座"导弹，这是一种远程核导弹，可以追踪敌方雷达信号或由发射飞机的雷达照射目标引导。作为反辐射导弹其射程为170海里，作为主动制导导弹其射程为100海里。其弹头为AW-40，当量10000吨。导弹由火箭发动机推进，重约1750磅。1957年1月，该项合同被授予坦科公司。1959年7月，A4D"天鹰"首次发射"乌鸦座"导弹。1960年3月以前"乌鸦座"导弹一直在进行完全制导飞行试验，但是7月该方案被取消了，因为此时所有远程核空对地导弹都已经被空军接管。

1958年8月31日，A3J进行了第一次飞行，不到一个星期后，该机就开始了超声速试飞。由于液压系统和电气系统故障，第二架原型机于1959年6月坠毁，飞行测试中断，飞行员安全跳伞逃生。另外一架序列号为147851的A3J飞机于1961年1月11日在帕图森河检查期间坠毁，乔治·巴卡斯少校和威廉·菲茨帕特里克上尉因为后襟翼控制系统故障而丧生。3月，海军少校威廉·格兰姆斯在驾驶序列号为146700的飞机抵达帕图森河着陆航线上时，两个飞行控制液压泵都出现了故障。他的弹射座椅由于装配误差没能成功点火，最终在此次事故中遇难。8月，在新墨西哥柯克兰空军基地，序列号的147855的A3J在起飞时起火并失控造成事故。飞机上的海军少校古根比勒和上尉贝尔都没能及时弹射逃生。

1960年7月,A3J在"萨拉托加"号上进行了初次海上舰载试验。随后的测试陆续在"福莱斯特"号航空母舰(1960年11月)、"中途岛"号航空母舰(1960年12月)和"突击者"号航空母舰(1961年2月)上进行,1961年9月,A3J又回到"萨拉托加"号航空母舰上完成了检查与调查委员会试验。在全任务总重量状态下使用C-7弹射器起飞需要10节的甲板风速,虽然高于期望值,但与A3D-2(CLE)相比还是有所降低,这一成绩可谓显著。着舰速度范围从总重量36000磅时的127节至最大重量42000磅时的每小时139海里不等。

在F4H刷新了高度、爬升时间和速度等世界纪录的同时,1958年12月,A3J也创造了世界纪录——搭载1000千克的有效载荷状态下高度达到91450英尺,打破了之前的纪录27000英尺。"鬼怪"98557英尺飞行高度纪录是在没有载荷的情况下创造的,由于该机的载荷必须外挂,外挂载荷的存在会导致飞机无法进入创造纪录所需的飞行轨迹。

服役验收试验于1960年2月开始,1962年12月结束,之后有几架飞机开始投入使用。检查与调查委员会1963年4月22日的报告比较了在安装J-79-2发动机(J-79-8的推力更大)后的保证值与测试结果。

项目	保证值	测试结果值
5000英尺高度下最大航速(节)	608	596(-2.0%)
纵向加速度(英尺/秒^2)	2.979	1.71(-43%)
航程比(海里/磅燃料)	0.122	0.1213(-0.6%)
空重(磅)	32671	32879(-0.4%)
超声速作战升限(英尺)	51500	53200(+3.3%)
35000英尺高度下最高速度(马赫)	2.04	2.04
失速速度(节)	109	108.5(+0.5%)

上图:A3J的电视摄像机安装在机头底部的圆顶内。它取代了AJ和A3D上的潜望镜,这样飞行员和轰炸员的视线才都不受阻碍。(杰伊·米勒收集)

上图：A3J的雷达天线与AN/ASB-12轰炸/导航系统的部分设备能够很方便地进行故障排除。但不幸的是，由于系统的可靠性太低，这项功能总能派上用场。（杰伊·米勒收集）

下图：图中FJ-4经过改装，添加了一台火箭发动机以评估推力管理能力和其他未来应用于A3J-1上的相关技术。（美国海军，哈尔·安德鲁斯收集）

核武器试验

1962年5—12月，A3J的核武器试验由新墨西哥州阿尔伯克基的柯特兰空军基地内的海军武器鉴定处（NWEF）完成[4]，包括Mk 27（内部）、Mk 28（内部和外部）、Mk 43（外部）和Mk 57（外部）核弹的使用资质认证。用于取代Mk 28的内部挂载型Mk 43核弹头于1962年10月被取消资格，可能是因为该项目进行了重新定向，决定不再涉及核武器运载任务。

该型机成功进行了38次全尺寸核弹模型和载荷串投掷试验，并成功投放了不计其数的小型教练炸弹，内部和外部炸弹都使用了高角度抛投（约65°）和越肩（OTS）投弹方法，投放速度580～600节，距地面高度100～200英尺。其中一次投弹时速度580节，高度850英尺。高空、超声速内外投弹主要在35000～61000英尺的高度进行，空速为1.4～1.8马赫。除越肩投弹外，A-5A能在其他姿态下足够迅速地抛出炸弹，以便在核弹以标准爆炸威力和高度起爆时保证自身

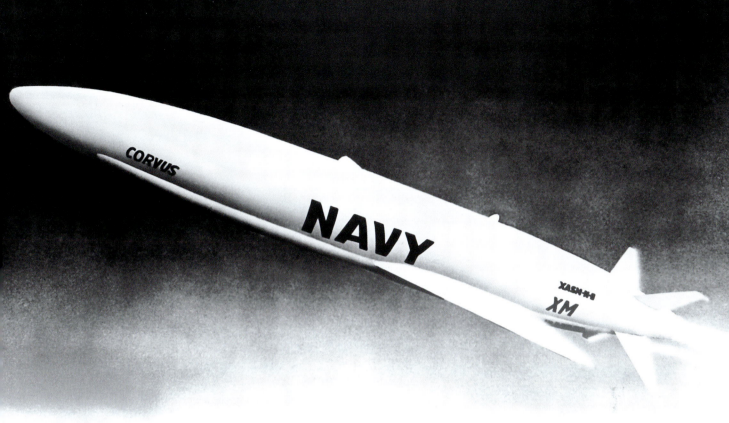

上图：ASM-N-8"乌鸦座"是一种远程雷达制导空对地导弹，用液体推进剂火箭发动机推进。它安装一个小型核弹头，爆炸威力10000吨，总重约1750磅。1958年年初，坦科公司获得了开发合同。1959年7月A4D在木谷角首次进行"乌鸦座"导弹试射。然而，该计划于1960年空对地任务转交空军负责后被取消。（沃特遗产中心）

处于热冲击危险区之外。越肩投弹有特殊的限制要求。

在海军武器鉴定处的武器投放试验中，主要的不足在于炸弹的准确性、可靠性和轰炸指挥仪组件的作战适用性，而不是线性炸弹舱理念。虽然海军武器鉴定处记录了一些线性炸弹舱硬件和功能上的小问题，其报告中并没有解决内部弹舱投弹和外挂架投弹的问题，不过两种挂载方式在使用上仰模式和越肩模式投弹时的精度存在差别。在内部载荷抛投时，机组人员会感受到一个显著的正向加速，但没有明显的由加速度或重心的瞬间转移而引起的俯仰变化。

内挂式Mk 27和Mk 28的弹道沿低空内部投弹的轨迹足以满足精度要求，所以问题在于飞机的炸弹投放电子设备。一些条件下的高空、高超声速的抛投会导致边际稳定状况，但只有一种情况下会超过武器的承受限制：当Mk 27载荷串在61000英尺高空、以1.6马赫空速抛射时，稳定翼会失效从而导致载荷串解体。

与圆概率误差（CEP证书）保证值的比较摘要记录情况如下。

	机外挂载		内载		
	击中	未中	击中	未中	
上仰投弹	6	0	1	5	内载误差为CEP保证值的2倍
越肩投弹	3	4	1	5	内载误差为CEP保证值的2倍
低空目视投弹	0	1	0	0	目视低高度投弹
平飞投弹	2	3	2	6	雷达高空引导投弹
总数	11	8	4	16	

一般情况下，CEP保证值可在1000～1500英尺高度实现，这取决于投弹时的具体情况。

很明显，内载的上仰和越肩投弹结果均明显差于外挂的。关于这样的差异没有很好的解释，只有一个根据表格进行的范围性能的简短讨论：

范围数据减少到无风条件值，以此来获取无风时为每次内部投弹的射程。上述结果与范围表中已公布的数据进行了比较，比较结果并不明确，部分原因是表中可用的数据有限。Mk 27内部载荷串精度普遍低于公布数值；Mk 28载荷串的数据不太一致，误差幅度较小。所有弹道数据已被转发往NWL达尔格伦进行详细分析。

角度120°的越肩（OTS）投弹准确率会受到来自两种投弹方式的不利影响——飞机倾角超过75°时飞机控制的响应性和有效性都将大幅降低。越肩投放外挂物时虽不能击中目标，但失误点的位置十分密集，只有一次例外，是由于飞行姿态不佳造成的。内载投弹的失误就要大得多，而且分布散乱，无法通过简单的弹道修正来解决问题。

无论是外挂还是内载载荷在高空的投放精度都会部分地受到雷达性能的限制，在高度超过40000英尺的高空，雷达很难准确接收地面反射回的信号，轰炸员也无法在电视上准确验证目标。相较于预先的设想，在"民团团员"中，外挂载荷投掷的失误次数竟然多于内载荷，不过前者 CEP误差超过1英里，而后者为9～10英里。这没有什么可夸耀的，因为CEP保证值是在3～10英里。

1962年11月26日的最终武器装备试验报告强调了轰炸系统的问题：

下图：虽然因为管状弹舱分隔开了两台J79发动机，A3J从正面看上去仍然膀大腰圆，但是从侧面观察其形状还是比较纤细匀称的。舰载对于紧凑性的要求导致大型垂直和水平尾翼都安装得很靠前。（杰伊·米勒收集）

现存AN/ASB-12（XN-2）轰炸指挥仪存在的主要缺陷包括：F10F轰炸计算机在机动模式下的轰炸精度欠佳，惯性自动导航漂移率过大，通用雷达因为降噪和目标范围失真无法提供足够清晰的雷达图像。

从主角到关键配角

为了扩大任务半径并增强外挂能力，航空局订购了A3J-2飞机。该机型的主要变化是在机身上部增加了更多和更大的油箱，飞机看上去像驼背一般。增加的燃料总量约为460加仑。机翼被修改后，襟翼和附面层都有所增大以控制从前缘襟翼铰链处产生的气流。另外，每个机翼上也增添了一个外部挂架。

然而，在1962年4月A3J-2首飞之前，航空局就已经决定要将"民团团员"计划重新定型。随着潜射弹道导弹"北极星"的到来，A3J-1的战略打击任务就显得多余了。设计要适应战术侦察任务，1962年3月的合同声明指出："配置的改变不会影响飞机执行其基本攻击任务的能力。"A3J-3P的最终版本保留了与A3J-2相同的燃料容量和机翼调整。

无论是照相侦察还是电子侦察，对于敌方基础设施目标的打击任务而言都非常重要。攻击机执行任务的生存概率和有效性取决于是否能够最大限度地了解目标及其防御设施，以便制订适当的任务行动计划。攻击后的照片同样重要，因为需要以此来确定任务是否成功。直到当时，重要的侦察任务都是由两架不同的飞机共同完成的：一架经改装携带相机而不是航炮的战斗机和一架安装了天线和航空电子设备的轰炸机，可以拦截、记录并分析辐射电磁能量。后者可以试探出敌方防空电子系统的战斗序列从而用于规划打击任务。在得知敌军信号源的位置后，打击任务的规划者就可以确定出飞机投弹和离开现场的路线，减少轰炸机对自卫电子支援措施（ESM）设备的依赖，并在适当的位置部署电子战飞机主动干扰敌方雷达和通信。

下图：这架编号1145158的A3J飞机上所示的大型减速板被样机停用并被从生产飞机上撤除。它的功能被同时起作用的尾翼导流板所取代。此举大大减少了A3J过大的机身重量和复杂性。这架飞机的机头装备的是飞行测试仪表而不是雷达和任务航空电子设备。机尾的投弹舱内也安装了飞行测试硬件。（杰伊·米勒收集）

A3J-3P的体积足够大，可以携带一个内部设备盘和腹舱，腹舱内可以配备摄像头、侧视雷达、红外传感器和电子信号探测器。ASB-12系统的攻击能力得到了保留，同时机上仍留有可挂载武器的外挂架，但该机从未执行过攻击任务。第一架A3J-3P很快被重新定型为RA-5C，1962年6月进行了首飞。所有的A3J-2最终都完成了交付：其中两架A3J-2（A-3B）用于测试；4架没有侦察吊舱的型号改为YRA-5C，被用做临时教练机；其余型号改为RA-5C。

虽然A3J-1的性能规格最初还算正常，但后来将近80000磅的RA-5C的最大发射重量仅次于A-3，排名美军舰载机第二。

	A3J-1*	RA-5C**
有效载荷	一枚Mk 28	侦察载荷包
内部燃料	19074	24480
空重（磅）	55160	65589
最大起飞重量（磅）	56293	79405
机翼面积（平方英尺）	700	754
作战半径（海里）	685	475亚声速巡航
最大速度（节）	1147（40000英尺）	1120（40000 英尺）

* SAC 1961年4月15日；
** SAC 00-110AA5-2。

1969年RA-5C的升级改进型开始交付。更新内容包括更高推力的J79-GE-10发动机、增大的进气口以及扩展的翼根。还有一些细节上的内部变化，如起落架的改进和维护方面的改善。

包括两架样机在内A3J-1总共生产了59架，其中有43架被改建为RA-5C。所有的18架A3J-2最终都改装成了RA-5C。RA-5C后来又制造了79架，共计156架。有近乎一半的RA-5C坠毁或被击落。

乔治·斯潘伯格很赞赏RA-5C的任务能力或者说是北美公司的设计优势：

> 作为侦察飞机，它的侦察能力比任何我们之前所能达到的水平都要高得多。一直以来几乎每一架战斗机都有照相侦察功能……RA-5C的过人之处在于其数量级上的优势。大相

右图：1960年7月，A3J-1第一次登上"萨拉托加"号进行舰上测试。图中似乎吊在空速管下的东西，实际上是一架负责搜救的皮亚塞茨基HUP直升机，飞行员驾机在航空母舰右侧伴随，以便监控舰载机弹射起飞，并随时准备营救起飞失败的飞行员。（特里·帕诺帕里斯收集）

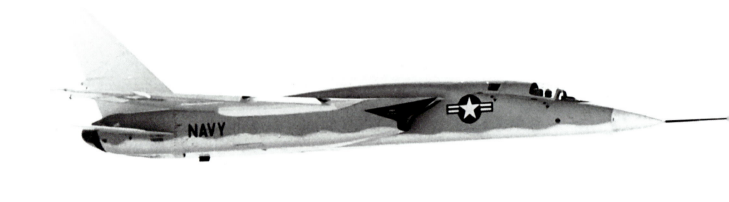

上图:该A3J-2由于凸起的机背而增加了内部燃油容量。机身和机翼之间的腋部整流罩覆盖了管道,并能够增强前缘襟翼的边界层控制。在量产型飞机上,管道安装在机翼顶部靠近机身的位置。(杰伊·米勒收集)

下图:这名海军航空测试中心的A3J飞行员几乎正好降落在中心线上,这大概是此次着陆测试中比较靠前的测试之一,大多数航空母舰适应性测试都致力于测评不够完美的降落状况。图中的气雾是从燃料排放系统排出的。(杰伊·米勒收集)

上图:RA-5C试图保留其核武器运载能力,在外部挂架携带武器,这些也是A3J-1具备的能力。图中是一枚Mk 28EX("EX"指"用于外挂")核弹,挂载在左边机翼内侧挂架,该弹的挂载方式在与A3J-1上稍有不同。(杰伊·米勒收集)

机和电子侦察设备也得到了结合。不仅如此,它们还具备舰载侦察能力,其本身俨然已成为一个独立的单元。从飞机的角度来看,这种飞机实在是存在着各种各样的问题。这些细节上的小问题在北美公司的历史上已经存在了很长一段时间,AJ-1就是最好的例子。油泵置于飞机上部,电子设施置于飞机底部,所以液压油会在机身内部漏得四处都是,除非你开个洞让这些液压油都流出来。[5]

作战部署

1960年1月,航空作战副主任建议只把A3J-1部署于大西洋舰队。当时,第一艘携带"北极星"的潜艇已开始服役,A3J-1购买总量只有77架,可以部署到一个48~52架飞机的航空联队或4个中队中。"由于A3J被指定为能够穿透严密防空的核运载工具,这些飞机被用于对抗核战争威胁和苏联的核心目标。"[6]

第一个接收A3J-1的中队是VAH-3,时间为1961年6月,A3J-1甚至在检查与调查委员会试验和资格认证完成之前就已被该中队接受。VAH-3属于训练中队,负责训练和考核"民团团员"飞机的飞行员和轰

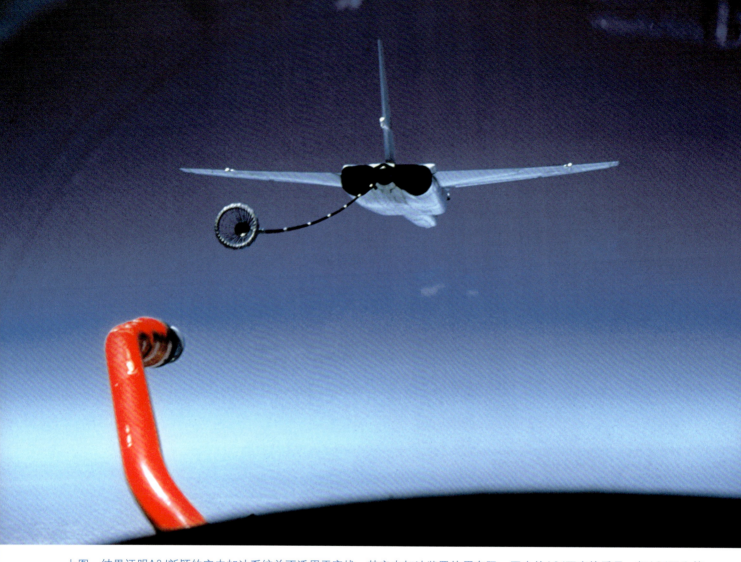

上图:结果证明A3J新颖的空中加油系统并不适用于实战。其空中加油装置使用有限,图中的A3J正在接受另一架A3J正为其进行空中加油。(美国海军,罗伯特·L.劳森收集)

下图:A3J-1也有能力使用常规武器,图中这架A3J-1机翼挂架上安装了满载弹药的三联炸弹架(TER)。伴飞的飞机为F8U-2。(美国海军,罗伯特·L.劳森收集)

"北极星"导弹满足甚至超过了所有的期望。虽然A3J备受困扰的轰炸系统也达到了北美公司的预期,但保留海军舰载战略打击任务的可能性仍然很低。(美国海军DF-SC-84-07332)

A3J-1/A-5A "民团团员"和"北极星"导弹项目的进度对比

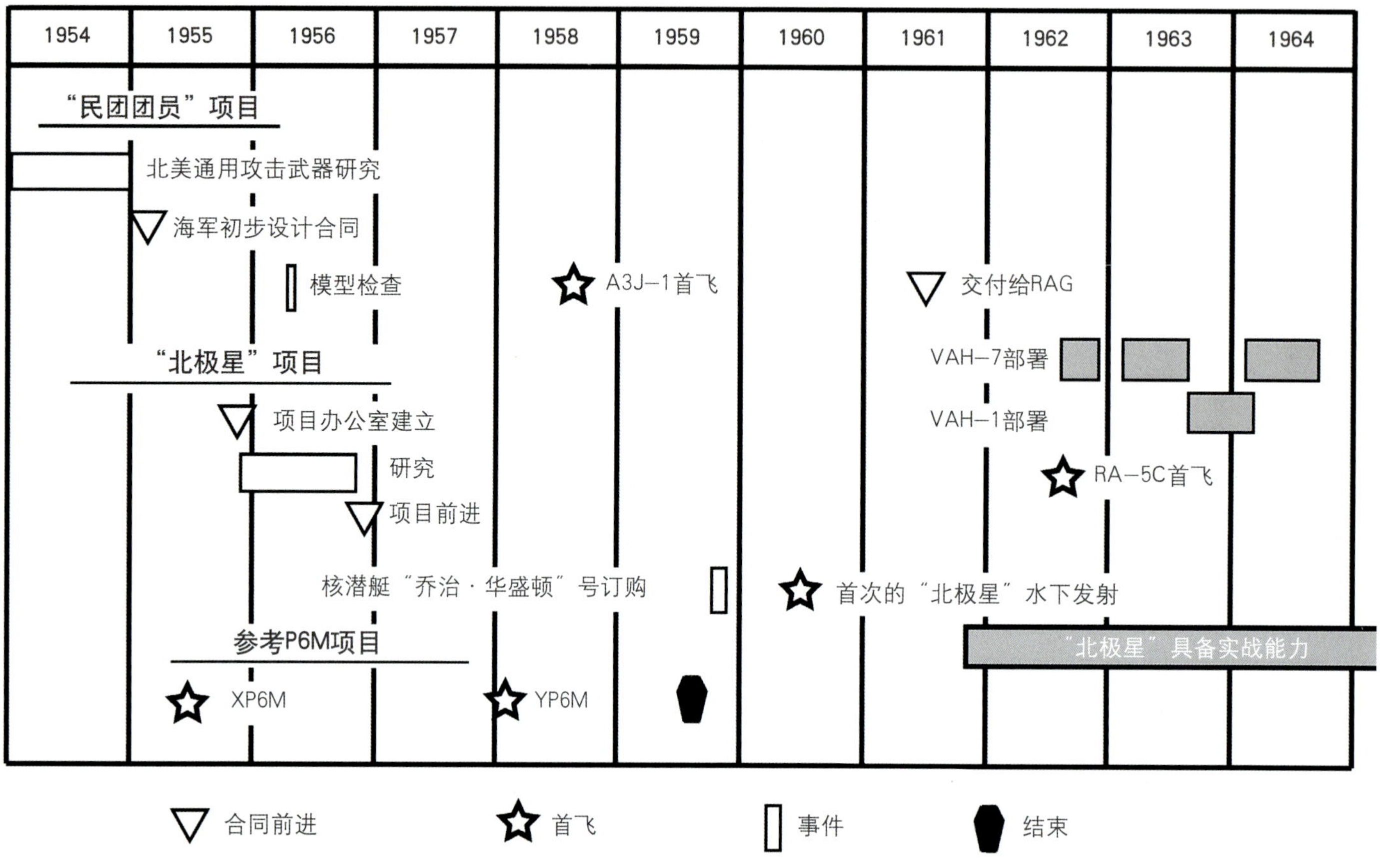

1954	1955	1956	1957	1958	1959	1960	1961	1962	1963	1964

"民团团员"项目
- 北美通用攻击武器研究
- 海军初步设计合同
- 模型检查
- ☆ A3J-1首飞
- ▽ 交付给RAG
- VAH-7部署
- VAH-1部署
- ☆ RA-5C首飞

"北极星"项目
- 项目办公室建立
- 研究
- 项目前进
- 核潜艇"乔治·华盛顿"号订购
- ☆ 首次的"北极星"水下发射
- "北极星"具备实战能力

参考P6M项目
- ☆ XP6M
- ☆ YP6M

▽ 合同前进　☆ 首飞　☐ 事件　⬛ 结束

上图：摘要附表——战略计划。

炸/领航员。第一个可部署的实战中队是VAH-7，这也是第二个接收A3J-1飞机的中队。1962年8月12日，该中队搭乘"企业"号航空母舰离开了诺福克，这艘航空母舰是海军的第一艘核动力航空母舰，连同第一个F4H中队一起部署在海上。此时的A3J还有些不太成熟，因为其核武器投放试验尚未完成，可靠性缺乏的ASB12轰炸/导航系统还未改进完毕，且其雷达在云雨天气时功能受到限制，远不能达到要求的精度。在A-5A交付之前，A3J-1就已经被撤除了核打击的任务，VAH-7中队只能再部署两架，VAH-1中队只能再部署一架。管状炸弹舱除了增加内部燃料容量以外唯一的实际用途似乎就只有空中加油了。[7]

在A3J-1短暂的部署生涯中，其舰载适应性没有像F4H一样获得良好的名声。虽然机翼宽大，但是其着舰速度依然很快，即使是降落在大甲板上也颇受限制。因着舰失败坠毁导致的致命事故屡见不鲜。巴德·吉尔中校是第一个遭此厄运的人。作为一位经验丰富的飞行员，他一共飞行了4603个小时，经历过超过400次的着舰，其中33次是夜间着舰。1962年1月，他于夜间独自从"富兰克林·罗斯福"号航空母舰起飞进行夜间飞行资格认证，第一轮降落时就不幸失事。VAH-7中队损失了一架飞机和一名飞行员。1963年2月，距离第二次部署只有两周的时间，查尔斯·克鲁斯中尉和克拉伦斯·科特尔少尉同样是在夜间着舰时摔机身亡。

RVAH-5，即VAH-5中队的继任中队，是第一个部署RA-5C的中队，其时为1964年8月，恰逢"突击者"号离开加利福尼亚州的奥克兰。由于北部湾事件，该中队成为第一个飞越越南的RA-5C中队。巧合的是，14年后，1979年9月，"突击者"号也成为最后部署"民团团员"的舰艇，RVAH-7中队完成了最后一次任务。

在其服役期间，RA-5C提供了空前绝后的舰载侦察能力，但为此付出的成本也是巨大的。在越南战争中，共有8支RVAH中队被部署执行了32轮作战部署。而这支数量并不大的机队，却有18架RA-5C在战斗中损失，此外还有5架失事，成为整场战争中海军损失率最高的飞机。它之所以看起来如此不堪一击，部分是由于每次攻击任务完成后都要有一架RA-5C为其进行打击效果照相评估。对飞机即将到来的预测以及将所有防空火力集中对付一架飞机的能力使得越南的防空部队击落这架飞机的可能性大大增加。

为了在不损失机组人员以及昂贵的飞机的情况下获得至关重要的打击前后的照片，海军试验了一种小型的、由空军部队研发的无人侦察机——特利丹-瑞安AQM-34，该机的瑞恩公司内部代号为147SK。它借助火箭助推器从航空母舰上的一个零长度弹射器起飞。首先，该机由E-2"鹰眼"带领到达最初的侦察点，然后从这里开始执行任务，最终自动回到一个回收点。期间它会降速，打开降落伞，然后在半空中被直升机收回，或者在水上被船只收回。回收是必需的，因为要取回飞行期间拍摄的照片。1969年11月至1970年5月期间，这种侦察机从"突击者"号航空母舰上起飞执行过大约30架次任务。"突击者"号部

下图：RA-5C不仅一段时间内在驾驶舱保留了防闪光设备，而且飞机最开始交付时，如图中这架样机一样，使用的是淡蓝色的"NAVY"（海军）标记，以减少核爆炸热冲击波的影响。虽然有光泽的白色为底面和控制面的标准颜色，但防闪光标记很少被应用于美国海军飞机。（杰伊·米勒收集）

上图:"企业"号飞行大队首次使用尾码"AF",直到有来访的国会议员说,他不知道空军飞机也有在海军航空母舰上服役的,于是尾码被改成了"AE"。704和705的翼下外挂物是Aero 8A教练弹布撒器。(美国海军,作者收集)

署完成后,这种试验也随之结束了。事实证明,即使无人机距离拍摄目标足够近,拍摄质量还是比不上RA-5C提供的照片。在操作方面,无人机的架设和起飞也会扰乱飞行甲板正常作业,因此不受欢迎。

F-4的配角

1962年,F4H的型号改为F-4。虽然和几乎所有的海军战斗机一样,其主要作用是舰队防空,但也可以被用作攻击机。该机最初就被设计为通用战斗机,虽然它没有航炮并且几乎总是在中心线挂架上携带一个大型外挂副油箱,但配备了4个机翼挂架,可以携带多种不同类型的外挂物。在越南战争期间,该机经常被用于辅助专业的攻击机。

然而,F-4部队最初并没有被投入空对地任务。某些中队甚至拆除了F-4的光学瞄准镜以获得更好的可视性。1964年服役期间，VF-96被专门分配执行高射炮压制任务，该中队甚至在任务前的最后关头用A-1"天袭者"的瞄准具代替了更为简单的F-4瞄准具以增加瞄准目标点的适应性。随后部署的F-4中队对于空对地的任务有了更好的准备。在战争后期，F-4被用来投放空军研制的激光制导炸弹，一架"鬼怪"为轰炸机，另一架为指示机，雷达截击引导员（RIO）使用手持式装置指示目标。

具有讽刺意味的是对比它与A3J在同一高度的所有速度记录，F-4在实战上明显处于劣势。在越南战争中，在侦察和攻击任务中总会派一架F-4护送RA-5C。为了保证必要的航程所需的燃料量和空对空导弹，F-4不得不携带笨重的外挂副油箱和至少2枚"响尾蛇"导弹。而RA-5C除了位于管状炸弹舱内的3个大油箱内的燃料外几乎什么都不带。其结果是，当越南北方还在为交战结果焦头烂额时，RA-5C早就远远地抛下护航的F-4远走高飞了。这些飞行员并不太关心最近的加油机的位置。而比起护航的F-4，他们更加关注即将进行的舰上降落。

下图："突击者"号航空母舰部署期间，一架小型"瑞恩"无人驾驶侦察机进行了评估。该飞机从移动的零长度拖车发射架上依靠JATO助推火箭起飞，完成任务后在水上打开降落伞回收。（美国海军，克雷格·卡斯通收集）

上图：F4H最初便具备炸弹携带能力，这张早期的飞行测试的照片可以证明。然而，直到越南战争，该能力才被认可。当时的战况迫使美军舰载机部队将几乎所有可以带得动炸弹的飞机都派去执行轰炸任务。（美国海军，作者收集）

下图：越南战争期间，F-4飞行员很快就适应了他们在空对地任务中扮演的辅助角色。这架VF-21中队的F-4B从"中途岛"号航空母舰起飞投放"蛇眼"集束炸弹，炸弹的鳍片还未张开。（特里·帕诺帕里斯收集）

注释

[1] 1959年12月，布里格·根·约瑟夫·穆尔在超过100千米的封闭路线飞行中驾驶F-105创下了1216英里/时的速度纪录。据报道，他进入路线时的瞬间速度甚至超过了1400英里/时。

[2] http：//www.georgespangenberg.com/

[3] http：//www.georgespangenberg.com/

[4] 型号A-5A（A3J-1）核武器飞机服务适应性试验报告的最终报告，美海军武器评估设施，科特兰空军基地，阿尔伯克基，新墨西哥州，A-5A，NEF3210，1963年3月25日。

[5] http：//www.georgespangenberg.com/

[6] 取自作战副局长（空军）到海军作战部长的备忘录，1960年1月11日。

[7] 置于管状弹舱中的油箱被用于侦察型号。它们偶尔会在飞机弹射过程中脱落并留在甲板上，燃料溢出，引起火灾。由于管状弹舱火灾事件，至少有一架RA-5C在发射后坠毁。

下图：一架RA-5C已做好了从"约翰·F.肯尼迪"号发射的准备。"民团团员"飞行员的平视显示器最终被拆除，从而给飞行员提供了所有舰载机中最宽广的前方视野。（美国海军、罗伯特·L.劳森收集）

一场略显艰难的争论后，A-6"入侵者"成为美国航空母舰打击力量的主力。（美国海军，作者收集）

8 全天候攻击

即使是在喷气式飞机被引进并用于执行攻击任务后，AD"天袭者"依然是颇受重视的近距空中支援和全天候攻击机，而且可提供由电子侦察、雷达干扰及空中加油等支援能力。尽管"天袭者"确实全能，但格鲁曼A-6"入侵者"和沃特A-7"海盗"II最终取代了它在海军中的地位。

宽体"天袭者"

1954年起，AD-4N多座全天候型"天袭者"攻击机被同样多座AD-5N代替。[1]最初，AD-5是1949年12月推出的一款反潜飞机，该机型将侦测和猎杀功能集成于同一平台。它与AD-4使用的是相同的基本翼型、发动机、起落架和其他系统，但加宽机身可以容纳并排座位并且为机尾的驾驶舱提供了更多的内部空间，这样机组人员乘坐的舒适性比基本机型"天袭者"狭窄的中部机身舱室有了很大提高。垂直尾翼和方向舵的面积增加了约50%，这种布局一定程度上是由于空中预警版本对尾翼的需求，尾翼可补偿天线罩的前侧区域面积。机身两侧的俯冲减速板被拆除，但保留了安装在腹部的减速装置。由AD-4改装而成的第一架样机于1951年8月首飞。

由于AD已经适应了不同的多座任务要求，下一步就是对执行这些任务的宽体"天袭者"衍生机型的发展推广。道格拉斯的营销手册称赞AD-5为"历史上的第一架真正的'多功能'或'全能'飞机"。据称，"AD-5从一个任务到另一个任务的转换可以在海军航空母舰上经过2～12小时完成。"这在普通的AD-5日间轰炸机和实用任务的范畴内是绝对真实的，但AD-5N夜间攻击机和AD-5W预警机因特定的任务而安装了重型装备和大量的直接布线，这些配置除非进行大修否则不能改动。

AD-5基本机型比AD-4约重600磅。因为AD-5N在右翼下固定安装大型AN/APS-31C搜索雷达和其他设备，所以它比AD-5基本机型重1300磅。根据任务需要，可以在左机翼内侧挂架上装备探照灯和声呐浮标/曳光弹投放器组合，或箔条投射器。APA-16低空轰炸系统可为选定的雷达目标搜索灯提供自动定位。ECM设备包括雷达/无线电信号接收机以及与其捷联的APT-16发射机，后者负责对雷达和无线电传输进行干扰。机组人员包括左前方座位上一名飞行员、右前方座位的ECM操作员以及他们身后"蓝色的房间"的雷达操作员。[2]

分配到AD-5N的任务包括夜间攻击、反潜战和电子对抗。VC中队的机组人员会就所有这些任务进行培训，包括核武器的全天候投放。AD-5N携带1660磅外挂和300加仑的副油箱时其最大起飞重量为23205

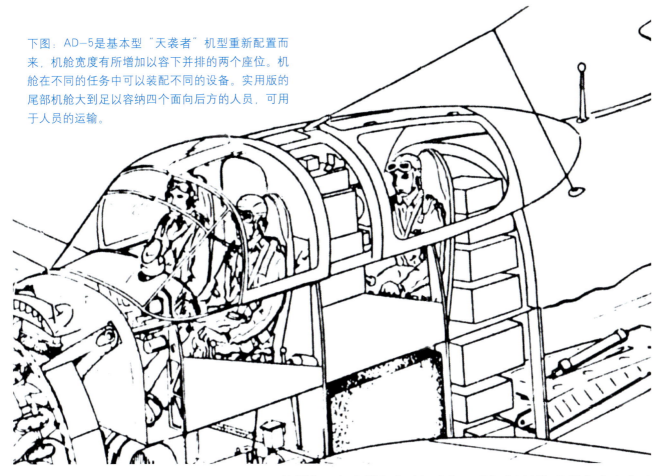

下图：AD-5是基本型"天袭者"机型重新配置而来，机舱宽度有所增加以容下并排的两个座位。机舱在不同的任务中可以装配不同的设备。实用版的尾部机舱大到足以容纳四个面向后方的人员，可用于人员的运输。

磅，任务半径为500海里。由于没有随总重量的增加而相应增加发动机功率，"白痴循环"投弹方式改成了翻转投弹方式。

为了更准确地表明可执行全天候任务，VC-33和VC-35于1956年7月改代号为VA（AW）-33和VA（AW）-35。由于部分全天候打击任务的职责转移到了攻击机中队，VA（AW）-35成为VA-122。1959年6月，训练中队将飞机更换为AD-6/7。

由于ECM任务和独特的航空电子设备的重要性日益增加，共有54架AD-5N改造成了AD-5Q。VA（AW）-33中队改编为VAW-33中队，使用AD-5Q飞机，并且向舰载机联队提供分队支持ECM任务。APS-31P被保留下来，但俯冲减速板被拆除，以便安装APQ-33型ECM天线。其他ECM天线加装在机身的侧面，机身后部朝向机尾的位置加装了机尾告警天线，用来提醒机组在尾后方出现的火控雷达信号。根据需求，任务吊舱装载于外侧的机翼挂架。在机尾舱有两个ECM操作员的位置，控制器、指示器和分析仪正好占满机舱宽度，填补了中央控制台，隔断了驾驶舱和任务舱之间的交流。此时位于飞行员右侧的是雷达操作员。20毫米的航炮最初被保留了下来，但后来和瞄准器一起被除去了。它们在越南战争期间又被装了上去，以提供些许的自卫能力。

AD-5N于1962年更名为A-1G，AD-5Q更名为EA-1F。海军本打算部署相对较少的AD-5日间轰炸机，但它们在联络和目标引导方面派上了用场。其电子类改型机成为舰载机联队多年中的固定配置，比单座AD飞机服役的时间还要长。"天袭者"的最后一次飞行任务是由VAQ-33中队驾驶EA-1F完成的，他们为"约翰·F.肯尼迪"号（CV-67）部署提供ECM支援，至1968年12月结束。

上图：AD-5Q型飞机是通过修改现有的AD-5N型得来的。图中可以看到方向舵下的天线和机身下原本安装俯冲减速板的位置上的雷达天线罩，这些是新增的ECM功能的表现。（美国海军，罗伯特·L.劳森收集）

格鲁曼公司A2F"入侵者"

1956年10月，海军作战部长发布了用大型亚声速全天候攻击机取代AD-5N的需求。一架英国开发的舰载飞机准备试飞，这架"布莱克本高级海军飞机"（Blackburn Advanced Naval Aircraft）与AD-5N具有非常类似的性能。1953年，皇家海军曾得出这样的结论：其新型舰载核攻击机，应主要用于对海上舰船和港口实施攻击，并且能超低空近距离攻击，以规避雷达的探测。舰载功能、低空巡航攻击以及远航程的要求无形中排除了飞机拥有加力发动机和超声速性能。和后来美国海军的发展不同，由此产生的布莱克本（后来与霍克·西德利合并）"掠夺者"在海平面速度接近声速，具有串联座舱，在内部炸弹舱、可伸缩的空中加油探头和平尾等方面做了优化。

乔治·施潘根贝格记得该计划项目本来是为了适应地面短距离起降。据他介绍：

> 该项目直到海军制订了第二个远距离攻击机计划，并将模型包括在内，其未来计划才得到美国海军作战部办公室的批准。一开始，近距支援任务要求飞机在携带两个1000磅外挂物短距离起飞后，使用部分燃料即可达到海平面续航时间1小时，巡航半径300英里。携带两个外挂油箱和一个单一的2000磅外挂物时，飞机的预估巡航半径为1000海里，在海平面携带4个油箱时巡航半径730英里。海军陆战队的短距离起降要求需要飞机具有优异的低速性能，而海军的要求则需要高效率的巡航能力，这二者的结合使得该飞机经历了前所未有的漫长的研制周期。[3]

美军在飞机起降性能方面提出了严格的要求，需要在1500英尺滑跑距离内飞越50英尺高的障碍，可接受的最低海平面最大速度为500节。

从武器的角度来看，5个挂架可以挂载武器，但没有装备航炮。1956年10月2日的作战需求声明"武器控制系统最重要的特征是：具有探测、锁定并在能见度不良的条件下攻击移动或静止目标的引导能力"。还有一点更增加了难度，要求单次投弹至少达到5英里（1.6千米）以内的精度，这明显要优于目视攻击。

对于飞机体型最小化的尝试，作战要求指出：

> 飞机的尺寸和重量，应保证在27A级航空母舰和简易机场使用都不受限制。为此，应尽力保持最大起飞重量低于25000磅。

如此小的"满负荷"重量意味着短距离、仅有内部油箱、只能执行近距离空中支援任务，这显然是一厢情愿的想法。人们曾考虑让这种小型飞机作为AD-5N的替代品，后者的最大总重量为25000磅，但实际上，这种飞机批量生产时的空重就有25000磅。

1957年3月，型号规格"149"提供给了美国几乎所有主要的军用飞机承包商。那时，还没有决定新型飞机是使用单发动机或双发动机、涡轮螺旋桨还是喷气发动机，其所需的最高速度也只需500节。因此，一些制造商8月就已经上交了不止一种设计方案，但这其中只有一种方案是涡轮螺旋桨飞机。贝尔飞机公

下图：AD-5N是一种性能优异的夜间攻击机。右翼下的大型APS-31雷达可为飞机提供可识别目标或附近的雷达的导航和攻击信息。大部分的外侧挂架已被拆除，并用胶带覆盖。（史蒂夫·布莱迪斯收集）

下图："掠夺者"为皇家海军飞机，其任务类型和飞机大小相当于A-6"入侵者"。在全地形跟踪能力上它不如A-6，因为它的主要任务原本是攻击苏联海军的水面舰艇。（沃特飞机工业遗产基金会）

司甚至提出了一种垂直起降（VTOL）飞机的设计。只有少数单发动机飞机可满足总重量低于25000磅的要求，但这些飞机却无法满足其他更重要的要求。到了10月，缩减后的名单中只剩下了道格拉斯、格鲁曼和沃特的方案——双J52发动机飞机，这几家都是传统的海军承包商。

道格拉斯公司建议在机身中部安装后掠翼，发动机短舱吊挂在机翼下。短距离起飞能力依靠发动机喷水和喷射机起飞助推弹射器实现，除了发动机喷口向下偏转10°外还添加了阻力伞以实现短距离降落。机组人员坐在并排独立的舱盖下。内部燃料容量为12240磅。

沃特公司提出了高位安装平直机翼以及翼吊式发动机短舱的方案。通过采用机翼前缘的下垂、全跨度襟翼、喷水装置和发动机排气处的可伸缩级联型导流板等设计提升了短距起飞能力。和道格拉斯的设计一样，机组人员坐在并排的座位上，但座舱盖只有一个。其独特之处是ECM天线安装在翼尖吊舱。内部燃料容量为14750磅。

格鲁曼公司的机翼为后掠翼，位于机身中部。但是，不同于道格拉斯和沃特的设计是其将发动机安装在靠近机身的位置。短距离起降的需求并非通过喷水实现的，而是依靠向下倾斜23°的喷口提供。为了缩短着陆滑跑距离，飞机有前轮制动装置。不同于另外两个入围的设计方案，格鲁曼方案座舱之间没有间隔，机组人员并肩而坐，轰炸/领航员座位比飞行员的座位要低几英寸，且稍稍靠近机尾，以尽量减少飞行员右侧视野的干扰。内部燃油容量为15000磅，远程任务的总重量为45265磅，基本任务的总重量为32500磅，该机型明显重于AD-5N。

海军航空局技术评估结果表明，缩减后的名单上所有的设计都达到了最高速度的要求，其中格鲁曼公司飞机的速度比沃特公司的飞机快6节，比道格拉斯公司的飞机快4节。评估表明，在制造商的预计燃油量下，没有一种设计可在短程任务中达到1小时的滞空时间。没有设计满足距离为1500英尺的短距起飞下，

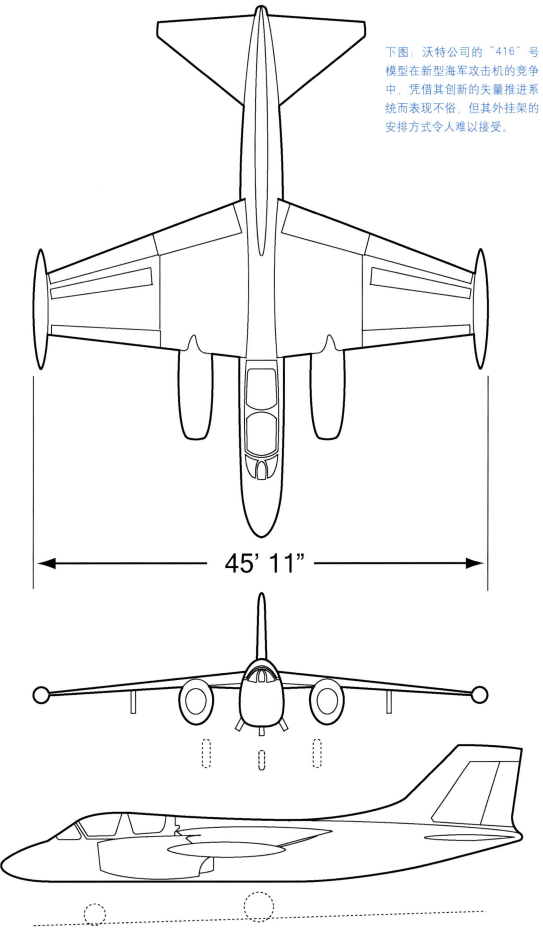

下图:沃特公司的"416"号模型在新型海军攻击机的竞争中,凭借其创新的矢量推进系统而表现不俗,但其外挂架的安排方式令人难以接受。

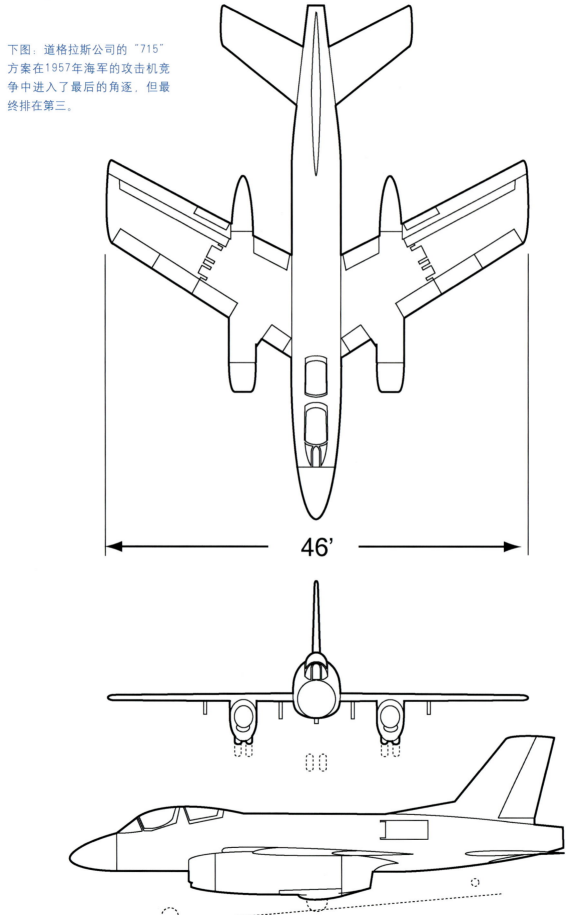

下图:道格拉斯公司的"715"方案在1957年海军的攻击机竞争中进入了最后的角逐,但最终排在第三。

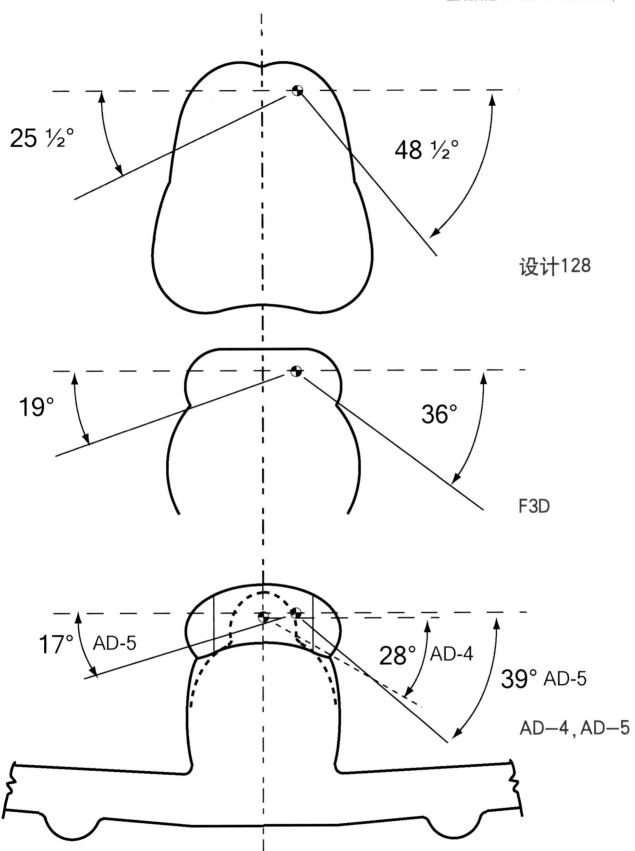

上图：格鲁曼公司提供给海军评估员的一项设计，欲证明并排座位安排的设计可以为飞行员提供足够的视野。评估员们同意了他们的说法。更重要的是，他们认为在执行两人攻击任务时，这种并排座位的安排更胜一筹。（作者，从格鲁曼公司收集的数据）

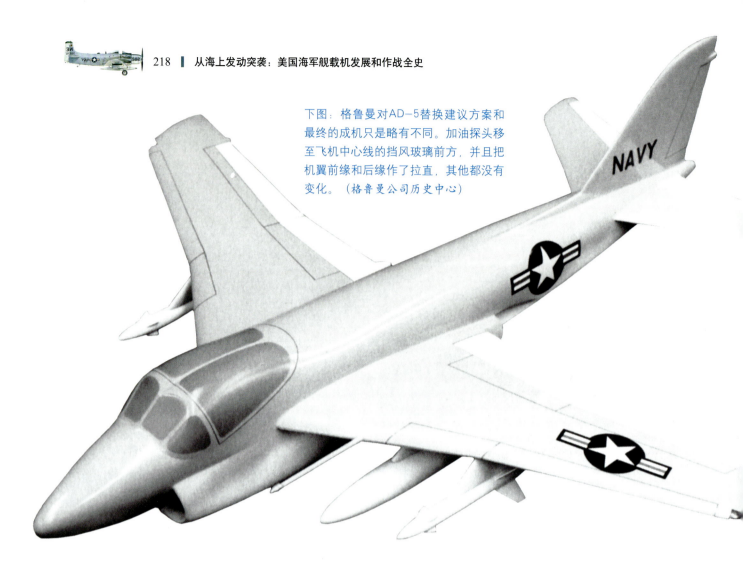

下图:格鲁曼对AD-5替换建议方案和最终的成机只是略有不同。加油探头移至飞机中心线的挡风玻璃前方,并且把机翼前缘和后缘作了拉直,其他都没有变化。(格鲁曼公司历史中心)

下图:A2F-1样机审查后,基本配置并没有很大的变化。但是飞行试验证明,方向舵的大小和气动减速装置的位置不合理。从左向右挂载的外挂物分别是一个"祖尼"火箭弹吊舱、一个外挂副油箱和一枚核炸弹模型。(格鲁曼公司历史中心)

飞越50英尺障碍的要求。如果沃特公司的飞机性能不是因最大推力偏转控制失效而受到影响，其或许能完成这项测试。格鲁曼公司的差值最小，为181英尺，如果加入喷水装置其差值还会更小。而道格拉斯公司的飞机则与标准要求相差375英尺，表现最差。只有格鲁曼公司的飞机能达到着陆距离要求，沃特公司的飞机仍由于全偏转能力不可靠而失败，道格拉斯的飞机只有使用辅助制动时才能达到要求。规定燃料总量下，只有沃特公司的飞机能达到1000海里的飞行半径，而格鲁曼公司的飞机需要4个副油箱，而不是预计的2个副油箱。道格拉斯的飞机即使携带4个副油箱也无法达标。

最终得出的结论是，道格拉斯公司的飞机整体性能居于末位，主要是因为其具有最小的内部燃料量和飞机起降时没有推力偏转。道格拉斯的飞机采用的航空电子设备套件也更为昂贵而且新技术更多，因此被认为将会承担更多的时间成本和更高的技术风险。格鲁曼公司的飞机建议被评为技术水平最高的，其航空电子设备也是风险最小的。海军航空局的评估员还很喜欢其并排侧驾驶舱的安排以及因发动机安装方式带来的低红外可探测性。格鲁曼公司的飞机外挂点分布被认为优于沃特公司，因为格鲁曼公司没有将外挂点布置在机翼折叠部分。

格鲁曼公司于1957年12月30日获得此次竞标，其设计指定型号为A2F。设计工作和全尺寸模型的草签合同于1958年2月签订。详细规范直到1958年5月才得到签署，出现延迟的原因是承造商和海军之间需要共同敲定其最终规格。

不同于"掠夺者"，A2F为飞行员和轰炸/领航员提供的是并排座位，没有炸弹舱，有一个固定空中加油探头和一对相对高展弦比的机翼。"掠夺者"更趋向于高速，"入侵者"则趋向于低空。

为了执行高精度全天候攻击任务，A2F将配备先进的雷达系统和驾驶舱仪表DIANE（数字化集成的攻击/导航设备）。[4] 它安装有两部雷达：诺登APQ-92用于地形测绘，APQ-112用于捕获和跟踪目标。除了具备通常的战术空中导航、主动测向和雷达高度表的能力以外，为进行准确的自行导航，它还配备了ASN-31惯性导航系统，该系统使用了新型多普勒技术来提高精度。一台早期的利顿公司带磁鼓存储器的

下图：1960年4月，鲍勃·史密斯完成了A2F-1首飞，其任务航空电子设备较少且未上漆。异常大的前起落架支撑/回缩支柱是机头牵引弹射安排的需要，这是A2F（A-6）和W2F（E-2）引入的方法。（格鲁曼公司历史中心）

数字计算机将雷达和导航系统的输入数据集成起来，供飞行员和武器控制系统使用。飞行员的主显示器是两个阴极射线管的电视显示屏，这是最早应用在飞机上的电视显示器。在任何合理的俯仰、过载、风偏、空速和目标范围内，武器系统对所有雷达可识别目标都可提供自动武器投放的功能。

1958年9月，全尺寸模型的审查成功完成，接下来签订了开发合同。最初提出的双开缝缝翼已改为简单的单缝缝翼配置，而且机翼后缘被拉直。机头有所扩大，以适应搜索和跟踪雷达的安装。驾驶舱的形状经过了重新的设计以减少阻力。垂直尾翼被扩大并向机尾后移，由此改善了飞机的方向稳定性。收纳在机鼻内的前起落架整合了包括弹射牵引杆和挡块在内的新型弹射系统。

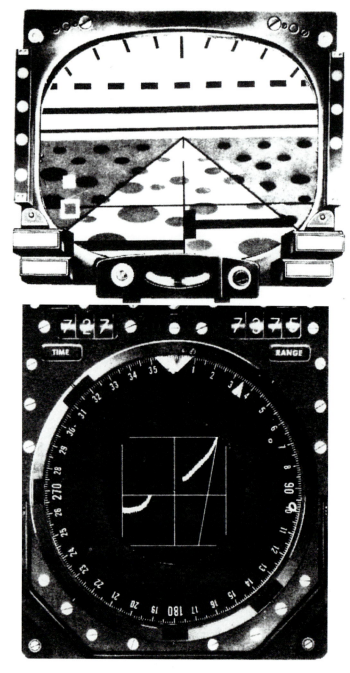

上图：上部仪表为视觉显示指示器（帮助区分天空和地面被称为"牛点"的黑点）。下部为水平显示器。

前轮制动随后被从设计中舍弃以减少重量；同时巡航阻力计算错误也被发现，因此翼展增加了两英尺，以提高机翼的展弦比。1959年1月，内部燃料容量也增加到155加仑并实现了任务半径的规定要求。6月，根据对航空电子设备的重新评价，计算机内存和空调容量都优于过去的方案。

飞机的首飞是1960年4月在长岛格鲁曼公司的卡尔弗顿设施基地完成的。无论是这架飞机还是后来的两架飞机，都没有安装任务航空电子设备。在飞行试验中基本没有遇到什么困难，但仍存在需要改进配置的问题。相对它们的成本、重量和复杂性而言，倾斜的尾管并没有在短距起降上起到显著的作用，所以矢量喷管在生产第七架飞机时被去除掉了。试验证明，将机身安装的与对应的控制装置速度减速板扩展到发动机排气口会导致冲击和操作性能的问题。将水平尾翼射孔移动到更远的机尾某种程度上减轻了这些问题，但最终的解决方案还需要依靠取消机身减速板，并增加翼尖减速装置。方向舵被加大以获得更好的改出螺旋，最大偏转随襟翼抬高而降低，襟翼放下后则提高。

航空电子设备套件最终装配在了第四架A2F飞机上，并于1960年12月投入使用。正如预期的那样，它的进展比预期需要更多的时间，也因此推迟了该飞机的服役。直到1961

年2月才尝试了地形跟踪模式,海军的第一次评估直到11月才完成。由于缺乏可靠性,且无法完全发挥正常功能,将近一年后A2F才首飞。因在亮度和分辨率方面存在不足,轰炸/领航员的显示硬件也进行了改造。

A-6A飞行员显示器可保证全天候和夜间超低空的飞行能力。与传统的机械式地平仪不同,A-6A的飞行员拥有一台大型电视一样的垂直显示指示器(VDI),可提供飞机前方视野和飞行路径的模拟显示,这项改善意义重大,而且对于飞机在丘陵地区超低空飞行的高速控制和操纵必不可少。夜间和仪表飞行情况下出现眩晕的几率也大为降低。VDI的显示内容包括方向、雷达高度、垂直速度、迎角和仪表降落系统(ILS)数据。

离地高度测量方法之一是使用搜索雷达离地高度系统(SRTC),使用APQ-92搜索雷达在垂直显示指示器上显示出合成的地形图。地形显示描绘的垂直地形显示在53°、26°的窗口中,窗口中央是预计飞行路径。例如,如果"入侵者"向两山之间的山谷飞行,飞行员会在显示器上看到山丘的图像和山丘之间一个"V"形的缺口。虽然SRTC允许飞机在低高度的丘陵地形夜间飞行,但它并不能探测到横跨山谷的

下图:需要在A-6飞机上进行的核武器适应性检查和武器装载硬件/程序在交付前就作为格鲁曼公司前期测试的一部分已经完成了。图示的Mk 57正被加载到内侧挂架上。可以看到,作为间隙检查的一部分,襟翼已经放下。(格鲁曼公司历史中心)

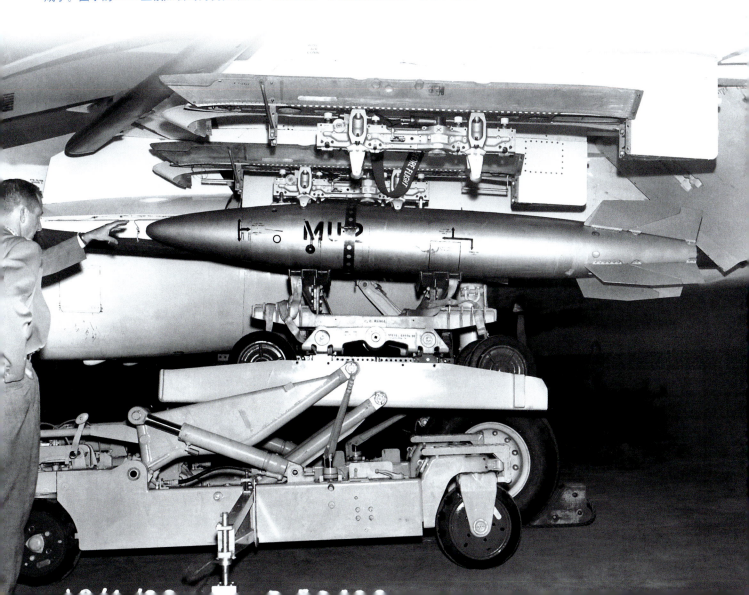

外环：在A-6前面的是5个格鲁曼公司的多炸弹挂架模型，左右两侧的是46枚250磅的Mk 81炸弹，后面的是30枚500磅的Mk 82炸弹。

内环：左翼的后面（带国徽的位置）是3个Aero 8A炸弹容器，另一侧是5枚2000磅的Mk 84炸弹。左翼前面是5枚AGM-12A"小斗犬"空对地导弹，右翼前为4枚AIM-9B"响尾蛇"空对空导弹和道格拉斯D-704空中加油油箱。

飞机本身携带了5个油箱，其中一个位于中心线上，图中无法看到。

第二环:在飞机前部有6个被覆盖的模型,上面标有"秘密"字样,指核武器。在右边的是4枚5英寸"祖尼"火箭弹和13个LAU-10火箭发射器,在另一侧有19枚2.75英寸火箭弹和13个Aero 7D(LAU-3/A)火箭发射器。两侧平尾外侧共有15枚1000磅的Mk 83炸弹,飞机后方还有12枚Mk 79燃烧弹。

物体，比如电缆，因此十分危险。

从雷达传输来的地形数据，也可以由飞行员在水平显示器上获取，该显示器位于垂直显示指示器（VDI）的正下方。但是，水平显示器显示的为飞机前方地形的俯视图，屏幕最左侧显示的是最近处的地形，右侧是最远处的地形。飞行路径及限制离地高度也在显示画面中有所描述。由于该显示器和垂直显示器（VDI）的方向不同，飞行员需要进行思维训练将两个显示器的内容关联起来。

地形数据在直接查看指示器（DVI）上有所显示，这是一个平面位置显示器（PPI），覆盖范围约50°、半径27英里。它没有合成离地高度数据，但可以用来监视飞行路径的选择。

尽管航空电子系统仍处于开发阶段，审查委员会（BIS）的试验还是于1962年10月开始了。1962年12月初始，海上舰载适用性试验在"企业"号上完成，此后A2F更名为A-6A。它和E-2A"鹰眼"都是首次舰载部署，首先要在海上由前起落架安装启动/阻力系统弹射起飞。1963年4月它完成了"福莱斯特"航空母舰上的试验，1963年12月和1964年4月完成了"萨拉托加"号航空母舰上的试验。其最大弹射总重量和回收总重量分别为58000磅和37000磅。虽然在有风甲板要求和推出后的纵向加速度方面不符合要求，并有其他细节问题，但是起飞的操作性能、复飞和回收都令人满意。

由于轨道雷达系统和弹道计算机程序的漫长发展[5]，直到1965年1月A-6A终于完成了审查委员会的试验。而BIS的最终报告并不乐观：

下图：VA-85中队是A-6的第二次也是最令人困扰的一次部署。此时飞机的航空电子设备还没有准备好，且仍然在制定A-6有效利用的战术方法。（格鲁曼公司历史中心）

服务验收试验表明，A-6A飞机有潜力使舰队航空/攻击能力得到显著改善。然而试验过程中，该飞机并没有在攻击并摧毁移动目标上取得令人满意的表现。攻击导航系统的可靠性是主要的问题所在。在多山的地形长期低于1000英尺的飞行中，雨云对搜索和跟踪雷达的影响和离地间隙的不足，显著削弱了指定的全天候作战能力。系统投放的武器过大的散布将妨碍在非可视条件下对单独移动目标的精确轰炸。

使用存在大量缺陷的计算机驱动雷达轰炸系统，导致武器投放精度标准中的水平投弹、俯冲投弹、火箭模式没有一项达标。A-6A的打击效果距离及格值还差5%～18%。其空重也未能达标，但只超出了200磅，低于1%。虽然有诸多方面未达到要求，但飞机携带4个300加仑副油箱和Mk-28外挂时的最大任务半径却给人留下了深刻印象：1216海里，其中低空水平进入距离为100海里。

迄今为止它最令人担忧的是综合攻击导航系统的可靠性，其可靠性以工作故障间隔时间作为衡量标准。

子系统	要求值（小时）	实际值（小时）
搜索雷达	55	7.4
跟踪雷达	75	17.2
弹道计算机	20	14.3
导航	150	12.8
光学瞄准镜	610	333.0

下图：1966年在越南作战行动期间，共有3个舰载机联队使用了伪装迷彩。实际上与标准的灰色/白色设计相比，迷彩涂装并没有减少损失。（美国海军，罗伯特·L.劳森收集）

在成功起飞的基础上，任务完成的概率是73%，而实际上在1963年年初完成的服役验收试验期间，只有60%的计划架次可以成功起飞。

1963年2月首次交付到东海岸训练中队VA-42的A-6A飞机，从航空电子设备的角度也不足以完成任务。直到1963年6月第一架具有完整的、合格的DIANE系统的飞机才完成教员的培训并被接纳。这使第一个舰队中队VA-75的培训不得不延迟到9月进行，该中队是原装备A-1"天袭者"的中队。

机组人员的组成由于"入侵者"飞机的列装进行了调整。自从第二次世界大战以来，人员配置都是一名飞行军官和一名或多名非军官空勤人员来操作任务航空电子设备。新的机组人员组成包括两名军官：一名飞行员和一名轰炸/领航员，后者最初被定名为"海军航空观察员"（Naval Air Observer），后来更名为"海军飞行军官"（Naval Flight Officer）。

系统工作时，训练有素的机组人员可依靠该系统在没有视觉参考的情况下完成起飞、导航到目标、攻

下图：A-6B驾驶舱基本上和A-6A是一样的，只是增加了两个威胁警告指示器，一个飞行员供使用，另一个供轰炸/领航员使用。（通常B/N的雷达示波器安装在保护罩下。）（格鲁曼公司历史中心）

上图：A-6C配置了一个巨大的、自带动力的传感器，该传感器封装在机腹上，向飞行员和B/N提供红外和微光电视图像。虽然不能令人完全满意，但是该技术提供了实战经验。随后硬件的规模逐步减小，从电话亭大小到几乎与一台电视机一样大，并改善了图像质量。（格鲁曼公司历史中心）

击并返回舰船，直到最后着舰在内的所有操作。不幸的是，每次飞行时该系统的元件都很少能在同一时间一起正常运行，因此飞行员和轰炸/领航员需要继续掌握以前原始的方法并结合系统来完成任务。一位有A-3和ASB-1操作经验的轰炸/领航员在这些机组中具有重大价值。

1965年5月，VA-75中队开始随"独立"号航空母舰展开部署，该中队装备了12架A-6，参加了扩大化的越南战争。第一个月在越南北部的袭击中，中队遭到重创，共损失了3架A-6，其中2架甚至是3架都是在投放炸弹时发生故障而被自己的炸弹炸毁的，原因被确定为炸弹电熔丝故障。9月，第4架飞机被击落。

VA-85是第二个部署的"入侵者"中队，于1965年年末离开"小鹰"号航空母舰（CV-63）。它们的表现甚至不如VA-75中队，中队原有的12架飞机有10架都损失了。初步分析结果令人失望，部分原因是复杂的DIANE系统的可靠性不足以及航空母舰的作战环境和北部湾高温潮湿条件的影响。第三个A-6中队VA-65准备在1966年年初部署，根据前两次部署的结果，国防部长已经开始质疑与A-4相比A-6的成本效益，A-6的生产面临着被终止的风险。面对这样的前景，1966年5月在VA-65中队部署到"星座"号航空母舰之前，海军决定将VA-65的飞机送回格鲁曼公司，对A-6飞机的DIANE系统进行整修。分配到VA-65中队的许多官兵都曾经分配到VA-42中队执行任务，所以对于操控A-6的经验水平远高于前两个中队。

由于担心在战斗中出现莫名的损失，海军开发了一项低空武器投放的新技术——加入了武器释放后的陡转装置，以尽量减少常规炸弹对己方飞机造成的损害。为了进一步提高生存能力和突然袭击能力，小分队计划在夜间和低高度紧密协调作战，从不同的方向同时对目标进行攻击。例如，两架A-6飞机同时攻击同一个目标时，会从相反的方向在800英尺的高度释放其传统低阻力炸弹，并立即进行60°右转。炸弹在释放和爆炸之间的7秒钟内，会飞越约7英里的距离，这意味着A-6之间的距离永远不会超过1/2英里（1英里≈1.6千米），而且两者都可以远离抛出的炸弹。

此前，如发电厂这类的主要设施，通常由大型飞机在白天进行袭击。1965年12月22日，一处越南大型发电厂被从"企业"号、"小鹰"号和"提康德罗加"号航空母舰起飞的100架次飞机袭击。此次打击收效甚佳，但两架A-4、一架A-6和一架RA-5C被击落，4名飞行员死亡，两人被俘。1966年8月，只有3架VA-65中队的A-6飞机参与的夜间袭击任务圆满完成且没有损失。[6]在夜间实施的攻击中，VA-65中队没有遭受敌方防空设施带来的损害,损失也要少得多,而白天的攻击期间则损失了两架飞机。此次任务部署让海军对A-6项目恢复了信心。

1967年年初,10架A-6A通过去除跟踪雷达和弹道计算机并用雷达探测警告设备替换后,从地面攻击任务转为执行"铁手"打击微任务。A-6B也安装了一种新型的雷达寻的导弹:AGM-78"标准"反辐射导弹,同时也能挂载早期的AGM-145"百舌鸟"导弹。与"百舌鸟"一样,AGM-78"标准"反辐射导弹也是修改另一种导弹的产物,即海军的大型RIM-66"标准"舰空导弹。"标准"反辐射导弹射程更远,速度更快,弹头更大,但和"百舌鸟"使用的是相同的导引头。它的长度也为15英尺,重达1370磅。改进后的导引头提高了导弹可追踪的信号频率范围,且装有万向节,所以视野更宽。不仅如此,导引头还具有记忆功能,所以即使雷达紧急关机,它也会引导导弹落到目标附近的位置。这些改造后的A-6A首次部署于VA-75"小鹰"号航空母舰,该航空母舰于1967年11月离开西海岸前往越南。另

A-6B致力于"铁手"反雷达任务。这架早期型A-6B携带两枚"标准"反辐射导弹从圣地亚哥国际机场起飞进行飞行试验。(格鲁曼公司历史中心)

有两三架A-6A被分别分配到12架A-6飞机的中队中,为每艘航空母舰在进攻时提供防空导弹压制任务。A-6B可以携带两枚不太昂贵的"百舌鸟"导弹、两枚"标准"导弹和一个外挂副油箱。

最早的10架A-6B飞机保留了A-6的跟踪雷达,并整合了美国约翰霍普金斯大学开发的被动角跟踪系统(PAT-ARM)。PAT-ARM系统将测距雷达和被动ECM天线的功能整合起来,能够探测到瞄准本机的敌方雷达,并向弹道计算机提供准确的距离和方位数据。1970年,又有6架A-6B进行了改装,安装了美国国际商业机器公司(IBM)的APS-118目标识别采集系统(TIAS)。它完全集成了机载系统和AGM-78本身的功能,最大限度地提高了反辐射导弹的防区外射程。

即使是A-6A的大型雷达对于地面杂波内相对较小物体(比如为军队提供补给的卡车)的探测方面也有一定的局限性。为了在黑暗条件下具备更好的观察能力,12架A-6A在机腹装载一具重达3000磅重的吊舱,其中安装了红外(IR)传感器和微光摄像机,对所有相关的航空电子设备进行了修改,且加装了供电设备。这些改装后的飞机被命名为A-6C。红外传感器根据温度差异绘图,不需要任何光线,而微光摄像机增强了图片效果,但需要少量的光线。A-6C的航空电子设备包括"黑乌鸦"装置,该设备探测发动机火花塞打火。所有的设备合在一起组成了该系统,被称为TRIM(即"小径、道路拦截多传感

器"系统的简称）。1970年4月开始，VA-165派出了A-6C、A-6A以及A-6B组成一个16架飞机的部署，并登上"美国"号航空母舰（CV-66）。TRIM获得的评论褒贬不一，从有效性的角度来看，它的重量、阻力和可靠性存在显著的缺点，而其优点主要在于它的红外和微光传感器对于作战评估的优势。此后美军没有再继续改装A-6C，但各中队一直使用着该型飞机，直到它们被重新改装成A-6E。

在战场上的生存已经越来越多地依赖干扰敌人的雷达和通信。海军陆战队在等待A-6为该任务修改时，使用的是改装的过时的道格拉斯EF-10（F3D）"空中骑士"。格鲁曼公司1961年8月开始进行A2F-1Q的改装工作。1963年2月A2F-1Q改定为EA-6A，并第一次执行飞行任务。最后只建造成28架，其中还包括3架原型机和10架从A-6AS改装而来的飞机。1966年，所有这些飞机都随第一批前往越南的飞机被送往了海军陆战队（其中还有一些是海军陆战队分队从航空母舰上调遣下来的，以便为20世纪70年代初之间EA-1F型飞机的退役和EA-6B型飞机的列装实现过渡）。EA-6A配置包括尾部吊舱，可安装雷达和通信信号的接收天线，每个外侧机翼面板上还有一个外挂点。根据任务和威胁系统的不同，可以挂载不同的干扰吊舱或者"百舌鸟"导弹。

EA-6B"徘徊者"内置了更多的重要功能，其机身被拉长并在机头增加了两个机组人员的位置。增加的总重量要求使用更高推力的J52发动机。1968年5月，第一架EA-6B首飞。该机携带有ALQ-99战术干扰系统。"徘徊者"保留了5个外挂点，便于携带干扰吊舱、油箱以及反辐射导弹，可根据任务要求作任

下图：海军陆战队有一些过时的道格拉斯F-10夜间战斗机（F3D）被改装执行电子战任务以掩护攻击机群。格鲁曼公司和海军对EA-6A的开发和认证完成之前，EF-10暂代其位置，完成电子战任务。此架VMCJ-1中队的EF-10B已经是一架完成了16次任务的老将了。（特里·帕诺帕里斯收集）

上图：格鲁曼公司的EA-6A舰载资格认证于1966年在"小鹰"号航空母舰上完成。图片中可以看到外侧机翼上的外挂架和在垂直尾翼顶部的天线吊舱。机头延长了8英寸，以提供更大的空间并平衡尾式吊舱的重量。外侧机翼挂架上吊舱是ECM侦察用ALQ-53，仅在前12架EA-6A上有安装。中间机翼挂架上的ALQ-31干扰吊舱被换成了AD-5Q，并很快被ALQ-76替换。（格鲁曼公司历史中心）

下图：双座EA-6A型飞机——除了一个海军"入侵者"中队外仅专门被用于海军陆战队，继该机型之后，格鲁曼公司更大更先进的四座EA-6B诞生。由于机身扩大产生了额外重量，EA-6B型飞机没有EA-6A一样的外侧机翼下挂架。（格鲁曼公司历史中心）

意组合。每个干扰吊舱都整合有供电装置,设有两个干扰发射机,可覆盖7个频段之一。第一架量产型飞机于1971年1月交付,6月首次部署于VAQ-132中队。每隔几年ALQ-99都要进行升级,使其在检测和干扰敌方传输的自动化和性能有所改善。幸存下来的飞机也接受了改进,安装最新的配置。这些升级的飞机中,即使产生了重大变化,也从未将其型号改为EA-6C。EA-6B型飞机生产了170架,最后一架于1991年交付。连续航电系统的更新以及机翼的中心部分(几架不止一次)和外侧机翼面板的更换都是为了保证"徘徊者"的性能,使其成为服役于海军时间最长的攻击飞机。

虽然KA-3"鲸鱼"是非常优秀的空中加油机,但是"鲸鱼"已损耗殆尽。从飞机维护的角度来看,这提醒了海军尽量减少在航空大队部署不同类型飞机的数量。结果A-6A轰炸机改装成了专用空中加油机KA-6D,其雷达和任务航空电子设备被拆除,并在机身尾部加装了一体的软管卷盘和锥套系统。KA-6D共有5个300加仑副油箱,可以传输26000磅的燃料。1970年4月,第一架KA-6D的改装完成,一年后首次登上"中途岛"号航空母舰部署于VA-115中队。一个A-6中队中通常除了配备9~10架轰炸机以外,还分配有4~5架加油机。

20世纪60年代后期开始,海军着手于A-6飞机航空电子设备套件的升级工作。升级后的飞机改称A-6E。原先的搜索雷达和跟踪雷达被统一为一部多模式雷达——APQ-156。APQ-156保留了原雷达所有的功能,并扩大了探测范围。DIANE系统也被一套全数字化系统取代,该系统配有一台电脑和一个集中装备控制单元。1970年2月,第一架A-6E试飞,1971年9月,格鲁曼交付了第一架A-6E量产型。由于内置了测试设备,以及航空电子设备冷却系统的加入,使其可靠性较A-6A有所增加,但未达到所需的水平。A-6E的轰炸精度也有所提高。20世纪70年代中期,惯性导航系统(INS)被舰载飞机机载惯性导航系统(CAINS)取代,该系统加快了起飞前的导航校准速度。

下图:A-6还可以作为一种极好的专用加油机,图中这架正在给F-4J"鬼怪"加油。虽然可以使用吊舱把A-6临时转换成加油机,但如图所示的这种KA-6型飞机已永久性地改装为加油机,内部安装任务航空电子设备的地方改换为软管卷盘。它经常在中心线外挂点上携带一个副油箱作为内部燃料箱的备份。(美国海军,罗伯特·L.劳森收集)

右图：EA-6B的抗干扰能力可以由ALQ-99干扰吊舱进行组合使之适应任务要求。机头的螺旋桨可驱动内置发电机。后来信号发射机被替换成了内侧机翼前缘的天线。（杰伊·米勒收集）

右图：A-6的TRAM转塔可360度旋转和上下旋转。红外传感器位于大的中心窗的后面，并加入了变焦能力。左侧较小的窗口是激光指示器和测距仪。右侧的是激光光斑探测器窗口，这使得B/N可以观察到地面前进观察员或另一架飞机追踪的目标。（格鲁曼公司历史中心）

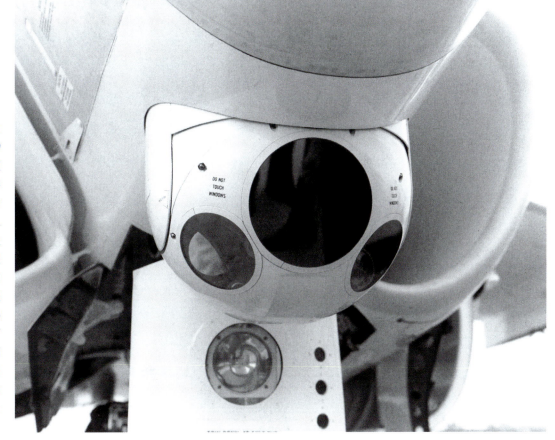

上图：1987年4月18日，A-6E在战斗中刚刚投放了一个CBU-59集束炸弹，集束炸弹被投放后裂开并释放出其子炸弹。集束炸弹在需要大面积压制敌军的任务中，取代了凝固汽油弹和杀伤炸弹。集束炸弹箱针对具体的目标可装载不同种类的子炸弹，如装甲炸弹或人员炸弹。（美国海军DN-SN-89-03124）

A-6E的下一项升级得益于激光制导武器的发展、夜视技术的进步和"入侵者"机头因拆除搜索雷达而获得的空间。

20世纪60年代中后期，激光制导炸弹已由空军开始开发了。该武器相对简单且费用低廉，只是在炸弹现有的基础上加上了激光导引头和带控制翼的尾锥。导引头将追踪照射目标的激光点，导引头信号输入计算机来控制炸弹尾翼，使之一直跟踪激光照射点。炸弹的最初瞄准只要求接近目标即可，如果电子设备一切正常，炸弹即可击中目标，误差不超过10英尺。该导弹被空军命名为"宝石路"（Paveway，"精密航空电子矢量设备"的简称），1968年5月在越南战争中首次使用。几架A-6A经过改装配备了空军的"铺路刀"（Pave Knife）激光目标指示吊舱，可为"宝石路"激光制导炸弹提供指导。1972年11月装备了"铺路刀"的VA-145中队登上了"突击者"号航空母舰。像A-6C飞机一样，加挂"铺路刀"的飞机不久就推广到了各中队中，并用于熟悉激光制导炸弹的使用。

1972年，海军更倾向于选择前视红外（FLIR）装置作为攻击机进行夜间搜索的首选，照射电视（ITV）会提高低光线下电视摄像机的灵敏度。ITV虽然在某些情况下可以提供更优质的画面，但FLIR也完全能够满足需求且不会被敌方检测到，因为它是被动的，只是简单地探测目标物体温度的差异。ITV照射将会出现在红外探测器上，并为反火力提供基础。最终，陀螺稳定转塔被安装在了在机头下方，内部安装有一部FLIR、一部激光测距仪和一部激光目标指示器。它被称为TRAM，即目标识别攻击多功能传感器。第一架配备TRAM的飞机于1974年3月试飞。直到1978年12月，第一套完善的TRAM系统才交付VA-142中队。最后一架A-6E于1992年1月完成，并在4月交付。

前视红外和激光制导炸弹有其局限性。云、雾、湿度、烟雾和灰尘会减弱轰炸员发射、识别和锁定目标的能力。显示器并不像轰炸/领航员所期望的那样清晰。但是在视野足够清晰时，使用激光制导炸弹攻击时远远比仅凭雷达的投弹准确。[7]

A-6的最后一次升级是系统/武器改进计划（SWIP）。该计划包括新型复合材料机翼、ECM套件升级，以及夜视镜，并增加携带了最新型号"小牛"导弹、"响尾蛇"导弹和"哈姆"高速反辐射导弹（HARM）。

1970年12月转产A-6E型之前，A-6A共生产了488架（包括原型机）。其中19架A-6A改装为A-6B飞机，12架改装为A-6C，90架改装为KA-6D加油机（其中12架是已改为A-6E后又改装的），13架改装为EA-6A（还另外有15架新建造的EA-6A型飞机），3架成为EA-6B飞机的原型机。大约有一半的A-6A

（共240架）后来升级为A-6ES。新的A-6E飞机包括TRAM未生产之前生产的95架、装配TRAM的71架以及按系统/武器改进计划（SWIP）标准生产的41架。在所有的A-6E中，最终有188架都经过了系统武器升级，其中136架具有复合材料机翼。

防区外武器

AGM-84"鱼叉"导弹是20世纪70年代初开始研制的一种全天候、低空、超视距的反舰导弹。该导弹由一个小型涡轮发动机推动，通过自动驾驶仪将其引导到指定的位置，再由机载雷达获取目标进行攻击。该导弹长12英尺7.5英寸，重达1145磅，射程超过60海里。其作战评估是在1980年完成的，由VX-5中队使用A-6E飞机将装配了500磅重弹头的"鱼叉"导弹命中了作为靶舰的老式驱逐舰。第一次使用"鱼叉"导弹是在1986年3月的利比亚，在卡扎菲宣布的"死亡线"以南。A-6E飞机使用"鱼叉"导弹击沉了一艘似乎是针对"提康德罗加"号进行攻击的导弹快艇。第二天，另一艘巡逻舰也被重创。

"鱼叉"导弹的主要缺点是它对追踪的物体精确度不够。1988年12月，在夏威夷附近海域训练演习中的F/A-18A发射了一枚"鱼叉"导弹，没有击中预期的目标，却袭击了演习区域内的一艘印度商船。虽然"鱼叉"导弹未装弹头，但还是造成该商船的一名船员身亡。

AGM-84E"防区外对地攻击导弹"（SLAM，"斯拉姆"）是20世纪80年代中后期从"鱼叉"导弹基础上改装而来的。改装后，"斯拉姆"去除了原有的雷达并加入了一套GPS接收机、一具"小牛"导弹的红外成像导引头和"白星眼"制导炸弹的数据链。导弹可以提前进行编程，攻击一组特定的坐标，或者在进入末段后，由控制飞机查看引导头的图像，并将导弹锁定到一个特定的目标上。AGM-84E长度为14英尺9

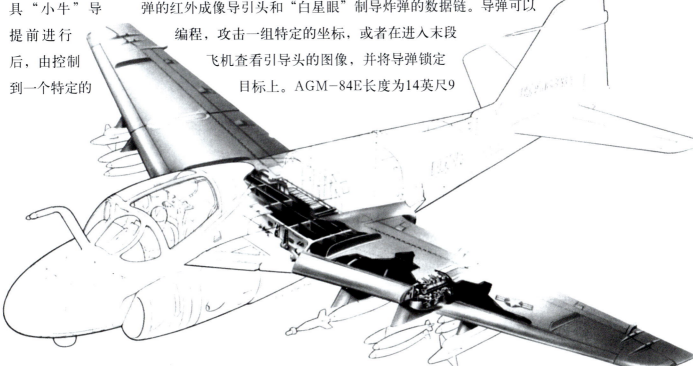

上图：通过更换机翼来延长飞机使用寿命的情况并不少见。对于A-6而言，波音公司根据海军的合同为其设计了一种新型机翼。该机翼主要采用石墨复合材料而不是金属材料，可承受更大的重量和更高的强度，且几乎没有腐蚀性。注意图中A-6F配置中额外的外挂架。（美国海军，作者收集）

英寸,重1385磅,比"鱼叉"稍重,射程约60海里。1990年,"艾森豪威尔"号航空母舰上的VA-34中队成为第一个部署"斯拉姆"导弹(SLAM)的中队。其第一次使用是在1991年1月的"沙漠风暴"行动中,该导弹成功地攻击了一个发电设施,且没有损坏附近的大坝。

不再用铁建造

由于飞机频繁地以高负载系数进行操作,A-6A开始出现结构问题。1969年8月,该型机在美国本土发生事故导致一名飞行员丧生,原因是在练习轰炸时的机翼故障。1970年2月,A-6在执行飞行任务飞越老挝时,一个机翼脱落,所幸机上人员安全弹射。6月,一次机翼故障造成了机组人员全体遇难。因此更换旧飞机的机翼成为A-6A改装为A-6E检修计划的一部分。

1985年,波音公司获得一份A-6复合材料机翼的合同,这是A-6E系统/武器改进计划(SWIP)的一部分。为了尽量减少飞行资格认证的工作,其外部形状与原来的机翼相同。得益于其碳纤维的结构特征,新机翼的疲劳寿命为8800小时,是格鲁曼公司金属机翼寿命的两倍,并且几乎不受腐蚀。但没过多久(1987年1月),在俯冲轰炸实验中又发生了一起事故。总之,有一半的A-6E机队停飞或机动限制下运作。

下图:相当于海军A-6"入侵者"的空军飞机为F-111"土豚"。该型号飞机于20世纪60年代设计并首次派出执行任务。它采用了可变后掠翼和加力涡轮风扇发动机,具备跨大西洋自部署能力和低空超声速突防能力。这架F-111F装备有4枚Mk 84激光制导炸弹。"铺路钉"外传感器和激光指示器安装在本来是一个核武器炸弹舱的位置。其最大总重量近100000磅。(特里·帕诺帕里斯收集)

上图：正如莎士比亚在剧本中所写的"工兵总会被自己的炸弹炸死"，低空投弹也难以逃过伤及自身的风险。"炸弹"（Petard）指的是16世纪时欧洲广泛使用的攻城雷，可以倚放在敌方防御工事上，然后炸开一个缺口。"蛇眼"导弹是Mk 80系列炸弹的修改版，用高阻力装置替换了标准后体和翼片。炸弹释放后会自动弹出打开，具备低空、高精确度、垂直落下轰炸的能力。1963年，"蛇眼"质检合格，并于1964年启用。它也可以作为一种传统的炸弹，只需在投弹时锁定关闭减速板即可。（罗伯特·L.劳森收集）

下图："船长"II导弹是"中国湖"的创新之作，目的是为了满足1980年扩大防区外打击距离的要求。"船长"II是Mk 83 LGB通过添加一个"百舌鸟"导弹的火箭发动机改造成的，并于1985年开始部署。它的最大攻击范围为30海里，但有效范围是最大范围的一半，这是由激光指定目标的要求限制的。20世纪90年代初，"船长"II被淘汰，海军更青睐激光制导型号的"小牛"。

上图：最初"鱼叉"导弹是作为反舰导弹设计的，图中所示的是1983年试飞期间携带于A-6飞机上的"鱼叉"导弹。在承担反舰任务时，该型导弹性能一般，效能有限，但随后被改造为了"斯拉姆"防区外对地攻击导弹。（美国海军DN-SC-83-06997）

下图：A-6将武装ASM-N-11/AGM-53"秃鹫"导弹。这是一种电视制导、火箭推进式导弹，高精度防区外打击范围约为60海里。罗克韦尔公司1966年7月收到这份合同，但首飞是在1970年3月。之所以拖延了这么长时间，部分原因是由液体变为固体火箭推进器而引起的。1975年进行了导弹开发和作战评估，但事实证明该导弹过于昂贵，且不可靠，因而没有投入量产。（特里·帕诺帕里斯收集）

复合材料机翼的设计和制造对波音公司和海军的预期更具挑战性。新设计机翼的比例模型通过风洞试验来测试其刚度特性，机翼产生了灾难性的颤振，因此需要重新设计。1987年6月进行了第二次测试，但在制造方面又遇到了问题。1988年5月，第一个机翼还是安装在了格鲁曼公司的一架A-6E飞机上。截至1989年中期，波音公司共生产了179个机翼，另保留增购148副机翼的选项。第二个机翼安装在飞行试验飞机上后在波音公司展开测试，1989年4月首飞，并随后空运到海军航空测试中心（NATC）进行飞行评估。

安装了复合材料机翼的第一架A-6E终于在1990年10月交付给了美国海军舰队，时间比原定计划落后了两年。由于波音公司的延误，39架新建造的A-6E（SWIP）飞机中，前15架都没有安装复合材料机翼。最后，因为1993年海军预算决策的限制，只有大约一半的机队进行了改装，海军决定让A-6比原先计划的时间更早退役。[8]所有A-6的升级改版工作，包括提速项目和SWIP配置的改善于1992年9月被终止。A-6轰炸机部署的数量逐步减少，在1996年12月结束时，最后一架VA-75中队的A-6E轰炸机也从"企业"号航空母舰上退役。恰巧，VA-75也是第一个部署了A-6型飞机的中队，前后共经历了30年。

事实证明A-6非常难以替代。

注释

[1] 20世纪50年代早期，VC-33对F3D的夜间攻击任务能力进行了评估，结果为不建议使用。与"天袭者"相比，其缺乏有效载荷和耐力。
[2] 蓝色有机玻璃可以减少周围的光线，使后舱雷达显示器具备更好的可读性。
[3] http://www.georgespangenberg.com/history2.htm
[4] 实际操作时，系统主要依靠模拟运行，但计算机使用数字运行。
[5] 在BIS试验期间，A-6的指示马赫数下跌至1.025。该机并没有空速红线限制。
[6] 欧文斯《60年代中期"入侵者"战术》，2004.
[7] 1991年1月A-6E TRAM机组人员投放了炸弹，就在"伊拉克最幸运的人"行动结束时激光制导炸弹瞄准并炸毁了桥梁。
[8] 约翰D.摩洛哥《海军考虑逐步淘汰A-6型飞机》，《航空和空间技术周刊》（1993）。

1966年，A-6A取代AD-5N"天袭者"全天候攻击机，但由于其相对于轻型喷气机的强大挂载和续航能力，单座AD-6仍在伴随"入侵者"服役，如"小鹰"号航空母舰上所示。1968年，沃特A-7A"海盗"Ⅱ，AD飞机的替换者开始生产，它们将替换航空母舰攻击部队中这些应该退役的老化和过时的AD飞机。（美国海军，作者收集）

9 轻型攻击机归来

1960年，海军启动了被称为VAX的"天袭者"AD单座型和"天鹰"A4D的替换计划。其中V表示重于空气的航空器，A表示攻击，X表示实验。新飞机除了载弹量更大和航程更远外，还要求在海平面飞行达到超声速。高速飞行可以降低敌方及时感知危险并采取有效防御对策的可能性。这些初步的要求被提供给了海军的飞机供应商，各供应商均提供了设计方案，主要都是装有两台发动机和可变后掠翼的机型。在这种情况下，美国海军通常会举行一次新型飞机的竞标，或者干脆在没有竞争的情况下直接授予合同。

1961年年初，罗伯特·麦克纳马拉成为肯尼迪政府的国防部长。麦克纳马拉制定了系统分析方案，提高了采购中的军种间共性，改变了国防部和各军种间的关系。他还将美国国防部长办公室的监督权力扩大到了各军种的规划和决策过程，要求进行竞争性采购，并进行审查，有效地结束了之前较不正式的做法。沃特的"海盗"II是在他的任期内完成的比较成功的项目之一。[1]

1962年年中，麦克纳马拉建议海军考虑与陆战队和空军共同开发一个新型轻型攻击机的三军共同项目。1962年11月，海军确认了其作战需求后，他再次推进此事，以批准对VAX计划实施投资为条件。于是海军成立了海基空中打击部队研究小组（Sea Based Air Strike Forces Study Group），其工作范围包括所有舰载攻击和战斗机类型以及垂直/短距起降的概念。为支持这项研究，美国海军军械局评估了144种不同的飞机项目，包括航空电子设备相关的改型。方案的效能主要通过是否满足所规定的要求来评估。空战能力是近距离空中支援和遮断任务（防止敌人向前线部队运输补给）评估的一个考量因素。

结论令人惊讶，超声速的能力在攻击机的生存力和重量方面，无论是其开发成本还是单价都显得不划算。海军估计一架超声速攻击机的单机总项目成本可以开发和购买3架亚声速攻击机。从生存能力的角度来看，外部装载炸弹是达到完整的常规（非核）武器有效载荷的唯一可行办法，而其带来的阻力导致无法实施超声速飞行，且无法进行超低空飞行。这样一来，二者的生存性能其实相差不多。

虽然有短期投入使用的需要，但海军希望其新飞机使用新型普惠TF30涡扇发动机为动力。该发动机的效率比现有的涡喷式发动机大，能携带更多常规炸弹且作战半径达600海里。[2] 对于美国国防部而言，美国国防部长办公室（OSD）制定的开发合同规定固定价格由成本、进度、重量、性能和具有可靠性/可维护性的担保来承担未能完成的罚金处罚。

1963年5月，海军作战部长发布了改名为VA（L）的亚声速轻型攻击飞机的特殊性能需求，以区别于超声速VAX项目。一个星期后这些要求被提供给各公司，美国海军军械局在6月底向道格拉斯、北美、LTV和格鲁曼公司发送了报价请求。由于开发风险低时合同才会固定价格,军械局的询价指出,"VA(L)必须从海军目前飞机存货中进行改装",还指定了要使用TF30涡扇发动机。这些公司不到6个星期就提出了技术建议书,又过了3个星期后提出成本建议书。[3]

新型飞机的典型任务载荷是6枚Mk 81"蛇眼"炸弹,攻击半径为600海里;超负荷任务为12枚Mk 81炸弹,攻击半径相同;陆基时的近距离空中支援任务是携带7500磅炸弹,攻击半径为200海里并巡航一个小时(实际上炸弹量增加了32%,比A-1H"天袭者"可以提供200海里半径巡逻的时间增加了100%以

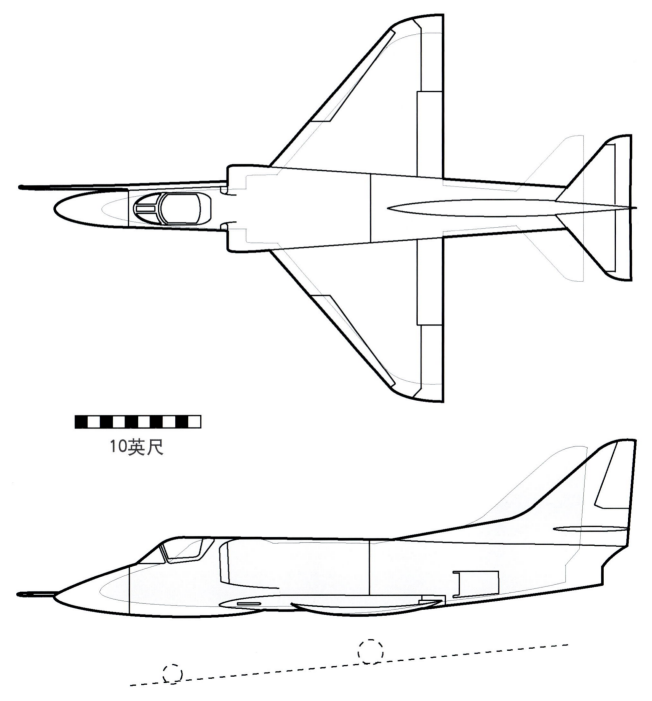

10英尺

上图:A4D-6是1962年道格拉斯提出的方案。该机型用更省油的TF30涡扇发动机替换了A4D-5的J52涡喷发动机,以增加"天鹰"的载弹量和航程。海军进行了竞标,最后选择了沃特公司攻击机"十字军战士"的建议,而未选择A4D-6。

上图：格鲁曼公司的单座型VA（L）方案是在现有机型基础上进行最低限度修改而成。倒置T形适配器提供了至少6个挂架的RFP规范要求。飞机机头两侧还加入了20毫米航炮。（格鲁曼公司历史中心）

上）；最大载弹量为12200磅，约合26枚炸弹。飞机装备有两门20毫米航炮，每门250发弹药。新型飞机只要求有限的全天候作战能力，重点放在了可靠性和可维护性上。

格鲁曼公司管理层仔细权衡了TF30提供动力的F11F"老虎"和一种单座的A-6的变型机的竞争前景，因为他们不得不在服从发动机要求与修改现有飞机二者之间做出抉择。他们决定改进单座A-6，将其原本复杂的航空电子系统用一套多模式雷达航空电子系统代替。水平尾翼增加了折叠功能，使可以存放在给定区域内的飞机数量得到了提高。机头的两侧各添加了一门20毫米的航炮。由于所需的有效载荷与航程对体型庞大的A-6飞机而言不是问题，为降低开发成本保留了其J52发动机，增加了与双座A-6飞机机翼的共性。虽然存在单位成本较高的问题，但格鲁曼公司具有较低的开发成本以及比要求更远的载重航程和较早的服役时间。其与A-6通用性高的发动机、机身结构与机翼系统能够降低开发成本。

其他三个竞争对手均提出了其现有飞机的衍生版本，将发动机换为了TF30涡轮发动机。道格拉斯公司的方案是放大的A-4型飞机；北美公司的方案是FJ-4"狂怒"的修改版；沃特公司的方案则是F8U"十

上图：自1958年5月起，北美FJ-4B"狂怒"已经停止生产，尽管当时它已被人们认可。虽然舰队中队在VA（L）竞争的前一年把FJ-4B换为了A4D，但是这些FJ-4B飞机仍然还在预备役部队服役。为了不影响前方能见度，必要的雷达都安装在了扩大后的发动机进气口下。主起落架收起后放置在机翼前缘向前延伸的整流罩下，以增加机翼内可以存放燃料的空间。（托尼·巴特勒收集）

字军战士"的重新设计。由于道格拉斯公司对任务很熟悉，所以被认为是这其中最有胜算的。根据其1962年8月1日发布的标准飞机特性图表，所谓的A4D-6实际上与A4D-5类似，保留了相同的5个外挂点，不过A4D-6是A4D飞机的放大版，每个方向的尺寸都有所增加，以安装TF30发动机，该发动机比A4D-5的J52的推力大3000磅。A4D-6内部燃油增加了290加仑（36%）。虽然保留了"天鹰"的整体外观，但是细节上存在着显著的不同，尤其是结构方面。由于燃料的增多和TF30发动机的高效率，A4D-6飞机携带一枚Mk 43和两个300加仑的副油箱时，作战半径为960海里，比A4D-5提高了52%以上。

沃特公司的管理层认识到，要想在激烈的竞争中获胜，需要卓越的设计和较低的成本，并且需要由美国海军作战部长办公室决定合同条款。各公司对于攻击机的设计生产经验值得关注，道格拉斯公司具备这方面的经验，而沃特公司在这一点上仅限于具有改装战斗机为攻击机的经验。例如添加了包括"小斗犬"导弹的使用能力在内的空对地能力的"十字军战士"F8U-2NE型。[4] 1963年，F8U-2NE型（即后来的F-8E）开始投入量产。两个安装在机身的挂架适合携带"祖尼"火箭吊舱。两个机翼挂架均可以携带2000磅的弹药或油箱。

沃特的"攻击型十字军"虽然外形与"十字军战士"相似，但具体设计却截然不同。例如，机翼翼型不同且较大，不再具备迎角调整功能。副翼被转移到外侧面板上，每侧内翼面设有3个武器挂架。机身缩短了近10英尺，驾驶舱比之前宽3.5英寸，可提供更多的仪表布置空间。飞行员的座位增高，使其正前方和两侧的视野更为开阔。"十字军战士"攻击机对发动机移动引起的机身断裂问题进行了整改，并减轻了发动机重量。飞行控制系统也进行了改进，以消除F-8在着舰时的操纵性能问题。为保障飞机的航程，内部燃油较F-8燃油容量增加了11%，这对于战斗机而言已经是巨大的数字了。飞机使用了折叠式水平尾翼，以便停放在航空母舰上。

航空电子设备包括导航计算机、APQ-99多模式雷达、电子对抗系统和自动武器交付系统。一个单独的多普勒雷达会测量飞机的地面速度和漂移角度，向导航计算机提供导航数据。计算机将多普勒数据与已知的起始位置、真实的航速和航向变化相结合，使当前位置在滚动地图上显示。一个小型电视显示器用于提供地面测绘、地形跟踪、对空-对地测距、ECM信息和来自"白星眼"炸弹的电视信号。全自动的炸弹投放系统使用雷达、大气数据计算机、姿态和航向参考系统（AHRS）、攻角传感器和加速度计的输入信息，向飞行员提供武器投放信号。

下图：从F8U-2型号开始，"十字军战士"飞机加入了能投放对地弹药的机翼外挂架。1964年2月，VF-162的指挥官约瑟夫·西蒙斯从部署的F-8"十字军战士"飞机上投下了除Mk 76练习炸弹以外的第一颗炸弹，当时该机是从"香格里拉"号航空母舰起飞的。（美国海军）

沃特公司为其改进型F-8的方案制作了创意十足的建议书并大力开展了推销工作。新的系统组件占比较小。与F-8E不同的是，该型机的多数非新组件都是"相似或现成的"。据建议书透露，两型飞机的结构相似度只有13%。事实证明，这恰恰成为它的优势，因为包括格鲁曼公司在内的所有其他竞争对手也提出了对现有飞机的重大改变，但格鲁曼公司的建议过于昂贵。

在美国海军军械局的评估中，北美公司和沃特公司的方案被认为具有大约相同的有效载荷航程，其中沃特公司的方案成本较低。道格拉斯公司和沃特公司的建议中方案基本相同，但载弹量和航程较小。[5]格鲁曼公司的提议似乎并没有被列入短名单。尽管"沃特是毫不费力的获胜者"，但根据乔治·施潘根贝格的口述，这项决定需要向美国国防部长办公室做出非常全面和详细的分析：

> 我们已经可以利用6枚Mk 81、12枚Mk 82、较小的有效载荷以及各种可想象的组合炸弹、"石眼"炸弹、"白星眼"炸弹等完成了30种不同的任务。而这些操作不需要有任何这方面的经验，只要看过有效载荷范围曲线，就能够得到所有的答案。但为了完成整个工作，我们不得不降低有效载荷，并展示出每个挂架上的炸弹或其他用以完成任务的所需装备。我们在这次的竞争中所做的工作比以往所有的竞争都要多。

下图：据官方透露，越南战争中弹药并不短缺，但有时军械队不得不回到很远的炸弹转储处去找到炸弹挂在飞机上。图中这架VMF（AW）-235中队的F-8E飞机起飞时在其右翼携带了一枚第二次世界大战时的2000磅炸弹，除此之外机身侧面还安装有两个"祖尼"火箭发射器。（美国海军陆战队）

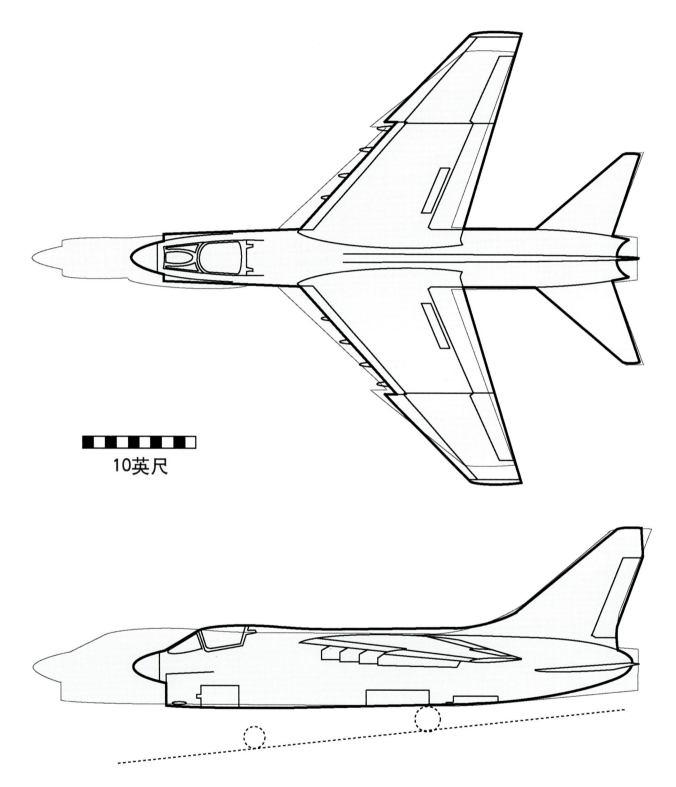

上图:沃特公司对VA(L)的回应是对F8U"十字军战士"进行全面改造,从而完全满足性能指标。由于没有加力燃烧室且只有两门航炮,前机身要被缩短,以维持所需的重心。"十字军战士"的单个减速板被换成了3个:其中两个在前机身下部的两侧,另一个在起落架后方。飞机尾部的垂直尾翼在后期审查布局时从设计图上被改短了,以进一步缩短了飞机长度,这样可以使停在航空母舰上的飞机数量最大化。

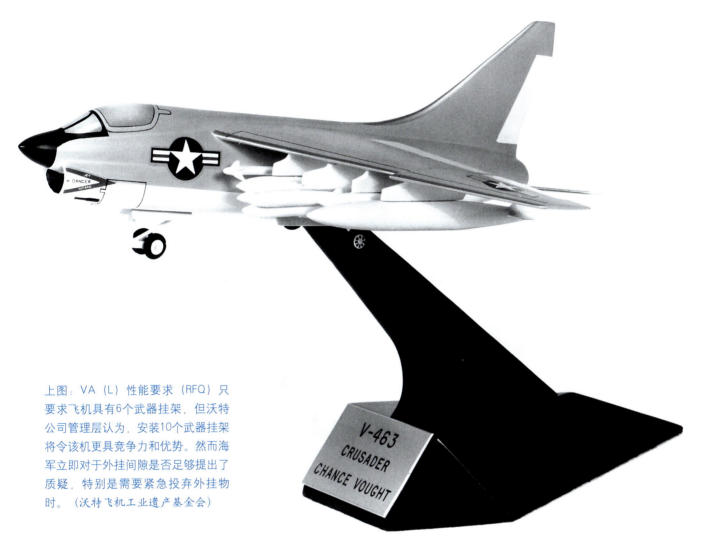

上图：VA（L）性能要求（RFQ）只要求飞机具有6个武器挂架，但沃特公司管理层认为，安装10个武器挂架将令该机更具竞争力和优势。然而海军立即对于外挂间隙是否足够提出了质疑，特别是需要紧急投弃外挂物时。（沃特飞机工业遗产基金会）

第二次世界大战"萨奇剪刀"战斗机战术的创造者——约翰·S.萨奇海军中将是1963—1965年空战的海军作战部副部长。

> 我们指定的潜在承包商的出价是固定价格，而不是以成本加费用确定价格……满足或超过我们的要求不会给他们带来奖金……但是如果在任何一个特定方面不符合要求，如速度、爬升率、生产一定数量的飞机所用时间、维护飞机所需工时、单位飞行时数维护时间等，都会对其处以罚金。在许多领域，我们要求承包商来设定罚款的金额。为什么这样做呢？因为这样可以区分出谁更有竞争力。
>
> 这是我们第一次尝试这样的事情。对于我来说研究各公司的建议罚款金额之间的差异是一件非常有趣的事情。换句话说，其中某家公司可能会为不能按时完成生产计划提出100万美元的罚金，或者如果飞机爬升率低于保证值，会要求自罚75万美元。我们告诉承包商，我们需要他们的保证，我们希望他们说出可以接受的惩罚数。换句话说，这要看他们有多大的信心。
>
> 在信心方面，承包商们有很大的差异。一些承包商在某些领域可以接受很高的罚款，但并不愿意在另一些地方花费太多的罚款。这样一来，他们很明显地就把目光对准了自己的弱点所在。

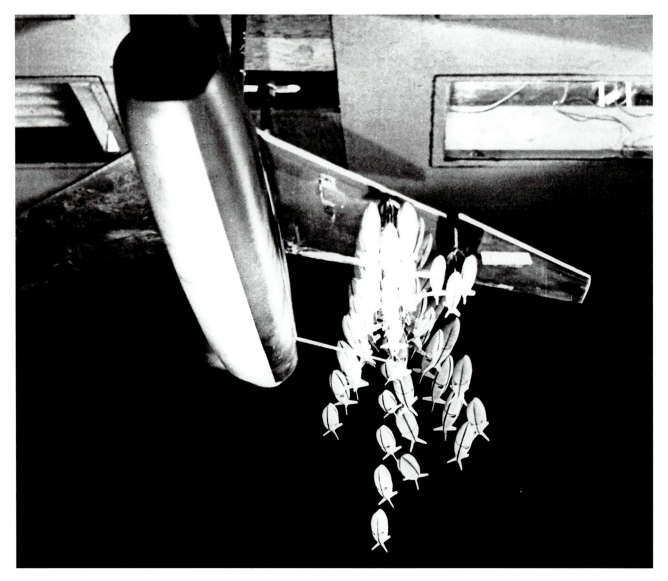

上图：外挂物释放/抛弃通常会先在风洞测试中评估，以降低飞行试验示范过程中出现不满意结果的风险。这张多重曝光照片显示了从中间挂架以最低释放间隔释放的炸弹与外侧挂架上炸弹的靠近程度。这些测试被用来预测被释放外挂物在飞机周围的气流和临近外挂物存在的情况下的表现。（沃特飞机工业遗产基金会）

LTV飞机不仅提案和设计更好，而且假若未能做到这一点，他们愿意承担高额的罚金。他们有信心可以做到，认为这是一个非常低风险的管理计划，并愿意下这个赌注。[6]

虽然1963年感恩节之前，海军已决定选择沃特公司作为A-7的承包商，他们给出了充分的理由，并获得了国防部长办公室的同意，但对于该决定的必要的审查、批准和国会预算，直到1964年2月才被宣布。1963年3月19日，沃特公司终于收到了A-7A的制造合同。

A-7A开发

除了发动机的问题以外，A-7A型飞机仍然是一个低风险的方案，这证明了使用固定价格合同的合理

性。航空电子设备基本上是现成的,机身和平台都是传统的,至少是类似于F-8的设计,而且比F-8的设计还要简单。这一次,沃特公司的工程师们不得不放弃自己的创新性和设计的复杂性,设计了一款相对简单、易于维护的飞机。但发动机不仅是一种新的设计,更是一款全新型号。直到1964年12月,TF-30发动机才装配在飞机上实现首飞,这成为阻碍A-7快速和平稳过渡到操作使用的唯一问题。从1964年6月样机审查到1967年12月3日在越南作战,A-7型花了3年半的时间。

1965年9月27日的第一次飞行提前完成,超支数额并不显著,委员会的检查和勘测试验以及舰队服役程序一年后开始进行。第一批生产的A-7A于1966年11月交付给了西海岸的海军训练中队VA-122(当时VA-122仍然在训练驾驶A-1"天袭者"的飞行员)。在最终的服役验收试验报告于1967年8月2日由检查和勘测委员会发出之前,已经有超过100架A-7被暂时接受。

唯一未能兑现的是空载重量,主要是由于接受了比最初预期重的机翼结构的决策。该决策是为了未来飞机改装的需要,沃特公司认为罚金将会产生潜在的商业价值。可维护性要求为每飞行小时维护17工时,这可以说是一个最具挑战性的要求,历史上该数值一般为30~40工时,但沃特成功做到了。[7]性能指标要求飞机在只使用机内燃料的情况下,可携带6枚Mk 81炸弹,飞行半径为600海里。结果A-7A比要求的还要优秀,可以在携带16枚Mk 81的情况下达到600海里的作战半径。

A-7A一个特别受欢迎的特性是可携带多达6000磅的燃料在航空母舰上降落,沿着五边航线绕航空母

下图:1964年6月全尺寸模型审查之前,A-7的机翼挂架数已减少到了每边3个。原来的3块减速板也已减少到与"十字军战士"一样的仅在机腹保留一块。天线罩的顶端仍然很尖。其头部形状被钝化,以减小机身加长对重心位置的影响。(沃特飞机工业遗产基金会)

舰飞行一周只需要消耗300磅的燃油，这种性能在过去只有由螺旋桨驱动的飞机才能实现。

检查与调查委员会将A-7A和它即将取代的A-4E做了如下比较。

		A-4E	A-7A
折叠翼展（英尺）		27.5（不可折叠）	23.8
长度（英尺）		41.3	46.1
空重（磅）		9548	16015
作战重量（磅）		15533	31441
最大起飞重量		24500	33500
CVA-9航空母舰可搭载量		173	130
航炮/备弹量		2/200	2/720
出厂价格（美元）		700000	1400000
内部燃料（加仑）		810	1500
作战半径（海里）		195	650
轰炸精度（圆概率误差）	密耳	30～50	10.3
	英尺	150～250	134
外挂点		5个	机翼6个；机身2个
发动机	型号	P&W J52-P-6	P&W TF30-P-6
	军用推力（磅）	8500	11350

下图：第三架A-7A的原型机被用来证明它可以携带大量的炸弹，图示情况下，其总载弹量约6500磅，共携带了26枚Mk 81炸弹。这还不是它的极限。在A-7E舰载性能鉴定试验中，至少有一次弹射是在飞机使用普通挂架与复合挂架携带了19000磅外挂后进行的。（沃特飞机工业遗产基金会）

上图：A-7开发过程中遇到的困难像往常一样是出乎意料的。发动机进气口会吸入弹射轨道排出的蒸汽。极热空气的摄入对涡扇发动机的压缩循环造成严重不利影响，使得在发射过程中压缩机瞬时失速和推力损失。最终通过发动机和弹射器轨道密封的组合的调整降低了这样的有害效应。（沃特飞机工业遗产基金会）

该报告和以往的一样，对A-7A给予了正面评价。自动武器传送系统和预期的一样准确，但存在瞄准器瞄准线的保留问题。Mk 12航炮不可靠。无论是雷达还是电子反制措施/防御性电子反制措施（ECM/DECM）都难以令人满意。"飞机的性能让人比较满意，不过增加可用功率将继续提升飞机的性能潜力。"飞机尾烟过于明显，显然要比F-4的拉烟痕迹更加显眼。在越南的作战行动中，减少可视痕迹的重要性已不断上升。讽刺的是，一个困扰飞机运作的问题——液压泄漏，却没有被列为突出的缺陷。

虽然，A-7A在舰载适用性要求方面获得了高度评价，但是由于进气口安装位置低，它与蒸汽弹射器、涡扇发动机相结合产生了意想不到的后果。如1966年年初岸基试验期间所发现的一样，发动机往往会被弹射冲程过程中摄入的过热空气而导致停车。1966年11月压缩机修改后，A-7A首次在海上进行舰载资格认证，在"美国"号航空母舰上完成认证。弹射允许推力从10560磅减少到8810磅，这意味着飞机的最大起飞重量需要减少到34000磅。不过，随后为尽量减少蒸汽泄漏而进行了弹射轨道修改，重新安排了发动机的第12级排气阀（采用了A-6A的发动机和压缩机），因此又恢复了原来的最大起飞重量38000磅。

A-7A最初可携带Mk 28、Mk 43、Mk 57和Mk 61核武器。根据检查与调查委员会（BIS）美国海军武器评估小组在新墨西哥的科克兰德空军基地得出的报告，"A-7A飞机低空导航能力及优秀的航程和续航时间显著提升了其核武器的任务能力。"其主要的缺点在于无法在飞行中改变计算机中的投弹参数。

"百舌鸟""小斗犬""白星眼"和"响尾蛇"导弹的资格认证都是在加利福尼亚州穆古岬的海军导弹中心和加州中国湖的海军兵器试验站于1966年年底和1967年年初完成的。至少有一枚"小斗犬"导弹在从内侧挂架发射时造成了发动机压气机失速熄火,但发动机立即自动重新点火。速度制动板打开时不可以使用内侧外挂点。

VA-147是第一个驾驶A-7A投入战斗的中队,1967年12月,A-7A从"突击者"号航空母舰起飞。在这第一次部署期间,他们飞行了1400架次,只损失了一架飞机。虽然A-7比其取代的A-4有更好的有效载荷和范围性能,但是经验丰富的喷气式攻击机飞行员并未立刻喜欢上它。相对于A-4E,它的动力显得不足,与涡扇发动机相比,这事实上是由涡扇发动机的加速度特性决定的。也有人认为其可操作性较差,因为其加速失速余量较少,如果处理不当,容易发生尾旋。此外A-7还存在液压泄漏的烦恼,这是使用F8U的部件所造成的后果。

A-7不仅取代了航空母舰上的A-4型飞机,也同时取代了海军中队中还没有过渡到A-6的A-1型飞机。SPAD飞行员对A-7的超强耐力印象并不深刻,但对该机的飞行速度、装有多模式雷达和空调感到高兴。滚动地图显示功能如果能保持其可靠性的话会更加受欢迎。

A-7A总共生产了193架,包括3架原型机。

下图:从该样机的照片可以看出,由于其舱门齐腰高且较大,安装在机身侧面,A-7维护性能有所增强。从前到后的机舱内分别是20毫米航炮弹药装弹口、氧气瓶以及航空电子设备。航空电子设备和子系统组合在一起,装在可快速打开的舱门内。(沃特飞机工业遗产基金会)

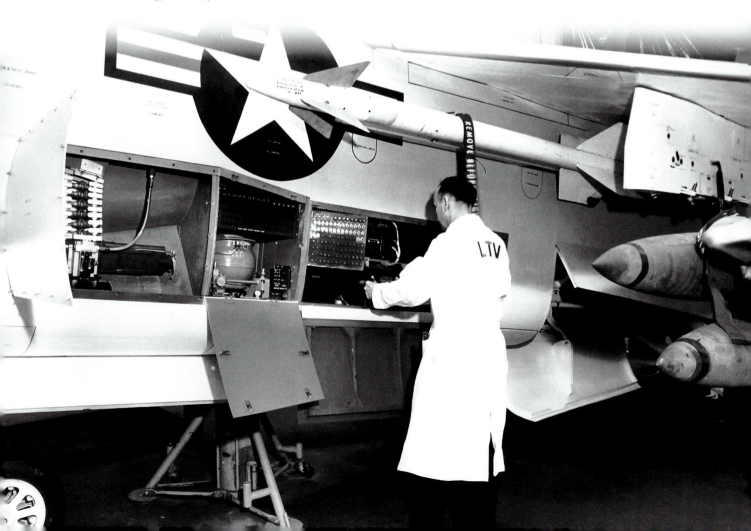

可使用的空对地武器

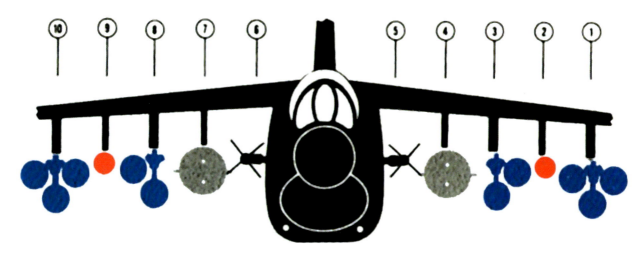

位置1,3	一对LAU–3/A 10管2.75英寸折翼航空火箭吊舱或一对LAU–10/A 10管5英寸折翼航空火箭吊舱
位置8,10	与1,3位置情况相同
位置4,7	一对Mk炸弹挂架或一对双管航炮吊舱
位置2,9	2–LAU–32A/A 2.75英寸折翼航空火箭吊舱

上图：更多的武器挂架似乎是一个好主意，但是由于间隙小，只有极少数的武器组合可以装上挂架放置。这是沃特公司唯一一个在每个挂架上都有载荷的设计。（沃特飞机工业遗产基金会）

A–7B

海军原本打算将其"集成轻型攻击航空电子系统"（ILAAS）安装到第200架量产型A–7上。这是一套数字化系统，与现有的A–7A中模拟计算机管理的航空电子设备截然不同，该系统具有平视显示器，向飞行员提供所有必要的数据，指导其进行精确的攻击或操纵飞机俯冲。

不幸的是，集成轻型攻击航空电子系统（ILAAS）的开发受到了延误。A–7B换装大功率的TF30–P–8发动机，推力为12290磅[8]；其襟翼系统经过了升级且允许设置在任何位置[9]；其制动装置得到了改进；安装了一种改进的"百舌鸟"显示器；新增了电子对抗装置（ECM）并且试图通过引入新的配件减少液压泄漏；减速板最大展开角度减小为50°而不是原来的60°，因为在A–7A上减速板充分展开会产生过度震颤；空重增加了约300磅，但起飞总重量没有相应增加，仍为38000磅，所以有效载荷下降了。

额外的电子对抗装置（ECM）包括被动性和欺骗性能力：ALQ–100发送虚假信号以甩掉威胁雷达的跟踪；ALE–29是一套干扰物投放系统；APR航空电子设备向威胁雷达提供相对方位，在SAM发射时提供特定的警告。

检查与调查委员会（BIS）的试验是在1968年年中完成的，包括从"列克星敦"号航空母舰在海上进行的测试。BIS于1968年12月12日发出了最终报告。自动武器投放系统的可靠性仍然是一个问题。虽然发

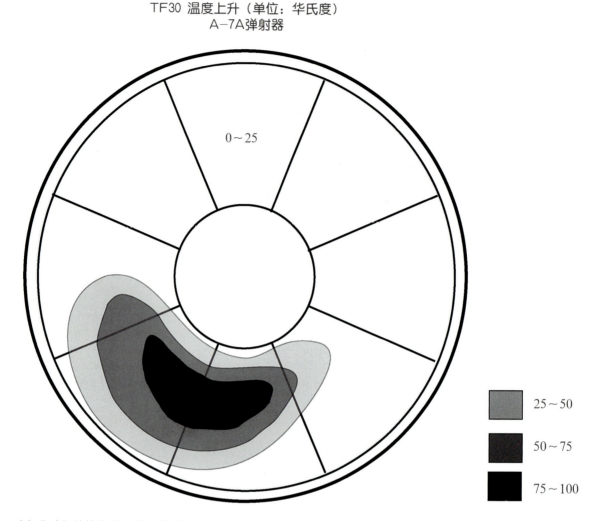

上图：喷气发动机的性能随环境温度增加而降低，这已经够糟糕了，但是蒸汽摄入引起的温度上升是非常局部的，这使得压缩机需要进行修改，以适应更加恶劣的工作条件。

动机在推力上有所提高，但检查与调查委员会的报告指出："由于发动机推力限制，A-7B飞机的全部潜在功能仍然没有实现，这与A-7A的情况相同。"发动机在武器射击和弹射时仍然容易发生压气机失速。飞机必须从"超级密封"弹射器以最低20节的甲板风速弹射，以尽量减少蒸汽的吸入，并提供一个可接受的压气机失速冗余度。

检查与调查委员会报告指出："A-7A或A-7B飞机的性能差别不大。舰队已经提出了许多关于A-7A飞机航空联队协调打击性能方面的抱怨。A-7A飞机的性能，特别是在负荷超过100个阻力系数时，整个机群都需要减速，以适应A-7的速度。"[10]这对于整体任务的成功非常不利。战斗群接近目标的速度越慢，关键的攻击突然性就会丧失更多。此外，打击机群前往目标区域的时间越长，战斗机可用于吸引敌机和返回基地的燃料就会越少。"

实战经验也提高了对飞机生存能力的重视。A-7型飞机的飞行控制系统和F-8型飞机相似。虽然为飞行控制准备了两个分开的独立液压系统，但是控制面由串联驱动器定位，液压管路往往沿同一条路线。如果执行器或液压管线路遭受打击，可能会导致这两个系统中的流体损失，并双双失去控制能力。因此，作动器由装甲板保护，液压管线路也进行了重新设计。

VA-25是AD-6/7型飞机最后的作战中队，1968年11月共收到13架新出厂的A-7B型飞机。经过一个相对简短的全面评估和培训过程，1969年2月中队返回了"提康德罗加"号航空母舰进行作战，这是A-7B的首次部署。A-7B型飞机共生产了196架。

美国空军的参与和改进

虽然原本VA（L）是国防部长办公室制定的联合军种项目，但是美国空军还是偏向于使用现有的近距空中支援战斗机。1964年夏天，国防部长办公室鼓励空军考虑使用低成本的替代品来完成这一任务要求，

下图：A-7可以携带所有类型的外挂。这张宣传照片于20世纪60年代中后期在加利福尼亚州中国湖海军航空武器站附近拍摄。照片中的A-7飞机的每一侧从外到内都装载了"百舌鸟"反辐射导弹、"白星眼"炸弹、大型的"小斗犬"导弹和一枚"响尾蛇"导弹。（沃特飞机工业遗产中心）

于是空军在1964年12月做了一项研究。空军考虑的替代方案为F-5（一款由诺斯罗普研制的轻型超声速战斗机——美国的军事援助计划产物）或A-7。研究得出结论，按照空军的要求，前者优于后者。[11]

国防部长麦克纳马拉要求空军启动一项新的近距空中支援飞机的采购计划，并指出，由于前海军A-1"天袭者"的数量正在逐步下降，因此必须在1967年实现IOC。F-5、A-6和A-7型飞机被提名为潜在的"候选人"。国防部长办公室（OSD）的系统分析组游说空军的战术空军司令部（TAC），希望他们选择A-7型飞机。战术空军司令部（TAC）首选的机型是F-5，不过其空战能力由于去掉了"麻雀"导弹系统而被削弱。随后战术空军司令部的研究证实在敌人的空中和地面防御下，A-7由于其速度较慢，整体损失率较高，明显逊色于F-4。尽管如此，美国国防部长办公室还是坚持低成本的选择。越南战争日益需要的与"天袭者"一样具备优秀航程和载荷能力的机型，而随后1965年10月评估证实，F-5绝对不是这种类型。

1965年11月，美国空军终于决定购买A-7型飞机，但是必须要先解决它的缺点，首先从发动机推力不足开始。由于这是一个海军的项目，空军中相当于项目经理的人员被分配到位于华盛顿特区海军军械局的A-7项目管理办公室。

下图：第一个将A-7A带入战斗的中队是VA-147中队，1967年11月该中队登上"突击者"号航空母舰。图中这架飞机将携带两枚"百舌鸟"导弹、4枚CBU-29/B集束炸弹和两枚"响尾蛇"导弹，即一套完整的作战载荷，进行起飞弹射。"百舌鸟"可以消灭SAM系统的雷达天线，集束炸弹可以杀伤雷达系统的其他设备和人员。（沃特飞机工业遗产中心）

海军和沃特公司已经考虑通过在A-7A型飞机上增加一个加力燃烧室来增加TF30-P-6发动机的推力。因为蒸汽弹射器起飞的协助，这对于海军不像对于空军来说是一个非常紧迫的问题。然而1966年1月，海军要求获得为A-7型飞机添加加力燃烧室的权限。美国国防部长办公室拒绝了这一要求，据说是因为加力会导致作战半径减小，因此在任务性能或生存能力上没有相应的提高。

空军希望拥有更为先进的航电系统，以便实现飞机的全天候作战，还有一些细节上的变化，像使用硬管加油接口取代了软管加油锥套，增加了防滑刹车（海军A-7在湿滑跑道上很难停下来）并用其20毫米的M61加特林式航炮代替了海军的两门20毫米柯尔特航炮。[12]

空军对A-7的要求也遭到了拒绝。B计划则是换装艾里逊发动机公司特许生产的英国罗·罗"斯贝"TF41发动机。"斯贝"发动机是一种成熟的发动机，用于客机以及皇家海军的"掠夺者"飞机，并和加力燃烧室一起被选择用于英国的F-4"鬼怪"飞机。它将增加约3000磅的推力，且可以略微降低油耗。1966年8月，空军的建议得到了国防部长办公室的同意。12月，空军授予了艾里逊公司一份合同。

与此同时，海军和空军的A-7的项目代表们共同推动了航空电子设备的升级方案，包括ILAAS计划中的项目，以提高武器系统在作战环境中的精度。LTV的管理者们最初并不支持这样的方案，因为他们担心先进的航空电子设备系统会使军方无法负担飞机的价格，而相比之下，军方可以购买更多的A-4型飞机来补充在越南被击落的飞机。[13]政府项目管理者最终通过威胁让LTV将合同转给了航空电子公司而不是沃特公司。

下图：A-7A完成了携带完整内部燃料和4个300加仑副油箱的起飞，总燃料量为17000磅。1967年5月，在巴黎航空展上，美国海军的参展飞机中的两架A-7A演示了超长航程。美国海军查尔斯·弗里茨中校和美国海军陆战队亚历克·吉莱斯皮上尉从马里兰州的帕图森河连续飞到法国巴黎，中途未停止飞行或加油。该航行历时约7小时，飞行员降落时，飞机上还有2个小时的剩余燃油。（沃特飞机工业遗产中心）

上图：A-7B型仅在A-7A型基础上进行了小幅度改进。变化包括：添加了ECM能力，这张图片上很明显，雷达告警天线位于垂直尾翼的上部后缘"祖尼"火箭吊舱，加载于外侧挂架上。这些吊舱每个都装有4枚直径5英寸的折叠翼火箭。（沃特飞机工业遗产中心）

下图：俯冲攻击时A-7由一个大型的俯冲减速板制动，这比在F-8型飞机上的减速板还要大，因而效果更好。充分张开后，从10000英尺高空50°俯冲或从35000英尺高度无动力俯冲时，它可以限制飞机的空速在400节。但是，在释放内侧外挂物时，减速板不能打开。因为释放后外挂物可能会立即偏航，有撞击减速板的风险。在这架VA-12中队的A-7E飞机上的外挂物是一套一体式加油吊舱。（美国海军DN-SC-87-05648）

国防部长办公室最终批准的新型航空电子系统是全数字化系统,具有先进的飞行和导航显示、通用数字计算机、惯性导航系统和平视显示器。计算机不仅集成了所有可用的输入数据,而且可以从替代的数据源输入数据。所需的导航、地形跟踪、武器投放和着陆方法数据都显示在平视显示器(HUD)上。

武器投放的实时计算——连续计算弹着点(CCIP)技术,意味着飞行员不需要通过保证特定的俯冲角、航速、高度或重量来达到轰炸精度。炸弹下降线(BFL)会在HUD上的某条线上显示为一个"X",选择的军械如果在那一瞬间释放就能够击中目标。飞行员只需要带领"X"从目标上空飞越,并投下炸弹即可。如果目标移动,飞行员需要适当地引导它。另外,飞行员可以指定目标瞄准"十"字,提交系统投弹,然后执行平视显示器上的转向命令。连续计算释放点(CCRP)模式时,系统会在到适当的释放点时自动释放所选弹药。

因为与海军操作上的差异,459架美国空军的A-7D型飞机与A-7A/B的差异不仅体现在发动机、航炮和航电系统方面,许多细节上也有所不同,包括独立的发动机启动功能、硬管空中加油接口代替受油探管以及拆卸前起落架发射栏。

A-7E

虽然海军已经认识到,A-7飞机需要更大的推力,它最初并不热衷于更换TF41发动机,部分是由于以前与艾里逊公司在给F3H"恶魔"飞机安装J71发动机时不愉快的经历。海军航空系统司令部(之前海军

下图:美国空军的A-7D型是一款非常成功的海军的A-7A/B改进型。考虑到空军不同的设备和要求,它在细节上与A-7A/B型飞机有所不同。例如,在硬管加油受油口取代了海军的空中加油探头,如图可见,受油口位于机翼前缘的机身上。(沃特飞机工业遗产中心)

军械局的一部分）还担心新的发动机又会因蒸汽弹射器环境的使用而出现返工。海军还希望普惠公司可以拿出比TF30更强大的发动机版本。A-7重量的增加和空军对于TF41发动机的承诺终于克服了海军和沃特公司的抗拒。然而，由于TF41发动机尚未交付，前67架安装了新数字航空电子设备套件的A-7飞机，仍需安装A-7A/B使用的TF30发动机。这67架飞机被指定为A-7C。

为解决海军和空军在选择A-7D型飞机航炮问题上面临的僵局，国防部长办公室指定这两个军种都购买装备空军航炮的新飞机。这是一种6管转管炮，发射速度为每分钟4000～6000发，弹鼓总容弹量为1018发。A-7E还采用了A-7D相同的液压系统和防滑刹车系统。而A-7E则单独配备有一部攻击记录相机。

沃特公司勉强保证了A-7E攻击机10密位的轰炸精度，也就是说其在10000英尺投放炸弹的圆概率误差（CEP）为140英尺。A-7A/B展示精度小于20密位，在A-7A服役验收试验中测量值为10.3密位。事实上，在新的航电系统工作时，A-7E飞行员甚至能够达到更好的圆概率误差值。日期为1970年2月27日的军械局服役验收试验报告表示，A-7E型飞机投放低阻力炸弹有可能实现圆概率误差达到4～6密位的成绩。鉴于训练中A-7A/B使用传统的瞄准镜的圆概率误差为100～150英尺，而战斗中误差值往往会扩大两倍，A-7D/E的系统可使训练误差缩小到50英尺，有传言称在战斗中误差不到100英尺。这样的精度在飞行训练中也很少达到。由于一枚500磅重的炸弹要想摧毁一辆卡车需要投放至距离其25英尺的范围内，因此需要在一次进攻中使用多枚炸弹，才能确保摧毁目标。

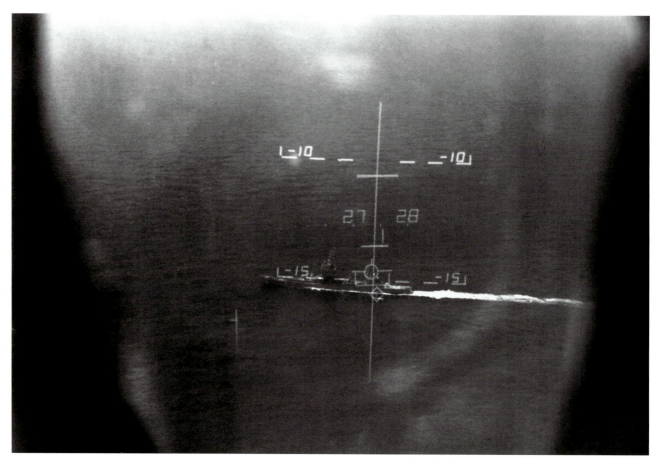

上图：A-7D/E是第一批采用平视显示器取代瞄准器的飞机，平视显示器可以显示飞行速度、姿态和高度等数据。（沃特飞机工业遗产中心）

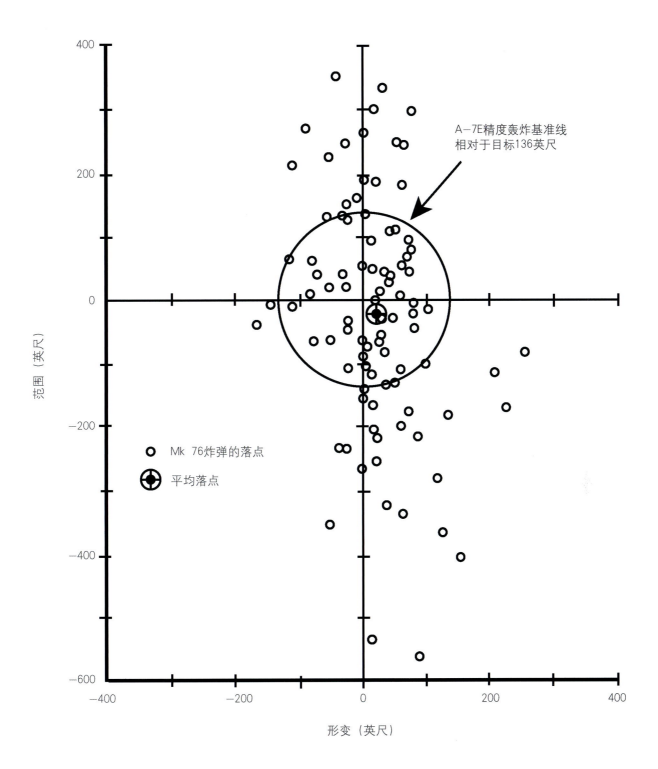

上图：虽然直到那时，A-7E武器系统的精度是所有投入使用的武器系统中最准确的，但是其准确度毕竟是相对的。圆概率误差（CEP）是指若有50%的炸弹落于以目标为圆心的圆内，则该炸弹的圆概率误差为该圆的半径长度。这幅图出自A-7E服役验收试验报告，显示了该目标圆概率误差（CEP）和其他35枚教练炸弹的降落位置（所有炸弹都是同时投放的）。注意炸弹在沿轰炸轴方向的分布长达900英尺，是其宽度分布的两倍多。对于此图表，测试团队对使用多联炸弹挂架投放的炸弹的影响因素进行了纠正，因为A-7E的计算机编程决定其延迟时间为200毫秒，而测量的延迟时间为50毫秒。作为参考，人类的平均预期动作反应时间大约为200毫秒。

上图：A-7E驾驶舱的改进包括移动地图显示，这样一来，移动地图可以直接与雷达的显示进行比较。此外A-7E还具有其他新的特性和功能，如平视显示器，该显示器减少了飞行员工作量，提升了态势感知能力和全天候执行任务的能力，是单座攻击机的一个意义重大的改进。（沃特飞机工业遗产中心）

上图：A-7E的精确武器投放功能并不常使用。图中的几架VA-97中队的"海盗"II攻击机正在根据空军的F-4D"铺路鬼怪"的指令投弹，在前GPS时代，配备远程导航系统的飞机被认为可以精确定位。（沃特飞机工业遗产中心）

下图：这张照片中，军械员正在装载20毫米弹药并回收空弹壳，A-7E的弹鼓位于座舱盖后面的舱盖内。（沃特飞机工业遗产中心）

A-7E于1969年7月开始交付。检查与调查委员会于1969年第4季度完成了试验，10月24—10月26日在"独立"号航空母舰上完成了海上舰载适用性试验，11月24日又登上"美国"号航空母舰完成试验。虽然TF41发动机在飞机起飞时可以提供更大的推力，在着陆时刻提供更好的发动机加速特性，但是A-7飞机装载了新的设备后也更为笨重。TF41发动机在弹射起飞时，不容易产生压缩机失速，所以不再需要超密封弹射轨道和20节的甲板风速。

由于综合航空电子系统最初未能得到普遍应用，A-7E型飞机的发展经历了一个艰难的开端。全面投入作战时，该航空电子系统大大减少了飞行员的工作量，并提高了执行任务的能力。然而，该型号的可靠性不佳，根据服役验收试验报告，子系统的故障会迅速导致其执行任务的能力"很容易地恶化到连它的前身A-7A/B都不如的程度"。除了在目视手动投弹模式下，该航空电子系统不能使用核武器，原因是新的APQ-126雷达和APN-141雷达高度表存在数据错误。根据乔治·施潘根贝格的说法：

> 我们在开始时使用的都是现有的项目，因为我们只能这样做。虽然我们有一个半全天候的系统正在更新开发，但它不是沿空军想要投入A-7D飞机中的系统的方向开发的。后来我们让许多与A-7D相同的航空电子设备和A-7E一起加入了海军舰队。它被海军舰队拒绝完全是由于结构太过复杂。这个系统经历了一段大约半年的作战评估，人们认为其复杂程度无法处理，后来当时的项目经理开始做各种研究，比如"我们应该做些什么""我们应该怎么摆脱这些麻烦"，等等。当系统最终完成了设计后，舰队也开始逐渐适应这种新型系统，因为你必须有这种能力。如

下图：A-7的最后一次大规模升级是增加了一个外挂前视红外吊舱，相比于使用雷达，FILR系统增强了飞机的夜间和全天候作战能力以及投弹的精确度。A-7的前视红外吊舱是完全独立的。带有前视红外吊舱的A-7E飞机于1978年9月首次交付。VA-81和VA-146中队是最早接收A-7E的东海岸和西海岸的中队，他们都使用了前视红外装置。（沃特飞机工业遗产中心）

果我们没有翻过这道坎,我们会一直这样目光短浅下去,所以从长远来看,空军对该型机的装备的要求有利于海军能力的发展。这样的合作形式很好,但这些两军和三军联合项目只有在使用海军设计的机身时,才能有较好的发展。

1970年5月A-7E首次部署在"美国"号航空母舰上,由VA-146和VA-147中队的飞行员飞行。

A-7E显然比之前的A-7拥有更强大的任务能力,因为它具备更有能力的航空电子系统和更好的作战机动性。但是,因为起飞、爬升和执行作战任务所用的燃料都要被计算在军用/过渡(持续30分钟)或最大连续/正常推力设置中,所以它没有达到推力的要求,因此换装TF41的A-7E型的作战半径明显低于沿用TF30发动机的A-7型飞机。

	A-7A	A-7B	A-7C	A-7E
发动机	TF30-P-6	TF30-P-8	TF30-P-8	TF41-A-2
基本重量(磅)	15982	16477	18250	19575
作战重量(磅) 6000磅燃料和12枚Mk 81炸弹	27736	27657	29385	30745
军用推力(磅)	11350	12200	12200	15000
重力比推力	2.44	2.26	2.41	2.05
作战半径(海里)	570	613	567	432

下图:水雷往往用于破坏和封锁敌人的舰船。因为其精确的导航系统,A-7E型飞机被重点投入了水雷敷设任务。因为海军迟早将有清除水雷的义务,了解水雷的敷设位置对于日后的清扫很有帮助。图中A-7携带的是Mk 52水雷。(沃特飞机工业遗产中心)

A-7E型飞机的最大弹射重量为42000磅，其有效载荷为20000磅。然而，以这个重量起飞，气温需要低于50华氏度的温度。80华氏度时的发射重量限制为38000磅，A-7A/B/C也是相同的。

携带有6个机翼挂架、1000发炮弹、4个空MER挂架和两枚"响尾蛇"导弹的A-7E空重约23000磅。这样剩下的最大着陆重量只有2300磅留给燃料了。虽然以目视飞行规则（VFR）收回令人满意，但是人们认为其夜间/仪表飞行（IFR）着舰的表现也只是勉强可以接受。任何挂起的弹药都会相应地减少飞机降落时机上的最大燃料量，甚至达到不可接受的水平。

A-7E型陆续取代了A-7A、A-7B与A-7C型飞机，共生产535架。1980年前后，A-7E进行了一次改进，增加了自动操纵襟翼，这减少了飞行员的体力消耗和A-7在重载或负G机动时的下滑倾向。其作战使用的末期，中队会拆除两侧机翼的各一副挂架以减少阻力。

"小牛"导弹

20世纪60年代后期，空军研制出了弹头重125磅的AGM-65"小牛"空对地导弹。该导弹早期使用电视制导。飞行员使用导弹导引头选择和锁定目标。该导弹于1972年首度投入实战。

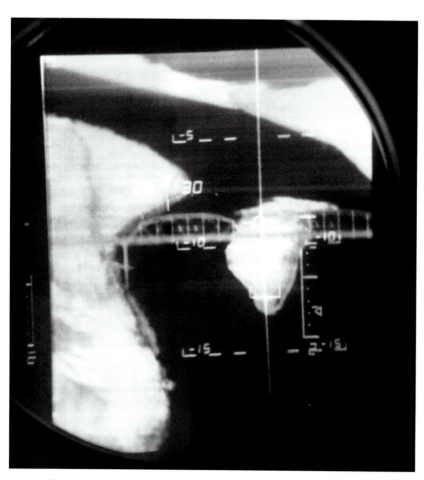

上图：前视红外雷达（FLIR）在与常规雷达共享的仪表盘上可以实现7倍的放大率。它的扫描范围为左右40°，仰角5°，俯角35°。FLIR图像还可以在平视显示器上显示，后者对于温差明显的物体（如一座桥）效果尤其显著。（沃特飞机工业遗产中心）

20世纪80年代初，海军开始逐渐装备"小牛"导弹，并为其替换了主要用作反舰武器的红外图像引导头和300磅重的弹头。1983年AGM-65F IR"小牛"导弹由A-7E飞机发射，并命中了一个驱逐舰目标，但该导弹直到1989年才被部署（激光制导的AGM-65E导弹是为海军陆战队开发的，并于1985年首次列装）。

A-4，近乎永恒

虽然道格拉斯公司在1963年的竞争中失利，但是这并不是"天鹰"飞机的最后一站。一方面，一些飞行员比起"海盗"II来要更喜欢"天鹰"，主要是由于其良好的

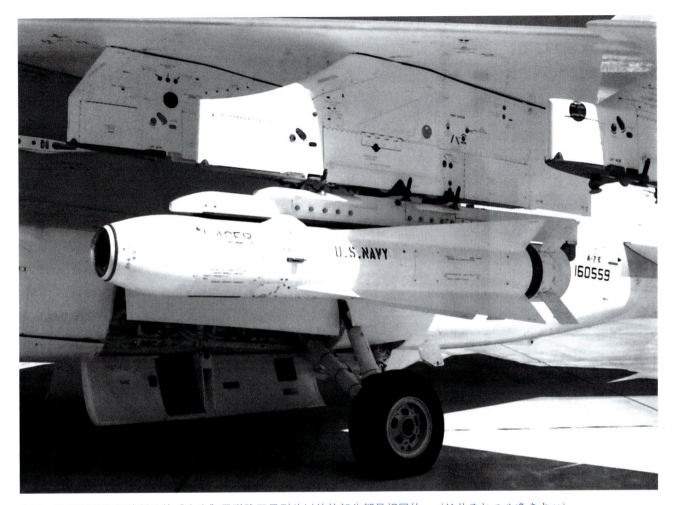

上图：激光制导和红外制导的"小牛"导弹除了导引头以外的部分都是相同的。（沃特飞机工业遗产中心）

机动性和更好的推重比。另一方面，A-4的抗毁伤能力更强，因为它具有飞行控制的手动备份，而不是像A-7飞机的飞行员只能依靠第二液压系统。"天鹰"的支持者承认A-7型飞机具有优秀的航程、载荷、滞空时间和航空电子设备。但是A-7的购买成本相当高，以至于道格拉斯公司可以继续提出相当昂贵的升级方案，而依旧能够保持其竞争力。

道格拉斯公司生产的A-4E（A4D-5）截至1966年完成，和A-7生产启动的时间略微重叠。由于确保维持基本的飞机产量，道格拉斯公司于1965年收到一份合同，要求1967年交付207架A-4F（A-7型飞机显示了自己的价值后，最后60架A-4F的生产被取消）。A-4F型飞机的航空电子设备体型越来越庞大，因此在驾驶舱后方的背鳍上增加了一个可以拆卸的拱背。它还具有前轮转向、大翼升力扰流板、零-零弹射座椅以及9300磅推力的大功率普惠J52-P-8A发动机。交付后，因为质量增大，部分A-4F改装了11200磅推力的J52-P-408发动机和稍大的发动机进气口。它们被亲切地称为"超级狐狸"。在1973年年底，海军的飞行表演队"蓝色天使"开始使用"超级狐狸"飞机。A-4也成为战斗机飞行员战术训练的"敌方"飞机。它的小尺寸和可操作性使其成为"米格"飞机理想的替代者，为新飞行员提供了在现实世界作战的经验。

1969年，海军陆战队希望用A-7飞机取代现有的A-4飞机，但最后选择了用A-4M替代A-4。飞机的航程没有飞机的成本重要。A-4M采用重要的航空电子设备升级后升级为A-4F，其他配置也有所更改，如扩大了座舱盖,改用J52-P-408发动机,增大每门航炮的弹药数为原来的两倍等。为了满足简易机场的运作需要,A-4F具备了自行发动机启动能力,其排气管稍微倾斜向上,能够更快升空,此外还添加了一个阻力伞。[14] A-4的生产于1979年2月画上了句号,一共生产了第2960架A-4(型号包括A-4M)。虽然A-4飞机具备舰载资格,但海军中队从未将其应用于航空母舰力量。1994年,海军陆战队最后一架A-4飞机从某储备中队退役。

A-4飞机被推广到了世界各地,主要被部署于陆基航空兵部队。以色列也评估了A-7,但他们选择了在A-4M飞机机身的基础上重新生产A-4N飞机,将20毫米航炮替换为30毫米航炮,其他航电系统的更新包括红外抑制器等。成本可能是一个重要因素,但是,这些用户和美国海军陆战队一样,并不将航程看作主要标准,同时也不需要具备全天候作战能力。道格拉斯公司在1972—1976年之间共完成了117架A-4N的生产。

在1972年,有关A-4N的采购问题引发了美国海军A-4和A-7飞行员与《航空周刊》的通信与互动。最早的一封信出现在1972年2月。其中一封来自一位后来成为海军中将的杰里·塔特尔海军中校。紧接着的一封信来自一名海军少校(他的名字被要求隐瞒),这位少校主张"国会和海军应就采购(A-4N)装备舰队与后备攻击中队发起调查。A-4N的单位成本将大大低于A-7E"[15]。《航空周刊》随后登出了至少两个反驳意见,其中一个来自海军的一位A-7飞行员。

从生产的角度来看,A-7的生产只比A-4多持续了4年,最后一架A-7E飞机于1983年交付(在此之后升级和修改又持续了几年)。直到其后继型号出现,沃特公司的A-7销量也远不如道格拉斯公司的A-4。

下图:A-4F是最后一款由海军舰载攻击中队采购的单座"天鹰"。这些"超级狐狸"中有许多都如下图所示的该机一样被分配到了3个部署在"汉考克"号航空母舰的VA中队。图中这架A-4F挡住了它身后应该已经取代了"天鹰"飞机的A-7A。"超级护卫"具有略微隆起的发动机进气口,以适应J52-P-408发动机,同时图中的该机配有在A-4F飞机上相当罕见的ALR-45机头雷达告警天线。"汉考克"号航空母舰上的一些A-4F型飞机还配备了激光指示器,TA-4F的后座飞行员可引导激光制导炸弹。(罗伯特·L.劳森收集)

上图：由于A-4飞机的又一次重大升级，海军陆战队忽视了A-7型飞机。只有海军陆战队采购了A-4M。这一架A-4M被分配到了VMA223中队，1984年4月在科珀斯克里斯蒂海军航空站拍摄了这张照片。以色列空军购买了类似的A-4N。（菲利普·弗雷戴尔）

上图：体型娇小的A-4"天鹰"是"蓝色天使"使用的第一款非战斗机机型（使用F-14和A-7的请求被拒绝）。该机取代了F-4，后者运营花费昂贵且易发生事故。即使无加力，它也是一款很好的表演机，因为具有优良的滚转率。（美国海军DN-SC-8409556）

上图：海军官方对于中队涂装和标记限制多年来一直有所变化。战术涂装计划出台后，限制变得尤其严格，因为任何的哗众取宠的涂装都会妨碍隐蔽。然而，出于士气考虑，上级有时也会允许舰载机联队的每个中队拥有一架涂装鲜艳的飞机。这样的特殊标记通常被涂刷到舰载机联队长（CAG）的座机上，在图中所示的这架飞机，就是VA-72中队参与"沙漠风暴"行动的纪念。注意图中飞机的任务标记、沙漠迷彩、飞行员名字和海军飞机识别代码。（沃特飞机工业遗产中心）

然而，"海盗"II是非常成功的项目，而且是仅有的3种同时被美国空军和美国海军使用的作战飞机之一。A-7E最后一次部署是与VA-46和VA-72中队一起在"约翰·F.肯尼迪"号航空母舰上的部署，属于"沙漠盾牌"和"沙漠风暴"作战的一部分。它们的贡献包括1991年1月17日黎明前对巴格达和周围的雷达站的攻击，该项名为"大约翰"的部署一直持续到3月。

具有讽刺意味的是，空军和海军的A-7被与之完全不同的机型所取代。美国空军在装备A-7之前曾使用过超声速战斗机执行近距离空中支援和空中遮断任务，但他们最终决定采购亚声速A-10飞机。而在1946年开始列装攻击机，并在其后的30年里持续让攻击机中队和战斗机中队各自独立的美国海军则采购了一款超声速战斗机，并令其在VFA中队中扮演双重角色。

注释

[1] A-7是1962年美军指定编号变化后第一架更名的飞机。它在沃特公司"闪电"活动中曾被非正式地称为A3U。

[2] 在涡扇发动机中，前几个阶段压缩的空气有部分绕过了燃烧过程，这导致了通过发动机的空气量的增加。涡喷式发动机与其相比，使用的是相同量或者更少量的燃料，却能够产生同样的甚至更大的推力。旁通空气和核心流空气的比值（涵道比）越高，就推力越大。其缺点是在高速飞行时的推力稍差，这使得用作超声速战斗机动力装置的该类型发动机最初并未被接受。因此，涡扇发动机率先在油耗较低的民用喷气客机上得到运用。海军当时原本打算让最终取消研制的F6D"标枪手"装备TF-30。但最终该发动机将用于A-7以及命运多舛的F-111B。

[3] 这些极短的响应时间说明承包商早已在前瞻性的设计上做过很长时间的努力了。

[4] 由于考虑到预算和导弹的作战行动中存在的缺点，F8U-2NE（F-8E）使用"小斗犬"的资格随后被取消。"驼峰"后来被用于安装ECM和航电系统。

[5] 虽然它可能在竞争上不会有任何实质性的影响，但是值得注意的是，1960年埃德·海涅曼已经从道格拉斯公司脱离出来。他除了是总工程师外，还是公司最好的销售员。

[6] 海军上将约翰·史密斯的回忆录，存于安纳波利斯的美国海军学院口述历史计划（1977年）。

[7] 维护难度也很大。如果飞机的维修需要超过每飞行小时17个工时，海军就可能会将飞机退回并要求退还经费。

[8] 在实际情况下，P-6和P-8型推力几乎相等。

[9] 唯一的好处是减小了起飞时的襟翼角度，由原来的完全张开变为30°。

[10] 计数均与外部负荷相结合，并用于计算性能。例如，数据208代表20枚Mk 82SE炸弹和4个MER。数据95则代表水平挂架上携带6个M117。

[11] 这尤其显示出A-7A推力的不足和F-5航程的不足，甚至有人开玩笑说A-7的起飞距离基本就是F-5的作战半径。

[12] 空军使用了硬管式空中加油组件，因为大型战略轰炸机比探头与锥套系统更高的燃油输送效率。它还使机动性较差的轰炸机和加油机的挂接更加方便。

[13] 沃特公司对道格拉斯公司的担忧并没有错。海军陆战队并没有选择A-7，而是购买了A-4M，与A-7E同年开始交付。

[14] 鲍勃·拉恩只能在起飞滑跑的全过程中拉控制杆，压缩前轮支柱才能达到原来A4D的升空规范。当他按照所需的旋转速度拉杆时，支柱就会像一个压缩弹簧突然被释放一样，提供额外的力矩。《看到诱人的命运》，第132页。

[15] 《航空周刊》1972年7月17日，72页。低成本无疑仍然是正确的选择。根据1973年2月6日发行的《航空周刊》的一篇文章所述，法国海军报告：与100架A-4相同的成本只可以买到60～80架A-7。

下图：20世纪60年代后期，空军在陆军的要求下，终于打破了使用战斗机进行近距空中支援的传统，发展了一种专门为该任务设计的飞机，重点用于摧毁坦克和其他装甲车辆。1972年竞争的结果是费尔柴尔德公司的A-10"雷电"II飞机（又名"疣猪"）。其装备中有一门巨大的30毫米航炮，还有11个挂架，可以加载如图所示的"剑柄"。1974年，A-10在飞行竞标中战胜A-7D，这使得"海盗"II从空军逐步移交到了空军国民警卫队部队。（美国国家档案局）

下图：当沃特公司营销部门安排了这样的阵容时，他们似乎已经对赢得海军新项目VFAX胜券在握。F-8被许多人认为是最后的航炮战斗机机型，A-7作为攻击机有极好的口碑，沃特公司曾与通用动力公司联手向海军提出了F-16的变型机，该机型可以满足战斗机和攻击机两种机型的要求。（沃特飞机工业公司历史基金会）

10 走陆路一架，
走海路两架

20世纪70年代初，美国国防部长办公室敦促海军开发一种低成本的战斗机。1972年，格鲁曼公司认为其生产合同与固定价格选项没有考虑经济通胀因素，要求继续提价。于是国会限制F-14的生产数量，要求其以每年生产50架的速度生产334架F-14，这意味着不是所有的海军和海军陆战队战斗机中队都能够配备F-14型飞机，因此需要延长F-4使用寿命。在考虑包括F-15在内的众多替代品后，海军提出了"舰载战斗攻击试验机"（VFAX）研究项目，用来替代F-4和A-7两种飞机。

海军希望VFAX设计的生存能力、可维护性、可靠性以及成本达到平衡。[1]最大速度只需要达到1.6马赫。相对来讲加速度更为重要，这也许是受"海盗"II飞机的影响，如果不是加速度方面的问题，它本可以胜任。海军还希望该型机能够派生出一款垂直/短距起降型号，从而替换海军陆战队的AV-8和A-4飞机。

国防部长办公室批准了该计划，海军于1974年6月发出预先征集通知。7月中旬，7个承包商提交了初步设计方案。在此之前，空军勉强同意进行的轻型战斗机计划（LWF）有了进一步的结果：1972年4月，空军分别与通用动力公司和诺斯罗普公司签订了两架飞机合约，两机分别被授予了YF-16和YF-17的型号，且都是体型轻小、仅配备最低限度设备的空中格斗机，因为这种飞机的单价低，空军可以购买足够多的数量。LWF的所有武器仅限于一门20毫米的M61航炮和两枚"响尾蛇"导弹。YF-16在1974年1月首飞，YF-17则是在6月。通用动力公司和诺斯罗普公司都加入了"轻型战斗机计划"，以其改型机参加VFAX竞标。

1974年9月，美国国会否决了海军另起炉灶的新战斗机计划，并指示海军购买空军LWF计划的衍生机型。美国空军LWF计划也被称为"空战战斗机"计划（ACF），这就是为什么美国国会决定的海军新战斗机计划名称是"海军空战战斗机"（NACF）的原因。以下是联合委员会的拨款报告。

> （众议院和参议院与会者）同意按照由参议院提出的建议向舰载战斗攻击试验机（VFAX）项目拨款2000万美元。与会者支持采用成本较低的方案来补充F-14A战斗机并替换F-4和A-7飞机，不过，与会者要求这种飞机的研制要最大限度地利用空军"轻型战斗机"和"空战战斗机"项目的技术和硬件。2000万美元提供给一个新的项目单元（名为"海军空战战斗机"），而不是舰载战斗攻击试验机（VFAX）。选定的空军空战战斗机适应航空母舰操作的能力是使用所提供资金的前提条件。以海军用于所需的修改设计为目的，资金可以下放到承包商。未来资金要取决于海军生产选定空军空战战斗机衍生设计的能力。

海军航空系统司令部被迫取消了其VAFX采购计划，并将其重新定向到两个轻型战斗机计划的承包商。因为两家公司都不是传统的海军承包商，不具备承包舰载飞机的经验，所以每一家都与一家有经验的公司合作，通用动力公司与沃特公司联手，诺斯洛普公司与麦道公司联手。

两种轻型战斗机计划（LWF）的战斗机之间的主要区别是，YF-16型战斗机有一台发动机，而YF-17型有两台。这两种设计均使用了线传飞行控制系统，但YF-17型战斗机还有一个机械备份。通用动力公司在气泡式座舱盖内以比平常更大的倾斜角度[2]安装了弹射座椅，气泡式座舱盖可提供更好的可视性，大座椅倾角则能够减小迎风面积。诺斯罗普公司的设计纳入了大于YF-16型飞机的翼根前缘边条（LERX）并加入了双垂直尾翼。这样的组合允许飞机在极低速和高迎角姿态下进行控制飞行。

经过承包商的一轮相对简短的方案迭代后，空军与双方签订了样机研制的协议，并同时启动了研制工作。两款飞机的性能均不会低于空军的要求。1975年1月，空军部长宣布，通用动力公司的YF-16型飞机被选定进行全面发展。如果说它有什么重要的优点，那可能单发动机造价较低，且具有更优秀的航程和不俗的瞬态可操作性。YF-16型飞机和空军的F-15型飞机一样使用的是普惠F100发动机，而YF-17的发动机是通用电气公司生产的J101发动机，该型号的发动机刚刚验收合格，因此还并没有被装备。它的燃油效率更低。

在此期间，双方团队也在改进其方案，以满足海军的舰载战斗攻击试验机计划（VFAX）的要求。这不仅需要竞标型号具备舰载兼容性（能够弹射起飞和拦阻着舰、机翼可折叠等），而且还具有可携带更多

下图：这架F/A-18C载有两枚炸弹、一枚激光制导炸弹和两枚"响尾蛇"导弹，2002年年底从"亚伯拉罕·林肯"号航空母舰起飞前往伊拉克上空巡逻。携带这种挂载时，"大黄蜂"能够同时完成所需的对空和对地任务。（美国海军020921-N-9593M-086）

的内部燃油能力、更强的空对地能力、更大的雷达以及"麻雀"导弹发射能力。海军在1974年12月接收到了设计团队提交的建议。由于任务和操作要求的不同,两架飞机包括其半主动制导雷达制导导弹在内,在细节上与原型机有着显著的不同。

沃特公司最初提出了两种不同的YF-16型,1600型和1601型。1600型采用的是F-14型的普惠F401发动机,并完全适应海军的任务要求。其配置比起1601型的配置,与空军的F-16型差距更大,1601型使用了F-16型的F100发动机以及F-16型的航空电子设备和武器装备。1600型和1601型飞机的重量分别为18454磅和16876磅。1601型飞机由于其与F-16型的共性和较差的空战能力,价格也更便宜。两种机型都仍然需要对机翼进行重大修改,以适应总重量和要求的着陆速度。机翼面积增大,并通过增大翼展和添加边界层控制面具备了所需的低速条件下副翼有效性。为了最大化机翼面积和襟翼放下的最大弯度,一个全长度的"克鲁格"襟翼被加入到前缘襟翼中。两种飞机许多其他的操作/服务专用系统,例如起落架和飞行中加油组件等也不同,但分别与A-7D型和A-7E型相同。

与沃特公司一样,诺斯罗普公司保留了YF-17型的气动布局,但在细节上做了大量的重新设计,并增大了机身和重量,以满足海军的作战任务要求。例如,机翼面积从350平方英尺增加到了400平方英尺。机翼前缘增加了一根长边条,以提供一条气动屏障,最大限度地减少近地迎角下翼展方向的气流。前缘和后缘襟翼偏转角度增加了50%,襟翼展开时副翼会下垂。海军型保留了YF-17型升降舵控制系统的机械备

下图:为准备竞争VFAX项目,麦道公司也驾轻就熟地开发了双发动机飞机——诺斯罗普公司的YF-17型飞机,海军则成为其客户。(美国国家档案局)

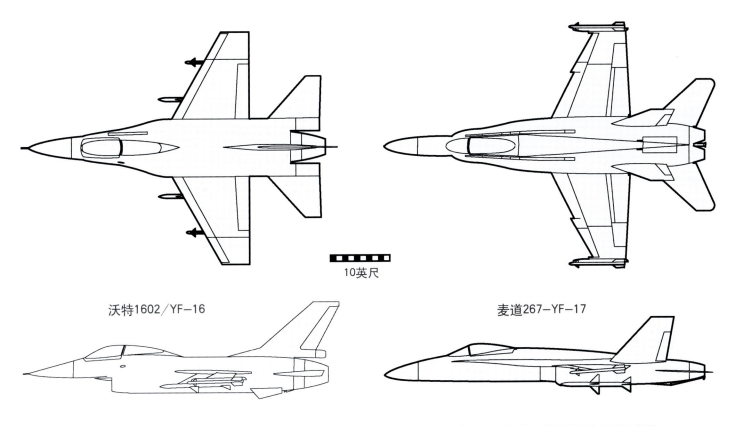

上图：虽然麦道267和其参加ACF竞标的YF-17的区别程度同沃特1602与YF-16不相上下，但是乍看之下其实也颇为相像。

份，该系统提供了紧急俯仰和横向滚转控制，部分减轻了海军航空司令部关于线传飞行控制的冗余不足的担忧。驾驶舱几乎完全翻新，增加了3个大型多功能显示器并在节流阀与驾驶杆上集成了许多新功能。

1975年1月初，海军拒绝了两家公司的建议，因为他们认为两家公司的飞机都没有达到海军的要求。与此同时，空军也宣布了其决定。鉴于国会的指示，这时候的海军似乎除了购买沃特公司的飞机以外已经别无选择。然而，海军进行了独立的选择。令人惊讶的是，国防部长办公室对此也表示了同意。结果，麦道公司选择继续竞争，毕竟大项目的机会并不多见。

麦道公司修订的主要变化是用J101发动机的大功率版本F404取代J101，该发动机增大了涵道比，且在海平面上增加了10%的推力。该修改方案扩大了飞机的飞行范围，提高了飞机的加速度、最大速度以及最大升限。

沃特公司修订后的1602B型提案于1975年3月4日提交，该型号增强了飞机的任务性能和适用性，但也增加了与F-16型飞机的区别。两种型号飞机的共同点（如基本形状、飞行控制系统和电气系统以及液压和环境控制系统等）比不同之处要少得多。区别包括：机翼展弦比和面积增加，机翼后掠角减小，前缘和后缘襟翼所变化，机翼弯度被消除。机身结构布局相似，但细节上有许多区别。如果国会的意图是空军和海军购买非常类似的小型战斗机，海军作战和任务的要求将选择F-16A型号的飞机，而沃特公司1602B除了外观以外，其他方面都不符合要求，就像诺斯罗普公司的YF-17和麦道公司的267一样。

1975年5月，海军宣布选择了以麦道公司和诺斯罗普公司的YF-17为原型，按战斗机要求设计，命名为F-18，其攻击型命名为A-18。海军偏爱YF-17派生机型的原因如下。

- 它有两台发动机。
- 按照海军的要求量身定做。
- 舰载兼容性更好。
- 拥有线传飞行的机械备份。
- 不依赖于美国空军计划。

据其随后向国会的介绍,这两种飞机与海军的要求比较如下:

	要求	沃特1602	麦道267
航程半径(海里)	400~450	400	415
对面打击半径(海里)	550	685	655
最大马赫数(中间推力,高度10000英尺)	0.98~1.0	0.94*	0.99
战斗升限(英尺)	45~50000	42650*	49300
单位剩余功率(英尺/秒)	750~850	723*	756
0.8马赫到1.6马赫加速度(秒)	110~80	105	88
最大机动过载(G)	7.0~5.5	5.26*	6.6
最小航空母舰进场速度(节)	125~115	125	130*
单发动机变动率(英尺/分钟)	500	N/A	565

* 不可接受。

在成本评估中海军得出结论,尽管麦道/诺斯罗普方案是两个方案中成本更高的一个,但是需要考虑到F-18和A-18型飞机相比于其符合海军要求的整体优势。

对该选择的抗议

林坦科·沃特空间公司(LTV)航空航天部门经理当即向总审计局(GAO)提出抗议。[3] 他们的主要依据是,国会规定海军应该根据空军战斗机的选择来确定选择哪一种空中战斗机型,而现在海军选择的设计既不符合前者,在性能上也不是最优秀的。他们还指出,在接到任务和海军的要求建议后,他们曾提出过一个以F-16为原型的设计,而他们的竞争对手"被允许使用未开发的发动机来将以前不被接受的飞机改进为后来被海军选择的F-18"。[4] 抗议要求

左图:原海军的计划是装备由麦道公司生产两种略有不同的飞机,如图所示携带"麻雀"和"响尾蛇"导弹的F-18型战斗机,与图中携带4枚激光制导炸弹以及"响尾蛇"导弹的A-18型攻击机。(杰伊·米勒收集)

F/A-18A/B飞机

- 高可靠性，高可维护性
- 先进的气动布局
- 数字化飞行控制
- 数字化航空电子设备套件
- 先进机组人员工作站
- 10860磅内置燃油
- GE M61 20毫米航炮
- 休斯APG-65 多任务雷达

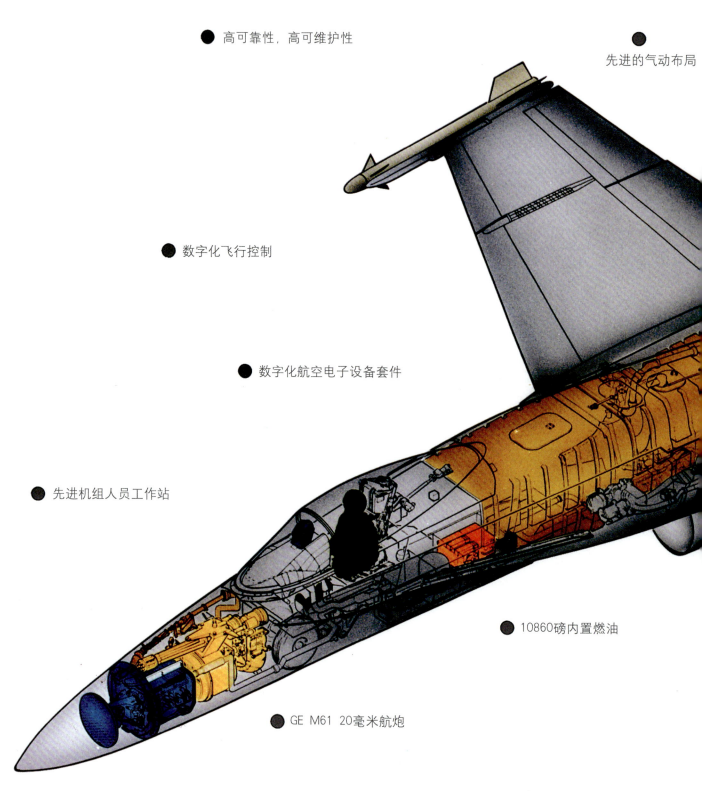

10 走陆路一架，走海路两架 | 283

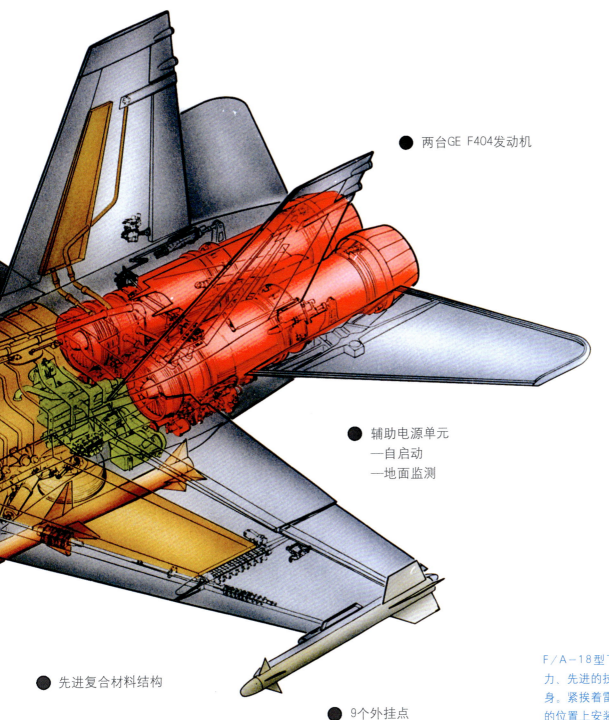

● 两台GE F404发动机

● 辅助电源单元
　—自启动
　—地面监测

● 先进复合材料结构

● 9个外挂点
　—麻雀
　—响尾蛇
　—FLIR/LDT/Scam
　—空对地武器
　—油箱

F/A-18型飞机集各种能力、先进的技术和设计于一身。紧挨着雷达上方和后方的位置上安装了航炮，这是一个高风险的设计，但事实证明电子和武器设备的并列是可以接受的。注意垂直尾翼上的油箱，它最大限度地利用了内部燃料容积以满足海军的要求，同时减少YF-17尺寸的增加。（杰伊·米勒收集）

弹药配置的灵活性
相同作战半径下的外挂比较

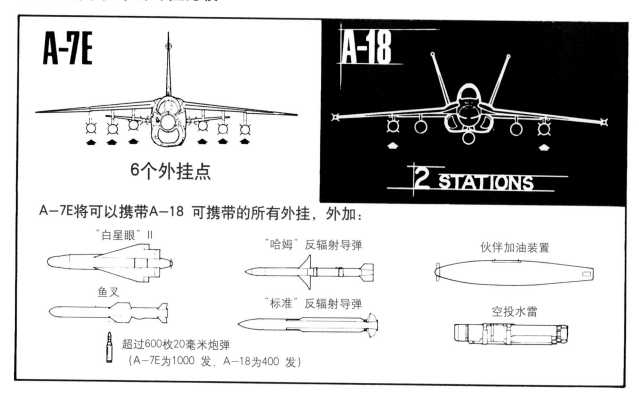

上图：沃特公司失去了继续竞争的机会且抗议失败，于是开始继续进行A-18与A-7E型飞机的特点比较的营销造势活动，突出了其强度和航程上的优势。在沃特公司手册的这个页面中所描述的A-18只有携带3个副油箱时才能达到A-7型飞机以内部燃料就能达到的任务半径，而且武器挂载能力不足。最终的F/A-18型飞机可以携带"鱼叉"和"百舌鸟"导弹（图中所描绘的其实是后来的AGM-88 HARM反辐射导弹）。但是F/A-18型飞机从来没有作为空中加油机使用过，因为不像A-7型飞机，它几乎连为自己提供足够的燃料都成问题。（沃特飞机工业遗产中心）

把F-18和A-18选择搁置下来，而将竞争向整个航空航天业重新开放，并向所有竞争者提出相同的基本规则。[5]

在沃特公司抗议中的其他论点之一是，海军认为其发展成本和生产成本过低而将其显著上调。沃特公司指出："这些夸大的数字从该公司的跟踪记录角度来看莫名其妙且不切实际。在过去的27年期间，林坦科·沃特空间公司在飞机和导弹计划目标成本中占有的平均比例一直保持在2.2%以内。"[6]

沃特公司对于海军对1602型缺乏舰载兼容性的评价表示愤怒，并准备了一份详细的反驳书。海军认为，该型号飞机降落时会达到一个足够高的俯仰姿态从而受到"尾部撞击"。海军设计规范规定："无损害的地面飞机"角度等于或超过达到最大升力系数时迎角的9/10，而沃特公司的建议没有满足这一要求。然而，沃特公司对此辩称：①F-16的迎角限制器排除了俯仰姿态下尾部撞击的情况；②最小进场速度下，1600型飞机机尾与地面间隙除了不如A-4"天鹰"以外胜过一切现有的舰载飞机，没有飞机在飞行中受到尾部撞击。

海军对国会购买空军战斗机的要求的回应是：这并不具备法律约束力。它还对沃特公司的其他抱怨进行了讨论，但结果并不让林坦科·沃特空间公司满意。该公司和总审计局以海军的立场提出了详细的反驳，"它可以自由地选择无视国会选择F-18飞机的意图。"[7]一个星期之内，海军司令部发送了其对于林坦科·沃特空间公司回应了总审计局提出的反驳，开头是这样的：

> 林坦科·沃特空间公司在1975年7月14日的信件中提出了对于海军1975年6月16日报告主题的抗议。我们没有必要逐页纠正你们在该文件中对于海军立场的曲解。我们在6月16日的报告中阐述了我们的观点，而我们只要求保持其原意，而不是被林坦科·沃特空间公司的回复曲解。

林坦科·沃特空间公司并不同意海军对于为F-18和A-18发展"新"发动机所需时间的预测（林坦科·沃特空间公司认为，新的竞标不会对新飞机的可用性产生不利影响），也不赞同海军对林坦科·沃特空间公司方案的技术和成本的评估。他们以A-7的比较为基础，对F-18攻击任务的适用性提出了质疑。在7月21日给总审计局的致函中，林坦科·沃特空间公司在华盛顿的律师指出：

> 值得注意的是，即便是海军对F-18型飞机评价的结论也指出，F-18在舰载适宜性和舰载适用性性能方面定性为边际，在航空电子设备领域定性为边际或可接受，在仪表着舰系统（ILS）可靠性/可维护性领域定性为边际，在生存能力方面定性为不可接受或边际。报告中定义的"边际"是指其缺陷的"程度使其只能在重大改变后才可达到要求"。被定义为"不可接受"的缺陷其程度为：原方案需要进行大幅度返工，且需要进行重新评估。

麦道公司面临的另一个困难是，国防部分析重新审核了海军的预算并得出结论：海军可以使用开发和生产500架F-18和A-18的6亿美元的投资来购买相同数量F-14。二者的差别在于，比起F-14型飞机，F-18型飞机每年将少花费约1.5亿美元。白宫管理和预算办公室也在考虑命令海军重新进行选择，为了实现其最初的低成本空中作战战斗机的目标，不要局限于选择F-16或F-17的变型机。

海军作战部长被迫写了一封信给捍卫F-18项目的众议院军事委员会和参议院拨款委员会主席。信函时间为1975年7月8日，作了如下总结：

> 综上所述，收购F-18符合海军的最佳利益，我相信，也符合美国的最佳利益。其费用海军能够负担得起。F-18与F-14相结合，可以以最低的成本来满足我们的作战要求。我请求您对这个非常重要的海军项目表示支持。

尽管林坦科·沃特空间公司的努力使他们的抗议得到了海军、国会和产业内（尤其是格鲁曼公司）的一些人的支持，但是1975年10月的报告说："海军的行动并不是非法或不当的行为，因此抗议必须被拒绝。"

> 美国国会已经表现出了对于国防部的轻型战斗机/空战战斗机计划（LWF/ACF）的重大兴趣，并一直密切关注海军试图开发一种重量轻、成本低的、可在航空母舰上有效操作的战斗机的计划。1975年国防部拨款法案会议报告中的声明，即"未来资金视海军对空军选定的空中作战战斗机设计的派生能力而定"，指出在全面发展基金提供之前，国会将密切审查海军的选择。因

此，F—18的进一步开发最终决定尚未作出。

对于麦道公司来讲，幸运的是国会领导层已经失去了迫使海军购买沃特飞机的兴趣。由于海军要求的变化，沃特飞机已经不如F—18型飞机与F—16型飞机了。尽管如此，业内F—14的支持者以及有兴趣的旁观者并没有停止扼杀F—18和A—18项目的尝试。乔治·施潘根贝格——最近退休的海军司令部的评价司主任，他曾在海军服役了40年——在给参议院拨款委员会的证词中猛烈抨击了这个项目：

> 对战斗机案例的总结不难发现，F—18型战斗机与F—4型战斗机相比能力上没有提高，而成本却比后者高；同时它的性能远远低于F—14，虽然F—14较为昂贵，但其出现的时间却早于F—18。F—18没有理由可以成为海军战斗机。
>
> 作为一种攻击机，考虑到其内部燃料量较少且无法更好地衡量F—18真正的范围特性。回想起来，A—7型飞机存在的合理性，部分是由于A—7的能力是A—4能力的两倍。虽然如报告所记述

下图：认识到A—7E型飞机相比于A—18型飞机没有足够的机动性和加速性能，沃特公司提出了使用F/A—18基本发动机的非加力版本的双发A—7衍生机型。（沃特飞机工业遗产中心）

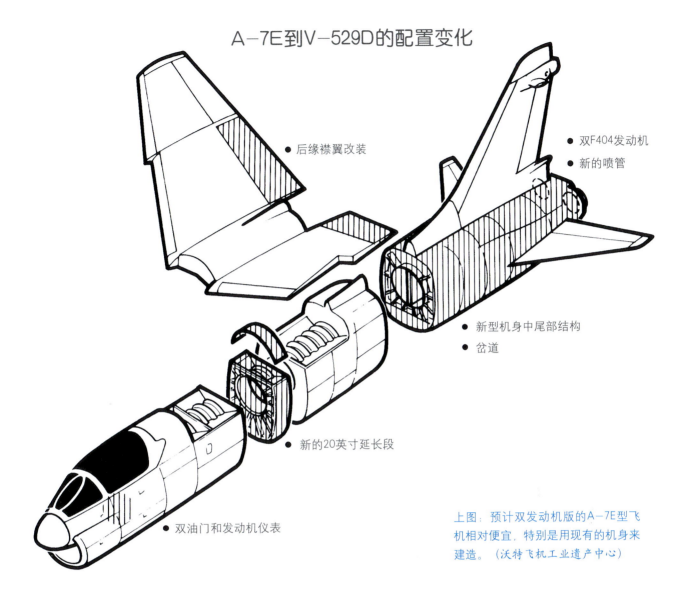

上图：预计双发动机版的A-7E型飞机相对便宜，特别是用现有的机身来建造。（沃特飞机工业遗产中心）

的，A-18型飞机在设计上的其他方面还有缺陷，如果认真考虑，其航程性能本身就足以取消其作为A-7型飞机替换者的资格。F-18比A-7的价格高50%，而能力仅是其一半，显然作为攻击机不具有存在的合理性。

总之，无论是作为战斗机还是作为攻击机，F-18型飞机既不具备时效性，也不符合成本效益。F-18与F-14的总成本大约相同但性能上却大大逊色于F-14；与F-4相比，其性能稍逊一筹，而成本却远高于F-4；与A-4相比，F-18不仅航程不足而且更为昂贵。F-18在海军寻求F-4和A-4替换者的15年间所进行的任何成本效益研究中都不可能获得认可，因此没有任何理由继续该项目。

沃特公司的抗议已经被拒绝了，但其管理层并没有放弃试图让F-18和A-18计划取消。1977年5月，沃特公司提出了A-7E的现代化机型，其公司型号为529D，采用两台非加力的通用电气公司F404发动机。发动机的更换将弥补A-7的主要不足——推重比，但不会显著降低飞机的载弹量和航程。沃特还打算让众议院议长奥尼尔、参议员特德·肯尼迪和埃德·布鲁克以及马萨诸塞州的政治家在场边摇旗呐喊，因为无

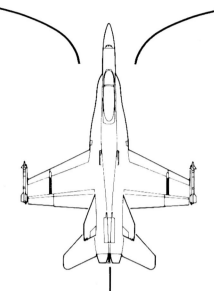

"大黄蜂"的休斯APG-65雷达的先进数字技术在轻便可靠、结构紧凑的装备下具备双重能力(空对空和空对地)。

"大黄蜂"的可靠性成了战术飞机的新标准,相较于已有的舰载飞机提高了3倍。

完全数字化的四重线控飞行控制系统使得F/A-18具备机械或者机械、模拟飞行控制系统无法企及的灵活度。

"大黄蜂"驾驶舱的五个主要控制和显示原件(平视、雷达、多模式、上前和移动地图)对比F-4和A-7的显示器可以为飞行员提供更多有用的信息。

通过设计维护,F/A-18的每小时飞行时间的维护工时(MMH/FH)均比目前的机队战术飞机少60%。

高生存力,凭借精心设计,F/A-18的致命脆弱区域比F-4和A-7小了70%。

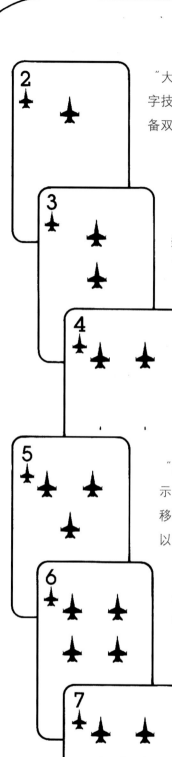

"克敌法宝",F/A-18的人机队具有不同寻常的能力、灵活性、可靠性,可以适应如今和将来的任务需要。

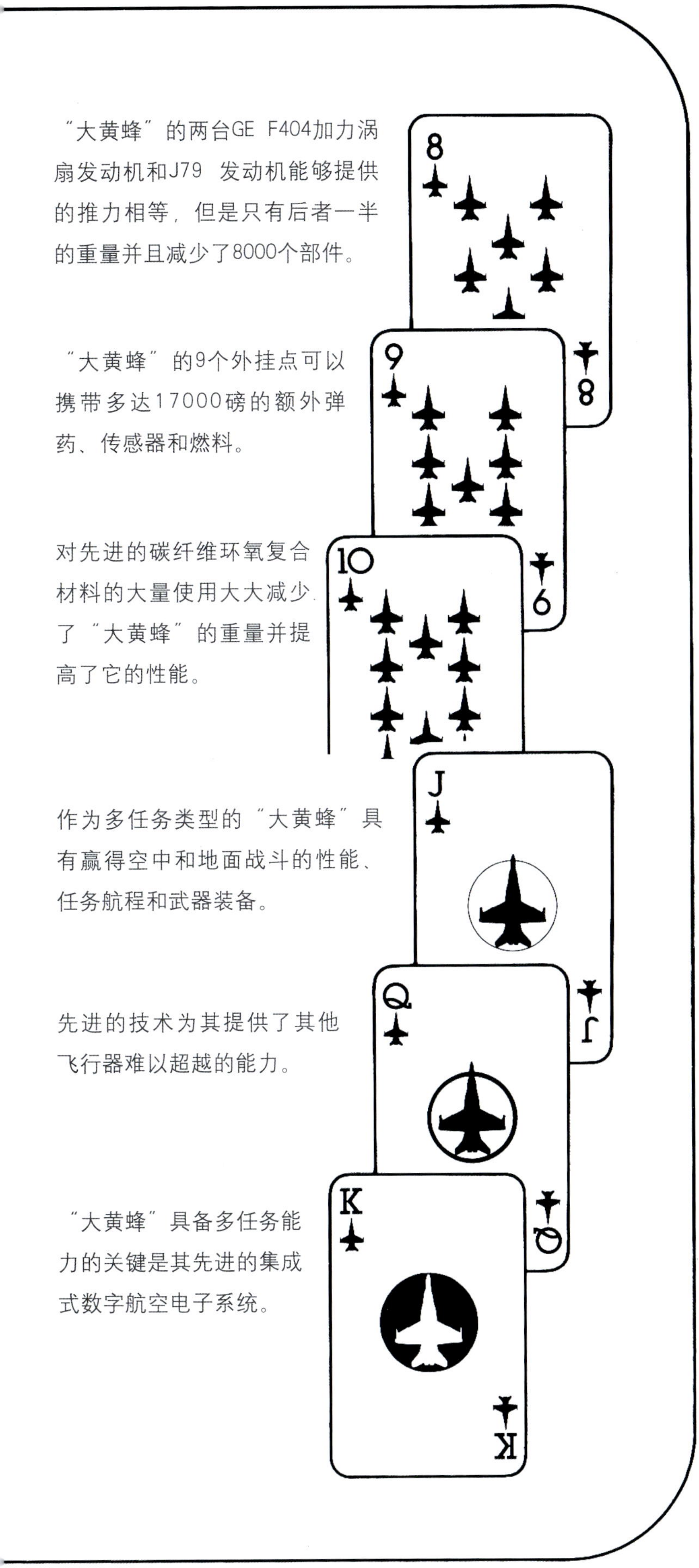

"大黄蜂"的两台GE F404加力涡扇发动机和J79 发动机能够提供的推力相等，但是只有后者一半的重量并且减少了8000个部件。

"大黄蜂"的9个外挂点可以携带多达17000磅的额外弹药、传感器和燃料。

对先进的碳纤维环氧复合材料的大量使用大大减少了"大黄蜂"的重量并提高了它的性能。

作为多任务类型的"大黄蜂"具有赢得空中和地面战斗的性能、任务航程和武器装备。

先进的技术为其提供了其他飞行器难以超越的能力。

"大黄蜂"具备多任务能力的关键是其先进的集成式数字航空电子系统。

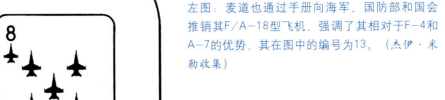

左图：麦道也通过手册向海军、国防部和国会推销其F/A-18型飞机，强调了其相对于F-4和A-7的优势，其在图中的编号为13。（杰伊·米勒收集）

论是F-18还是A-7都将采用建于马萨诸塞州林恩的GE发动机。沃特公司将格鲁曼公司拉入了自己设计团队，表面上是因为其具备双发动机的经验，其实是为了确保海军对他们的支持。作为安抚，海军陆战队与麦道公司签订了AV-8B的合同，此举预计将显著降低成本。

退休和现役海军军官以及平民定期参加反对A-18支持A-7的辩论。即使海军最高级别领导层内前后不一致的支持也没有明显的效果。据乔治·施潘根贝格介绍："到1977年时海军又一次改变了发展方向，国务卿伍尔西向当时的国防部长哈罗德·布朗建议将F-18项目取消。海军将使用F-14和A-7型飞机，而海军陆战队将使用F-14和AV-8'鹞'。[8]"

海军的"大黄蜂"支持者还是在尽力维护A-18。首先，A-18的优势在于它有更大的推力，并不仅仅是加力燃烧室增加推力，而这恰恰是A-7的一个公认的缺点。A-18有两台发动机，虽然对于A-7而言发动机故障从来就不属于重大的问题。F-18的支持者声称，F-18在最佳状态下飞行（速度比A-7快），可以在与A-7载弹量相同的情况下达到与之相同的航程。[9]其中部分是因为在目标区域做类似的演习时A-18需要的推力小，因此消耗的燃料少。

海军最初打算购买两种基本配置略微

不同的"大黄蜂",一种作为专门的战斗机即F-18,另一种用作攻击任务即A-18。然而,在按照需求定稿的过程中,二者的分歧越来越少,于是这两种配置合并成了一种,并于1978年9月应海军作战(航空)部副部长的要求被称为F/A-18。[10]"大黄蜂"中队也将获得一个新的名称——VFA,来表示其双重任务——战斗和攻击。有人担心海军飞行员不能同时精通多个不同的任务,特别是在单座飞机中。许多战斗机飞行员的前辈们,都曾哀叹机载系统操作带来的燃料损失,而现在他们则面临着在F-4飞机上需要承载第二位机组人员。

1978年11月,11架预生产的F/A-18试飞。飞行试验的发展相对一帆风顺,但意外的是平面形状需要一些变化,因为该机是以YF-17原型机为基础设计的。例如麦道公司建议的机翼和水平尾翼前缘的突出物就不得不被取消。最重要的意外情况是针对滚动率的问题对部分结构进行了重新设计,该问题是由机翼弯曲减少了副翼的有效性引起的。解决的方法是:加强机翼抗扭箱,增大副翼,并添加了滚转时前缘和后缘襟翼偏转。计算机控制地表运动的顺畅度方面,通过令放下起落架时前轮内倾来减少前轮离地速度。由于

下图:F/A-18飞机第一架样机的首飞是在1978年11月完成的。大型双开缝后缘襟翼、下垂副翼和前缘缝翼相对较高的翼载荷为其提供了合理的进场速度。(作者收集)

F/A-18的驾驶舱设有三台多功能显示器,一个图中无法看到的平视显示器和手动操纵杆节流控制装置。这些设备共同向飞行员提供信息和行动,使一名飞行员就可以完成战斗机和攻击机任务作战的工作量。大多数的F/A-18飞行员都具有视频游戏的经验,这对于操作有一定的帮助。(杰伊·米勒收集)

垂直尾翼向外倾斜，此次偏转可以提供机头向上需要的俯仰力矩的最后一个增量。1980年11月，在帕图森河对F-18进行初始作战测试和熟悉飞行空战机动评估的过程中，海军损失了一架F-18。此后数字飞行控制软件被进一步修改，以便为自旋恢复提供更多的控制权限。

1980年4月，第一架"大黄蜂"量产型面世，同时单位价格的问题开始显现。1981年，沃特公司再次提出了两种不同的A-7的升级版本作为海军的A-7X，即"下一代海盗"。其中一种由两台非加力GE F404发动机推动，基本上与1977年提出的A-7E升级版本的安装相同。另一种是单发动机飞机，采用了加力GE F101战斗机发动机，看起来非常像A-7的蓝本F-8"十字军战士"飞机。A-7X的空重增加了约1000磅，但最大弹射器重量增加了4000磅，因此有效载荷增加了3000磅。两种A-7X对A-7E的航电套件有适度的升级（包括F-18的多功能显示器），且在机头安装了前视红外雷达（FLIR）和可更换吊舱。A-7X（F404）几乎和A-7E有同样的有效载荷和航程，且具有更高的性能和灵活性。具有相同载荷的A-7X（F101）任务半径超过A-7E型飞机20%，燃烧室加力时最高速度可达1.4马赫，瓦解了F/A-18的加速度和高速性能优势（而且并非偶然地，海军本打算购买F101，用来替换F-14备受非议的TF30的发动机）。

下图：A-7X是沃特公司对F/A-18项目最后一次竞争尝试，它与F-8"十字军"非常相似。该方案的设计是由一台单一的加力通用电气公司F101发动机提供动力。前视红外吊舱被嵌入进了前机身一个较低的位置。（沃特飞机工业遗产基金会）

由于海军陆战队的支持，"大黄蜂"战斗机成功通过了这一年的作战评估，成为麦道公司F-4战斗机的替代机，F/A-18计划挺过了这场挑战。[11]1981年第一架F/A-18飞机被交付给舰载训练中队VFA-125后，"大黄蜂"支持者的数量也有所增加。和A-7相比，这该机就像是一台美式大马力肌肉车。飞行员表示，座舱显示和控制减少了相当多的工作量，驾驶该飞机实现单座和多任务操作是可以接受的。

带有激光指示和测距功能的前视红外吊舱与基本飞机同时进行了开发。1980年11月，红外吊舱装载于T-39进行了首飞，并于1981年8月在"大黄蜂"上进行了首飞，1983年12月开始生产交付。340磅重的前视红外吊舱只有A-7吊舱的一半大小，安装在左侧"麻雀"导弹的机身外挂点上。其前视红外（FLIR）功能可向多功能显示器提供热图像。含有激光跟踪仪、打击相机的吊舱或热成像导航设备（TINS）吊舱可以安装在飞机的右侧外挂点上。后来这些功能都被添加到了一个新的左侧吊舱中。

为了平息1981年关于"大黄蜂"有效载荷/航程的批评，海军进行了一次模拟飞行打击任务，"大黄蜂"从帕克斯飞到佛罗里达州奥兰多附近的松堡空军基地靶场并返航，中途没有进行加油。"大黄蜂"共携带了4枚1000磅炸弹、3个315加仑副油箱、2枚"响尾蛇"导弹、1个前视红外吊舱、1个激光标定仪/攻击记录相机吊舱以及570发炮弹。官方新闻公告指出，这是一架完全按照标准配置的飞机，其携带燃料量比额定量少700磅，但仍然在携带4000磅炸弹的情况下飞行了1240英里，并有足够的燃料返程，12月8日，国防系统采购审查委员会建议批准F/A-18攻击机全面投入生产（早在6月该委员会就已经建议使用"大黄蜂"实施战斗机任务）。

F/A-18A作为攻击机的作战评估并不理想。其作战评估于1982年由VX-4和VX-5中队完成，"大黄蜂"在评估中暴露的缺陷包括：不符合航程规范；循环周期不足；由于飞机携带军械返回时燃料储备不足[12]，不能满足最大着陆重量；在一些较老式的非核航空母舰上起飞需要更大的甲板风速。对于这些缺点，麦道公司对此的反驳是评估时飞机没有以最佳的速度和高度飞行。其随后增加了着陆重量；甲板风速

下图：1979年11月，F/A-18在"美国"号航空母舰上初步完成了航空母舰上舰资格认证。1982年4月，在"卡尔·文森"号航空母舰上完成了第二期更为广泛的海上试验。图片显示的是其中的一次弹射。这是设计独特的椭圆形油箱的初次使用，椭圆的外形是为了确保安装在中心线外挂点时保持弹射器与油箱之间的足够间隙。（美国海军，特里·帕诺帕里斯）

的要求通过飞机和弹射器修改得到减小。麦道还声称"A-7是为大航程大负载战斗设计的,而F-18是用于小负载精密投弹的,且大大提高了速度和生存能力"[13]。

该作战评估(OPEVAL)并非全是负面的。F/A-18在"轰炸精度、雷达的性能和可靠性(100架次无故障或维护)、空战能力和多角色的灵活性、整体的可靠性和可维护性、发动机的性能和飞机的可用性"等方面都做得很好。[14]

两边的支持者都继续强调特定的武器和燃料负载使用的优势。例如,F-18型飞机使用内部燃料的作战半径(略大于A-7型飞机)在携带两枚1000磅炸弹后只有220海里,而A-7的作战半径为400海里。但F-18的支持者指出,F-18有2个315加仑的副油箱,考虑其外挂物的安排,"大黄蜂"飞机可以携带6枚1000磅炸弹、2枚"响尾蛇"导弹和2枚"麻雀"导弹;相同航程状态下,A-7可以携带6枚1000磅炸弹和2枚"响尾蛇"导弹,但不能携带"麻雀"导弹。此外,"大黄蜂"打击目标和自我防御时具有更好的加速和高速机动能力。

更换A-7为F/A-18与需要更换F-4飞机原因相同。既然"中途岛"号航空母舰仍在部署,替换海军中的F-4也是必要的,因为该级舰的燃气引流板和航空电子设备支持没有得到升级,仍无法搭载F-14。"富兰克林·D.罗斯福"号航空母舰最后一次部署是在1977年4月,而"珊瑚海"号航空母舰直到1989年9月才退役,"中途岛"号航空母舰则于1991年8月退役。由于F/A-18型飞机已经可投入使用,F-4于1983年9月在"珊瑚海"号航空母舰上完成了最后部署,1986年5月在"中途岛"号航空母舰完成了最后部署。然而,由于"珊瑚海"号航空母舰要进行全面检修,F/A-18A型飞机的第一次部署始于1985年2月(在"星座"号航空母舰上),当时该航空母舰上正好有两个中队要更换A-7型飞机。1985年10月,"珊瑚海"号航空母舰带领4个F/A-18A中队(其中两个是海军陆战队中队)和一个A-6中队部署到了地中海,恰好赶上与利比亚的对抗。

约翰·雷曼曾于1981年成为美国海军部长。他是美国历史上亲力亲为的海军部长,也是一名经验丰富的海军航空兵,曾是A-6飞机的预备役

LAU-10 4管"祖尼"火箭吊舱

LAU-61 19×2.75英寸折翼式高速火箭吊舱

LAU-68 19×2.75英寸折翼式高速火箭吊舱

曳光弹投放器

左图:1980年4月,F/A-18A的武器展示一如往常地具备强大的视觉冲击力,但其中包括了一些奇特的外挂物。例如,如果没有外挂副油箱,"大黄蜂"最多能携带前排8个SUU-45曳光弹投放器中的5个,而如果正常执行任务只能携带1个。同样,它只能装载图示BLU-95的一半数量。出于某种原因,其武器装备中没有精确制导武器,不过在机身"麻雀"导弹挂架上隐约可看见激光制导导弹和前视红外吊舱。(杰伊·米勒收集)

上图:由于在"艾森豪威尔"号航空母舰上进行舰载性试验时出现了高速度下滚转率和低转速下间距控制能力的问题,F/A-18A 3号机的机翼和水平尾翼均做了调整。在机翼上的凸起被去除,全动平尾增加了凸起部分。(杰伊·米勒收集)

轰炸/领航员。1985年,雷曼面临预算紧缩,需要对替代竞争性采购F/A-18进行研究。雷曼已经注意到1984年麦道公司的利润上升了28%,销售增长了11%。诺斯罗普是合理的候选人之一,因为他们已经在制造F-18机身的中心和后段部分,并且是F-18型飞机的主承包商。研究的主要目的是尽可能地迫使麦道降价,因为重新选择一个机型所需要的投资一定会超过降价带来的经济补偿,更不要说学习驾驶新飞机的成本投入了,这将导致飞机总的生产过程分开到两条生产线。因此无论如何,都不会出现第二个来源。

比起之前的合同,"大黄蜂"在包括航程在内各方面都要逊色许多。[15]

	规格	FSD	Lot 14
航程半径(海里)	420	319	302
对面打击半径(海里)	618	437	398
油箱(数量/加仑)	3/300	3/330	3/330
单位剩余功率(英尺/秒)	753	617	584
0.8~1.6马赫加速度(秒)	98	144	180
最小航空母舰进场速度(节)	128	140	142

更重要的是,大黄蜂较差的续航能力使得其相比其他飞机在航空母舰循环运作时需要更加小心注意。由于甲板空间有限,航空母舰上一般的操作为弹射、前拉、着陆、后拉的周期往复进行,这意味着除了在紧急情况下,飞机只能每隔90分钟左右着陆一次。F/A-18被比作"草地飞镖",因为把它扔出去后它马上就会落回来。因此,雷曼为海军陆基空中加油机申请预算用来支持在地中海的航空母舰舰队的行动。参议院军事委员会拒绝批准独立于战略空军司令部的加油机力量。1985年年底,雷曼的担忧

上图：此处显示的AN/AAS-38B前视红外瞄准装置位于传统的"大黄蜂"的左侧外挂点。它包括右侧外挂的激光点跟踪器（LST）功能、AN/ASQ-173激光探测器吊舱以及左侧外挂的一个狭窄视野（FOV）的前视红外和激光目标指示器。-38B吊舱换成了得到显著改善的AN/ASQ-218（V）先进瞄准前视红外吊舱（ATFLIR），还有整流罩上的广角前视红外导航仪代替了位于右侧的更换备用吊舱以及AN/AAR-50热成像导航套装（TINS）。飞机油箱通常安装在中心线和右翼吊舱以便前视红外视野最大化。（凯文·D.奥斯汀）

成为现实，由于空军加油机的支持在中途撤回，"珊瑚海"号航空母舰的F/A-18战机在进行攻击练习时，几乎耗光了所有燃料。该航班依靠从"萨拉托加"号航空母舰紧急起飞的KA-6D得以安全脱险。

虽然造成此次事故的原因并非是F/A-18的航程问题，但是"珊瑚海"事件令人们重新注意到了"大黄蜂"航程/耐久性方面的缺点。根据《军队报》文章对它的描述，"在'星座'号航空母舰第一次部署F/A-18战机期间，所有A-6架次的70%~93%都是执行加油任务。而正常情况下，所有出动的A-6架次只有大约三分之一是执行加油任务。"同一篇文章中重申了F/A-18与A-7的比较，装有4枚Mk 83炸弹时，F/A-18的任务半径只有A-7任务半径的一半。[16] 一些批评的声音来自海军或中小型游说团体，他们看到了F-18具威慑力的纵深打击任务的扩散推广。他们是被格鲁曼公司教唆的，试图维护并扩大其F-14和A-6的生产。

众多反对F/A-18计划的行为都没有取得成功。这得益于制导武器和动力武器的应用。只需要携带两枚炸弹就能够处理掉一个目标，因此需要外挂副油箱不是一个缺点，这样飞机可以具备更远的航程，所以这对于F/A-18来说并不是一个障碍。此外，它还具有其他的可爱之处。它非常可靠，每飞行小时的维护

上图:"蓝天使"的F-18型飞机在高速大迎角飞行,在空气潮湿的条件下周围的气流清晰可视。图中就可以看到前缘缝翼内侧和外侧的端部较密集的旋涡和前缘延伸面(LEX)较为分散的气流。1984年,飞机垂直尾翼附件接头开裂的问题被发现。这是因为为了推迟机翼失速并提高迎角而安装的前缘延伸面所产生的气流旋涡使尾翼的负荷高出预测。加固装置被安装在垂直尾翼的基座上。前缘延伸面上还添加了一块小型气动挡板来消减旋涡,以减少尾翼上的负载,并仍然提供更好的升力。(作者收集)

下图:1985年10月,"珊瑚海"号航空母舰第一次部署的F/A-18中队恰好返回地中海与利比亚对抗。"大黄蜂"被用于在"草原之火"行动中进行空中战斗巡逻,并于1985年4月15日在埃尔多拉多峡谷的行动中使用"哈姆"高速反辐射导弹攻击利比亚防空雷达和导弹基地。(杰伊·米勒收集)

上图：为了将AGM-84E防区外发射对地攻击导弹（SLAM）的射程增加一倍以上，新型AGM-84H SLAM ER（ER指"增程"）添加了导弹翼。如图所示的这枚AGM-84H SLAM ER导弹，正在海军军械试验站（NOTS）中国湖博物馆展览。该导弹具有更远的航程、威力更大的弹头，并且进行了软件的重新设计以提高对目标点的指示能力。导弹翼是用铰链连接的，因此这样就可以在机翼挂架上存放下导弹。SLAM ER第一次从F/A-18C发射是在1997年3月。库存的SLAM导弹可加装ER组件进行改造。（特里·帕诺帕里斯收集）

工时比F-14、F-4、A-6、A-7型飞机的都要低。其最初的事故率非常低：经过154000小时的飞行服务后，事故率为每10万小时5.2次。与此相反，A4D型飞机的初始意外发生率几乎为每10万小时60次，A-7型飞机为每10万小时32.9次。对于F/A-18型飞机，战斗机飞行员经过极少的培训后就能够达到可接受水平的武器投放精度，攻击机飞行员更是对其加力发动机的加速性和可操作性大加赞赏。大部分F/A-18型飞机都参与了1991年"沙漠风暴"的第一天任务，当时有两架F/A-18战机，在各装有4枚2000磅的炸弹的情况下，击落了两架伊拉克的"米格"战斗机，并继续成功轰炸了目标。

在1987年生产过渡到单座F/A-18C以及1988年海军陆战队双座F/A-18D型飞机之前，麦道公司生产了370架F/A-18A量产型和40架双座F/A-18B飞机（原指定为TF/A-18A）。465架F/A-18C装备了升级版的航空电子设备，以提高夜间和全天候攻击能力，并兼容了AIM-120先进中程空对空导弹（AMRAAM）、AGM-65F"小牛"红外空地导弹和AGM-84"鱼叉"反舰导弹等先进武器。1988年开

2001年10月26日，在支持"持久自由"行动的一次清晨轰炸任务中，从"小鹰"号航空母舰起飞的VF-192中队的F-18C"大黄蜂"刚刚由美国空军KC-135R加油机对其完成了加油。（美国海军011026-F-4884R-006）

始，F/A-18C取代了大量可部署中队的F/A-18A和A-7E型飞机，一直到1999年最后一批F/A-18C被交付。之后，F/A-18A和F/A-18C都经常进行升级以提高任务能力。例如，许多F/A-18A都改装了APG-73雷达和其他一些F/A-18C的功能，这些F/A-18A被定名为F/A-18A+，主要分配到海军陆战队和两个海军预备役中队。

注释

[1] F/A-18需要有6000小时的使用寿命，而当时F-4和A-7的标准使用寿命则为4500小时（沃特公司称，A-7E的设计寿命为8000小时）。很明显，由于开发和采购的预算约束飞机将不得不持续使用更长的时间。F/A-18A和F/A-18C将在飞行7500小时后退役，这将会影响海军的规划和预算。

[2] 虽然采用倾斜垂尾的最大卖点在于能够改善飞机在高过载下的飞行品质，但除此之外还另有一个好处，即降低飞机的迎风面积，从而减少飞机所受阻力，以达到更高的速度和更长的航程。

[3] 据乔治·施潘根贝格介绍，这是"现代历史上海军在装备来源选择方面所遭遇的第一次正式抗议"。

[4] LTV航空航天公司总裁索尔于1975年6月2日向他的雇员发出的函件。F-18的F404发动机可以说是F-17的J101发动机的衍生产物。

[5] LTV航空航天公司1975年6月5日新闻稿。

[6] LTV航空航天公司1975年6月5日新闻稿。

[7] LTV航空航天公司1975年7月16日新闻发布，75-115页。

[8] http://www.georgespangenberg.com/history3.htm

[9] 美国海军中尉罗伯特·E.施通普夫.《两根"毒刺"的"大黄蜂"》，海军学会论文集，1982-09月：115～119页。

[10] 诺曼·波尔玛，"这是什么？"海军学院论文集，2003年1月，105页。国防部4120.15-L文件，《指定型号的军用航天飞行器》（2004年5月12日）中该机被列为FA-18，这在技术上将使它成为颇具能力的战斗机。然而有人认为由于缺少斜线，国防部的某些数据库中将无法录入该型机的信息。

[11] 沃特公司只差一点就将A-7D的改进型A-7X销售给了空军。1987年，他们收到了关于YA-7F的合同，该机型由加力的普惠F-100发动机提供动力。YA-7F共建造两架，第一架在1989年年末生产，第二架于1990年年初生产。然而，空军不仅决定继续使用A-10，而且决定让A-7D型飞机正式退役。

[12] 周期时间是指航空母舰从弹射作业转换到回收作业的间隔时间。因为每次弹射和回收作业期间都需要对甲板进行重新布置，因此最少需要90分钟的飞行时间，最好能达到105分钟。

[13] MDC称"大黄蜂"将满足攻击的规范。

[14] MDC称"大黄蜂"将满足攻击型性能要求《国际飞行》，1982-11-20：1479。

[15] 詹姆斯·史蒂文森.大黄蜂承诺1981年范围差异的论证符合规范，而生产数字可能是由于没有严格按照任务规范，其油门设置和高度飞行的示范以及其他的一些方面都对范围有显著的影响。

[16] 本杰明，国会拒绝陆基海军加油机队为F/A-18战机加油。

左图：一枚AGM-88高速反辐射导弹（HARM）刚刚在这架"大黄蜂"提升到甲板后由三级航空军械士昆汀·布莱恩特装载。图中他装好导弹正准备离开，手指着导弹的方向。布莱恩特身穿红色上衣以区别于其他在飞行甲板上的专业部门人员。（美国海军980219-N-0507F-001）

下图：F/A-18C型飞机是基本F/A-18A的升级版飞机。F/A-18A进行了一些改进后，被称为F/A-18A+。F/A-18D是双座版的F/A-18C。它主要由美海军陆战队使用，并得到了进一步升级以提高夜间攻击能力。（杰伊·米勒收集）

F/A-18C/D
FY86升级

新增：

- IR"小牛"（AGM-65F）
- AIM-120AMRAAM导弹（即将）
- ALQ-165(ASPJ)供应（即将）
- 改进的维修监控（FIRAMS）
- RECCE常规机头供给
- 独立L/R燃料系统
- LTD/R功能（预期）
- 数据储存张志

上图:2007年8月,一架VFA-136中队的F/A-18C 在去伊拉克参战前,测试了其热焰弹系统。除了20毫米航炮,"大黄蜂"战机还挂载了一枚"小牛"导弹、一枚联合直接攻击炸弹(JDAM)和一枚激光制导炸弹,为近距离空中支援提供了全面的响应能力。(美国海军070817-N-6346S-380)

下图:虽然新一代飞机的攻击航程比其前任小,但是这个不足之处因为新一代导弹攻击范围的增加而被抵消了,比如图中所示的AGM-84E防区外对地攻击导弹(SLAM),本质上讲是一种使用了不同引导头的"鱼叉"导弹。(杰伊·米勒收集)

下图：为了尽量减少雷达回波，F-117采用了精心设计的设计隐身外形，以使反射回雷达的能量达到最小。发动机压缩机通过格栅进行了屏蔽，而非加力发动机的排气管除了在飞机机身上方从一个很小的角度可以看到外，在其他位置都不能被直接观察到。除了形状上的塑造，该机采用了全武器内置设计并涂有雷达吸波材料。（杰伊·米勒收集）

11 替换 A-6，第一回合

20世纪80年代初，海军的规划人员在为如何升级或更换F-14型飞机和A-6型飞机寻找出路。两种飞机的维护都非常昂贵。F-14型飞机使用不理想的发动机已经有十年之久。A-6无论是从结构还是从航空电子设备的角度来看都已经严重老化。早在1981年，海军就曾预计A-6将不得不于20世纪90年代中期被替换。解决办法是研究VFMX——"先进多任务舰载战斗机"。然而，1986年3月，海军和空军最终同意实行国防部长办公室促进、国会施加的计划，海军和空军将分别开发先进战术飞机（ATA）和先进战术战斗机（ATF）。[1]ATA将取代A-6和F-111，而ATF则会取代F-14和F-15型飞机。海军将会把A-6和F-14升级为新型号作为过渡。从海军的角度来看，这样做会造成数十亿美元的开支，却只是在一些任务航空电子设备、发动机和机身技术上有所改进。

隐形飞机

20世纪60年代后期，雷达引导下的防空系统已成为一个现实的问题。超低空突防提高了飞机的存活能力，但严重影响了对一些目标的追踪和攻击，并可能面临经过大量防空火炮和单兵便携式防空导弹（如苏联的根据发动机尾焰寻的SA-7导弹）设伏区域的危险。电子干扰、欺骗和热焰弹为飞机进入和脱离攻击位置提供了一些保护，但敌方抗干扰能力也增强了。在飞机接近敌人时，雷达能够区分出目标飞机和杂乱回波，如果防御系统中存在跳频雷达，飞机会暴露得更快，红外制导防空导弹也能够区分出热焰弹和发动机尾焰的区别。

由于雷达是探测和跟踪飞机的主要手段，要规避雷达的探测，飞机可以依靠一个隐身装置吸收对方雷达发射的信号，或者将雷达波偏转使其无法返回敌方雷达。海军越来越需要这种能力。美国在越南战争中对付苏联地对空导弹（SAM）技术是有第一手经验的。以色列空军在1973年"赎罪日战争"中曾度过了一个非常困难的时期，由于对方地对空导弹技术和防空火力的改进，在不到三个星期的时间里以色列空军失去了100多架飞机。

1974年，美国国防部高级研究局（DARPA）发起了一项用于飞机的低可探测技术研究，目标是尽可能地降低雷达、红外、噪声、电子和视觉信号，[2]当务之急是开发低雷达散射截面（RCS）。经过初步研究诺斯罗普和洛克希德的模型低雷达散射截面"极客"之后，洛克希德"臭鼬工厂"于1976年4月收到了"海弗蓝"的合同，试飞两台J85推动的实验存活试验台（XST）。首先，飞行品质试验飞机于1977

年12月1日试飞。该机实际是一次低雷达散射截面布局的空气动力学挑战,具有平坦的表面和大后掠角后掠翼,经计算,这种布局将使雷达脉冲发生偏转而不会反射回去。[3]第二架"海弗兰"涂刷了雷达吸波材料,进一步减少雷达散射截面,它于1978年7月第一次试飞。

事实证明,"海弗兰"的雷达可探测性得到了降低。雷达散射截面可以被等效地定义为金属球。如果是不具备隐身性能的攻击战斗机,那么它的直径与5~10英尺的球体等效,而隐身飞机在某些频率从某些方向的雷达散射截面相当于直径不到1英寸的金属球。

试验证明这一计划无论从操纵品质还是从雷达截面来看都是非常成功的。试验中发现缺点是由于探测距离过短,雷达无法构筑起有效防御,同时火控雷达也难以锁定隐身飞机。随后,美军出台了"高级趋势"(Advanced Trend)计划。1978年11月洛克希德公司被授予生产5架F-117A轻型轰炸机的合同。由于现有飞机的雷达会破坏隐身效果,该机的目标探测和追踪由一对红外成像仪/指示器完成,这样可以保证飞机不会因为使用雷达而被检测到,但是其唯一可使用的武器——激光制导炸弹对能见度提出了要求。

第一架F-117型飞机于1981年6月18日试飞。作战飞机的低速率生产与发展计划共同完成。1982年交付了59架量产F-117A飞机中的第一架,在1983年10月取得了有限的作战能力。1988年11月8日美国终于公开透露了F-117A的存在。在1989年12月入侵巴拿马逮捕其领导人诺列加的"正义行动"中,美国首次公

下图:参观者并不清楚A-12的隐身性能究竟如何,但展览时只放置三个机轮暗示着该机拥有非常强大的隐身能力。(达里尔·肖,丹尼斯·詹金斯)

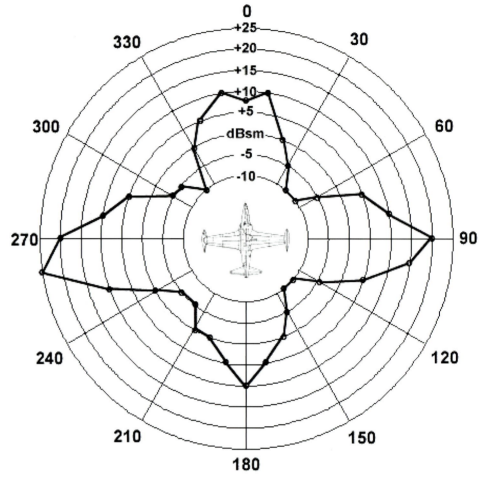

下图与右图：这是在特定的雷达频率下，飞机方位角每增大10°，其雷达散射截面就会显著变化，图中的这架飞机是一架T-33教练机（从图上可以看到飞机上的海军标记，可以判定该机是海军的TV-2型）。机身侧面反射的能量最高。后方的尖点主要是发动机的涡轮机，正面的两个较小尖点是发动机进气口，可以统计不同视角下类似的变化，比如地面的雷达就需要仰视才能观察到飞机。（作者收集）

上图：该图拍摄于1945年4月，这架TBM-3D飞机在整流罩周围和机翼前缘配置了一组密封光灯。这是美军为减小飞机对比度所做的实验，该实验被称为"曼奴计划"。计划的概念是使飞机与它背后的天空在白天尽量减小对比度，这样敌方就只能到极近距离时才探测到飞机。光强经过细微的调节后，这样的措施完全可以达到预期效果，可以将飞机的目视发现距离从约12英里减少到不到2英里，不过人们认为这项技术用于实战还不够有效。（美国国家档案馆80-G411528）

布了其作战使用。8架F-117A型飞机由内华达州托诺帕基地提供空中加油，无中断往返飞行了6000英里轰炸运河区域内的防空系统。

从实用的角度看，无法从各个方面都使飞机保持最小的雷达散射截面。另外，当距离拉近时，因为雷达回波的强度增加，隐身飞机也更容易被雷达探测到。隐身飞机的表面也需要高度维护，即使是轻微的"缺陷"，如刮伤或紧固件头部的突出，甚至是一扇没有关严的舱门，都可能导致信号相对突增。因此F-117A型飞机并非是雷达完全探测不到的，但是已经足够接近了，因此在一定条件下几乎无懈可击。例如，当它接近目标时，搜索雷达能抓住稍纵即逝的一瞥，但无法保持跟踪隐形飞机足够长的时间，因此无法将其击落。

在1991年海湾战争期间，对于F-117A 1300多次任务都无能为力的苏制地对空导弹最终在1999年3月的塞尔维亚击落了一架F-117A。机上飞行员跳伞获救。塞尔维亚人的成功是美国空军作战任务规划的疏忽（据报道，F-117A在4个晚上使用了4次同样的路线）以及塞尔维亚防空导弹指挥官对早已过时的捷克斯洛伐克研制的无源跟踪雷达和导弹的创造性运用共同导致的结果。然而，随后在2003年对伊拉克的入侵战争中，美军再次实现了F-117A的无损失甚至无任何损伤。2008年，F-117A彻底退役。

诺斯罗普的B-2计划和JDAM

诺斯罗普的B-2计划于1981年启动。这是一种远程隐形轰炸机，比洛克希德公司的F-117个头更大，在技术层面上也更加雄心勃勃。该隐形轰炸机的进步之一是其气动外形维持了优良的隐身性能,而且不必像F-117型飞机一样需要棱角分明。隐形轰炸机中还加入了低截获概率(LPI)雷达,其中包括为新型"联合直接攻击弹药"(JDAM)的精确瞄准能力设置的合成孔径成像能力。1988年11月,在首飞之前,该型隐形轰炸机就被公开披露,直到1989年7月它才进行了首飞。1993年12月交付了第一架作战飞机,但该机当时尚不具备完成任务能力,因为机载自卫系统的发展延误。在1999年的科索沃冲突时,该机已经做好了战斗准备,而且在第一次战斗中就投放了JDAM。B-2轰炸机在密苏里州的怀特曼空军基地参与了30小时的无停顿往返飞行,通过空中加油其范围得到了扩展。

JDAM不再需要激光炸弹所需的目测获取目标的要求。JDAM是通过将一个普通的Mk 80系列炸弹的普通尾部金属板替换为引导控制尾锥而制成的。导弹中部还缠有拥有低宽高比的"腰带",或者说铁箍,以提供额外升力,从而达到更好的射程。JDAM的尾部内置了一台小型计算机、惯性测量装置、全球卫星定位系统(GPS)传感器,在引导炸弹释放前共同提供目标的地理坐标。主要的指导由GPS单元提供,如

下图:三级航空军械士艾伦正准备移动一枚2000磅的GBU-32JDAM,将它运送到"约翰·F.肯尼迪"号航空母舰的飞行甲板上。"约翰·F.肯尼迪"号航空母舰和它搭载的第7舰载机联队(CVW-7)于2002年的"持久自由"军事行动期间为美军提供支援。(美国海军020603-N-6913J-001)

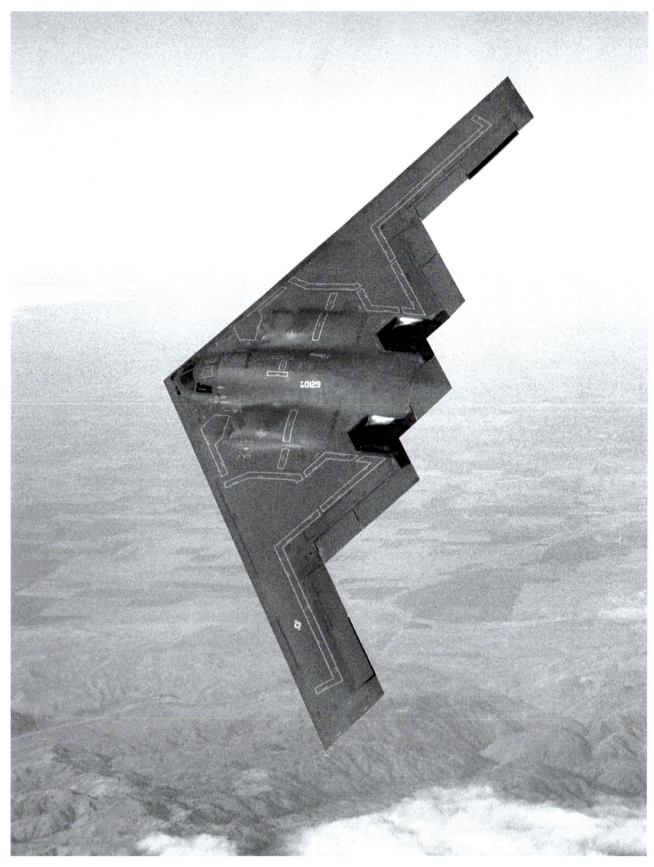

上图：B-2型飞机是第二代隐形飞机。虽然飞机的外形设计仍然是非常重要的，例如图中可以看到的前缘和后缘角的平行，但是由于表面反射率分析和材料的改进，飞机可以使用更全方向隐身，更符合空气动力学要求的外形。（美国国家档案局）

果GPS信号丢失或被拦截,则使用惯性测量作为备用。导弹的攻击范围取决于释放高度和投放角以及速度,但它可以在15海里内保持精度不受距离影响。GPS/INS制导的圆概率误差(CEP)为30~40英尺。如果能够从地上站点(差分全球定位系统)或轰炸机的雷达提供位置校正,则轰炸精度可以提高到几英尺内,几乎可以和激光制导炸弹相媲美。[4]

此外,JDAM也并不需要像激光制导武器一样在释放后继续提供目标指示,而在释放后是完全自动的,一旦释放了JDAM,飞机就可以自由地进行机动甚至撤退。JDAM和激光制导武器相比也更为便宜。然而,正如电子邮件一样,除非地址是完全正确的,否则它不会被传递给指定的收件人。如果确定传送或接收的目标坐标并不正确,那么就会错过预定的目标。这样的错误确有发生:2001年在阿富汗,就有一架B-52轰炸机投放的联合直接攻击弹药的目标坐标,无意中被攻击小队的控制者设定为了盟军地面单位本身。此外,JDAM不能像激光制导炸弹一样被用来对付移动的目标。在头部加入了激光导引联合制导攻击武器的能力得到了升级,这使它能够在条件允许或者需要时可以由激光进行导引。

左图:格鲁曼公司的营销部门为第一批A-6F的涂装方案可谓煞费苦心。虽然图中这第一架A-6F安装的是金属材质的格鲁曼生产机翼,而不是波音复合材料机翼,而且没有任务的航空电子设备,但是它却装配有一对额外的机翼外挂点用来挂载空对空导弹,并且在机身尾部的垂直尾翼前面增添了一个冷却器,所以该机在空气动力学特性方面基本与A-6F一致。(格鲁曼公司历史中心)

虽然空军计划购买至少132架B-2轰炸机,但最终只生产了21架,其中包括6架开发测试飞机,后者最终被升级为完全具备作战所需的全部配置。

格鲁曼A-6F"入侵者"Ⅱ计划

由于A-6E型飞机结构存在问题且维护成本高,20世纪80年代初海军计划将其替换。1983年,海军得到了两个建议方案,一个是麦道-道格拉斯公司升级F-18型飞机的建议,另一个是格鲁曼公司升级A-6型飞机的建议。要对F-18进行升级,麦道公司需要增大其体形,并着重改善其全天候攻击能力。而A-6型飞机则需要将其整个航电套件进行大面积的升级。两方都预测其费用将控制在海军5亿美元的研发预算以内。

麦道建议改造F-18为双座A-18(AW)攻击机,因此把F-18的机翼面积增加了32平方英尺,并进行了襟翼修改,以适应增加了13%的总重量。飞机总重增加到了55270磅,因为增加了3000磅的内部燃料和两个460加仑的副油箱,F404发动机的推力也将相应地增加15%。自动地形跟踪雷达和偏移轰炸能力将随更大的后座舱显示器一起加入。改装后的飞机与A-6型飞机相比具有更高的性能,具备了自卫能力——安装有空对空雷达和"麻雀"或"响尾蛇"导弹。

下图:前31架F/A-18D都不具备完全夜间使用功能。第一架F/A-18D最终被用作了夜间攻击型F/A-18D的原型,并于1988年5月完成了夜战构型的首飞。(杰伊·米勒收集)

上图：A-6F型飞机具有5个相同的多功能显示器（MFD）代替之前的"入侵者"专用显示器。周围挡板上的25个按钮和3个旋钮分别用于显示器的操作和控制功能。5个多功能显示器中的任意一个，都可以显示出任何可以显示的数据。飞行员后来还拥有了一个巨大的平视显示器取代了之前的瞄准器。（格鲁曼公司历史中心）

格鲁曼公司对A-6的升级造成的空重的增加只有约5%。这样幅度的重量增加完全可以接受，因为升级后的飞机具备EA-6B型机翼的圆角和更长的边条；飞机上的两种发动机分别是EA-6B型飞机使用的普拉特·惠特尼J52-P-408型发动机，可提供11200磅的推力以及非加力的F404型发动机，虽然推力略显不足但仍增加了15%。无论使用两台发动机中的哪一台都能提供足够的推力。格鲁曼公司提出了各种雷达改进的建议，所有这些建议都同时保留了A-6的贴地飞行能力。余下的航空电子设备的变化都是显示器和计算机的变化，与改进F-14D、F/A-18和AV-8B的计划相同。飞机上还将额外增加一对外侧挂架提供携带"响尾蛇"导弹的能力。辅助动力装置（APU）的安装提供了自启动能力。

A-6F具有更大的有效载荷和航程；而A-18（AW）由于其超声速性能，被认为具有更好的生存能力。海军，包括海军部长——一位前A-6轰炸/领航员，都更欣赏A-6F型飞机；海军陆战队则更为青睐A-18（AW）型飞机。

1984年，格鲁曼公司和A-6的支持者们随着对与A-6拥有某些相同的航电设备的F-14D的研发，终于向A-6F的成功研发又迈了一步。A-6F型飞机最初被称为A-6E升级版本，但它实际上是一个全新的设计，只保留了A-6型飞机基本的形状和机身。其发动机是通用电气公司的F404-GE-400D非加力小涵道比涡轮风扇发动机，与F/A-18的基本发动机几乎相同。飞机上配备有合成和逆合成孔径模式的诺登雷达、数字座舱、5个多功能显示器和平视显示器。波音复合材料机翼将在每个外侧机翼段加入一个外挂架并进行修改，以增加升力，包括修改圆角/板条，板条向内侧扩展了7英寸。与"响尾蛇"和新型AIM-120先进中程空对空导弹相结合的新型雷达增强了其自卫能力。

麦道和海军陆战队得到了一个安慰奖——双座的F-18D，A-18（AW）的一个较为普通的版本。后座舱是为武器系统人员准备的，因此没有配备飞行控制系统。这147架F-18D型飞机主要交付给了海军陆战队，以允许其交还海军的A-6E型飞机。飞机内部有一些地方进行了修改，换装M61A1航炮并可替代老旧的RF-4B执行侦察任务。还有一部分F-18D取代OA-4"天鹰"和OV-10型飞机，被用于执行前进空中管制和类似任务。由于该型机已经获得了上舰资质，所以陆战队中队可以从航空母舰上部署F/A-18D型飞机。

A-6型飞机的主要不足之处是它缺乏隐蔽性。格鲁曼公司曾经尝试将雷达散射截面降低技术应用到A-6，但海军部长约翰·雷曼不为所动。雷曼说："我认为格鲁曼公司的想法完全脱离了正轨。他们试图通过给一辆翻斗车通过增加鳍片让它看起来更好看。"1984年7月他对格鲁曼公司航空航天部主管乔治·斯科拉先生说了同样的话。[5]斯科拉随后参观了洛克希德公司和诺斯罗普公司，他发现雷曼确实是正确的。[6]

5架A-6F于1984年7月被订购。其中有3架飞机是以不同的配置飞行的：1987年8月第一架飞机使用的是F404发动机，但没有新的航空电子设备。1987年11月第二架试飞，但美国国会通过了1988年国防授权法案，海军的A-6F项目终止，并继续先进战术飞机（ATA）的开发。但国会在该问题上的意见并不统一，因此A-6F仍被包含在了1988年国防拨款法案的资金中。海军部长约翰·雷曼已于1988年4月辞任，没有了

下图：图中这架编号162183的飞机是A-6F"入侵者"II气动和推进系统的原型机。1987年8月26日首次试飞，使用了A-6F的F404发动机，但没有使用其航空电子设备。（格鲁曼公司历史中心）

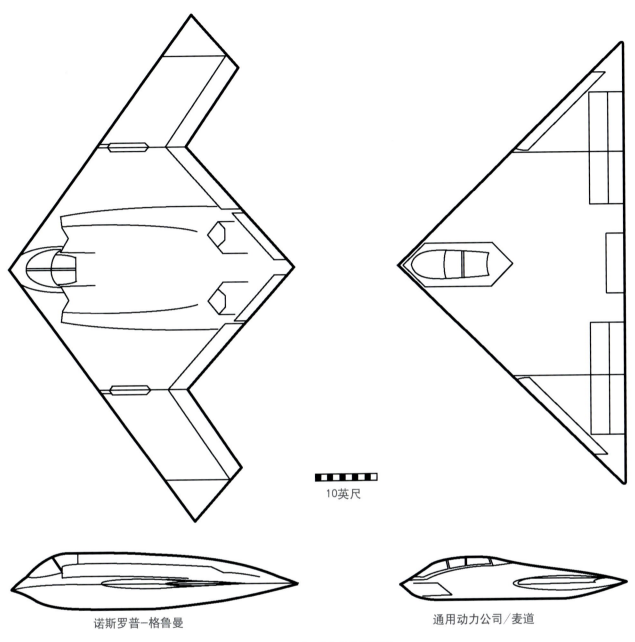

ATA 计划方案

上图：由于是依照相同的基本要求进行飞机设计，诺斯罗普/格鲁曼团队和通用动力/麦道团队毫不意外地对于先进战术飞机项目的建议大致相同。诺斯罗普的建议方案让人想起了B-2轰炸机机翼上方设置发动机进气口和排气口的布局，而通用动力公司的建议方案就是一个简单的三角形，在机腹设置发动机进气口和排气口。

他的保护，"入侵者"的升级项目变得更加脆弱，特别是在先进战术飞机（ATA）研制启动后。

海军经常通过开发或升级出一种类似的备份机型来确保新的飞机项目不会失败。一旦新的飞机被确定为成功，备份机型会被终止或只采购有限的数量。但是按照美国国防部长办公室的要求和国会监督的程度，开发一架飞机所需的成本一路飙升，这种保障策略已经不再可行。就算是A-6F这样性能突出的飞机，也不能达到一些重要方面的要求。

A-6F型飞机开发被取消，相应的海军开始对更便宜的A-6G进行评估，不过依照合同，对A-6F的航

上图：由于A-12没有单独的水平尾翼来控制襟翼带来的倾斜度的变化，机翼后缘上没有任何一部分可以作为襟翼，因此所有部件一起提供滚动、偏航、俯仰力矩并且在需要减少速度时增加风阻。相对于机身重量的大机翼面积和前缘缝翼提供了非常大的升力，襟翼展开时不能提供俯仰力矩。请注意，机舱盖后部的边缘和检修面板的边缘是平行于机翼前缘的，这是隐形功能的体现，可以尽量减小雷达截面。（杰伊·米勒收集）

空电子系统的研发工作又持续了几个月。这其实就是在变相地证实了ATA项目的彻底失败。第三架A-6F是首架带有数字化航电系统的A-6F型飞机，于1988年8月进行了首次试飞。A-6G使用了A-6E型飞机的机身、新型机翼、A-6F的航空电子设备以及具有较高推力的J52-P-408A发动机，该发动机曾用于EA-6B型飞机。但是海军决定在1988年12月结束对A-6G型飞机的开发，转而只依靠ATA的成功开发和资质。

由于在ATA项目竞选上失败，格鲁曼公司不得不依靠向国会、国防部长办公室和海军推销F-14攻击战斗机变型机来参与A-6飞机的替换工作。

通用动力/麦道A-12"复仇者"Ⅱ计划

与将要被取代的A-6型飞机相比，海军的"先进战术飞机"（ATA）不仅隐蔽性显著提高，而且在载

上图：A-12样机令人印象深刻。它包括驾驶舱和内部以及外部照明。翼尖和背后的绿色位置灯可以为飞行编队夜间飞行员提供视觉参考。（美国海军，作者收集）

弹量和航程上也有所进步，载弹量为5500磅，作战半径为1000海里。它也可以携带A-6两倍的武器载荷返回航空母舰。其可靠性和可维护性也做出了重大改进，改进后的飞机相比改进前可靠性增加了一倍，每飞行小时维修工时减少了50%。

除了可以向地面投弹，先进战术飞机（ATA）还可以使用空对空导弹进行自卫，并承担侦察任务。美军希望ATA项目能在1994年达到初始作战能力，以与海军的A-6和空军的F-111退役计划相吻合。

这对于获胜的承包商来讲绝对是一笔大买卖，海军打算购买858架飞机，其中包括给海军陆战队的104架。空军购买400架。这也是空天领域为数不多的新采购计划之一。

经过3年左右的准备工作，最终由诺斯罗普/格鲁曼/LTV公司和通用动力/麦道公司两个团队争夺先进战术飞机（ATA）合同。双方的飞机基本特征相似，但配置不同。[7]

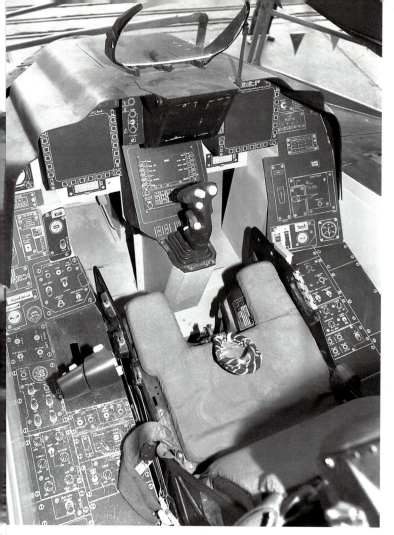
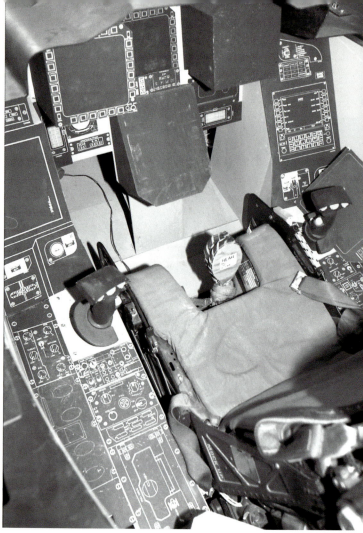

上图：A-12飞行员的位置配备了3个多功能显示器，一个非常大的平面显示器，传统的中心控制杆，一个非常小的投掷按钮和两个大型节流阀。可以注意到其节流阀的形状非常符合人体工程学。（杰伊·米勒收集）

上图：轰炸/领航员的位置上也装配了多个显示器（右手控制器外侧的那个显示器不是通用的，但还是一个较为核心的显示器），并且左右两侧各有一根控制杆。（杰伊·米勒收集）

  海军A-12的计划占用了海军年度预算相当大的比例。而想要实现A-12计划所期望的高性能水准，代价将十分高昂，而且该型机此时无法满足登上航空母舰的性能需求。[10] 为了满足全天候作战需要，A-6项目曾一度因为航电设备研制难度过大而近乎夭折，A-12此时的情况也大致相似。

  对于一个新的飞机项目来说，合同批准与第一次飞行之间间隔30个月是可以接受的，因为承包商需要足够的时间进行初步设计、行业研究和风洞试验。对A-12计划来说，这样的估计显得较为乐观。B-2计划中，诺斯罗普公司的合同批准与首飞之间相隔了6年，几乎是A-12的三倍。其部分原因是空军添加了低高度贴地飞行性能的要求。

  飞机的复合结构和雷达散射截面要求让飞机的设计和制造流程不断落后于节点，但是通用动力和麦道公司（在海军的鼓励下）并没有放弃它们，而是希望能让它们符合要求。之后，该项目的进度比计划晚了一年，预计将会严重超期。

  诺斯罗普领导的团队似乎能更好地执行这项计划。B-2计划比A-12计划约早6年，其在这方面的经验使诺斯罗普方案的成本和进度的预测更加现实。

  然而有些海军人士对A-12的超重问题和迟缓的进度既不震惊也未感到失望，甚至还在积极地推动计划。1990年11月，空中作战副主任、海军中将理查德·邓利维承认A-12重量的增长已经影响A-12执行先

上图：A-12样机令人印象深刻。它包括驾驶舱和内部以及外部照明。翼尖和背后的绿色位置灯可以为飞行编队夜间飞行员提供视觉参考。（美国海军、作者收集）

弹量和航程上也有所进步，载弹量为5500磅，作战半径为1000海里。它也可以携带A-6两倍的武器载荷返回航空母舰。其可靠性和可维护性也做出了重大改进，改进后的飞机相比改进前可靠性增加了一倍，每飞行小时维修工时减少了50%。

除了可以向地面投弹，先进战术飞机（ATA）还可以使用空对空导弹进行自卫，并承担侦察任务。美军希望ATA项目能在1994年达到初始作战能力，以与海军的A-6和空军的F-111退役计划相吻合。

这对于获胜的承包商来讲绝对是一笔大买卖，海军打算购买858架飞机，其中包括给海军陆战队的104架。空军购买400架。这也是空天领域为数不多的新采购计划之一。

经过3年左右的准备工作，最终由诺斯罗普/格鲁曼/LTV公司和通用动力/麦道公司两个团队争夺先进战术飞机（ATA）合同。两方的飞机基本特征相似，但配置不同。[7]

	诺斯罗普/格鲁曼/LTV	通用动力/麦道
翼展（英尺）	80	70
长度（英尺）	46	35
起飞重量（磅）	69316	69713
内部燃料（磅）	24358	21322
有效载荷（磅）	5550	5160

在其他方面都是势均力敌的条件下，虽然诺斯罗普由于其更大的隐形背景而受到青睐，但是其团队拒绝海军所坚持的最高限价[8]和其他合同要求。而通用动力和麦道公司没有拒绝任何条款，因此，1988年1月海军授予通用动力和麦道公司A-12"复仇者"II的合同。8架全面研制阶段样机中第一架的首飞计划于1990年6月进行，但是并未实现。

1990年10月，A-12"复仇者"II终于通过了关键设计评审，而型号首飞被推迟到1992年年初。1990年11月，通用动力和麦道公司发现开支将超出开发合同至少100亿美元，而且因为批量生产数量的减少，填补亏空的希望十分渺茫。于是两公司要求重新制订全尺寸研制和生产合同。当时除了A-12分包商的航空电子设备和部件，只存在一个完整的实体模型和一些生产零部件，而其花费已经超过了20亿美元。因此，无论两公司能力如何，国防部长办公室（OSD）认为该计划是负担不起的。而国防部长办公室决定减少海军陆战队的采购量和延缓空军采购的决定显著降低了生产速度（增加开销）。

虽然海军和承包商决定从成本的角度重新制定开发和生产合同，但是1991年1月，国防部长理查德·切尼因为对方违约而要求终止该计划："因为承办方无力在合同进度时间要求内完成A-12飞机的承办、设计、开发、制造、组装和测试，并提供符合合同要求的飞机。"[9]因为按合同约定马上就要追加下一笔项目资金了。

左图：这张照片中的A-12样机采取遮蔽进气口的方式来隐瞒设计特点，屏蔽发动机压气机面。为了在第一轮打击中保证最小的雷达截面，所有的武器都需要装载于飞机的内部。图中只有左侧的内部武器舱舱门是打开的。其内部炸弹舱大到足以携带两枚Mk 84或5枚折叠翼Mk 83炸弹。外部挂架是为空对空导弹准备的。两处炸弹舱之间是起落架舱。（美国海军，作者收集）

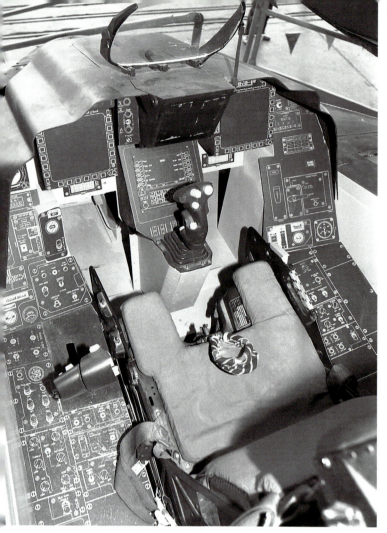

上图：A-12飞行员的位置配备了3个多功能显示器，一个非常大的平面显示器，传统的中心控制杆，一个非常小的投掷按钮和两个大型节流阀。可以注意到其节流阀的形状非常符合人体工程学。（杰伊·米勒收集）

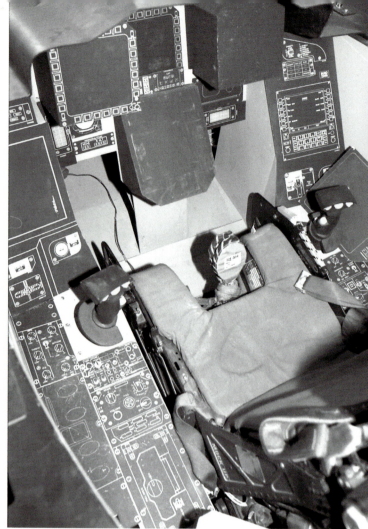

上图：轰炸/领航员的位置上也装配了多个显示器（右手控制器外侧的那个显示器不是通用的，但还是一个较为核心的显示器），并且左右两侧各有一根控制杆。（杰伊·米勒收集）

海军A-12的计划占用了海军年度预算相当大的比例。而想要实现A-12计划所期望的高性能水准，代价将十分高昂，而且该型机此时无法满足登上航空母舰的性能需求。[10]为了满足全天候作战需要，A-6项目曾一度因为航电设备研制难度过大而近乎夭折，A-12此时的情况也大致相似。

对于一个新的飞机项目来说，合同批准与第一次飞行之间间隔30个月是可以接受的，因为承包商需要足够的时间进行初步设计、行业研究和风洞试验。对A-12计划来说，这样的估计显得较为乐观。B-2计划中，诺斯罗普公司的合同批准与首飞之间相隔了6年，几乎是A-12的三倍。其部分原因是空军添加了低高度贴地飞行性能的要求。

飞机的复合结构和雷达散射截面要求让飞机的设计和制造流程不断落后于节点，但是通用动力和麦道公司（在海军的鼓励下）并没有放弃它们，而是希望能让它们符合要求。之后，该项目的进度比计划晚了一年，预计将会严重超期。

诺斯罗普领导的团队似乎能更好地执行这项计划。B-2计划比A-12计划约早6年，其在这方面的经验使诺斯罗普方案的成本和进度的预测更加现实。

然而有些海军人士对A-12的超重问题和迟缓的进度既不震惊也未感到失望，甚至还在积极地推动计划。1990年11月，空中作战副主任、海军中将理查德·邓利维承认A-12重量的增长已经影响A-12执行先

上图：覆盖A-12发动机压气机的概念实际上就是如上所示样机上一样的一组简单的百叶窗。通用动力公司在沃思堡举办公众参观期间，进气口内放置了一个带有机玻璃柄的有机玻璃板，用于保护百叶窗。（格雷格·菲泽的照片，源自丹尼斯·詹金斯）

上图：A-12发动机的排气系统几乎不同于所有其他的隐形设计，它通过将其与飞机上表面隔开，尽可能减少向潜在威胁方向发出的红外信号。考虑到其航空母舰操作适应性，飞机将通过推力变化调整俯仰力矩。（格雷格·菲泽的照片，源自丹尼斯·詹金斯）

发动机喷口

进战术系统(ATS)飞机的任务,但A-12的现有重量"是我们的作战任务可以接受的……我们可以与它并肩作战"。据他所说A-12将"远远超越A-6",而且"使用A-12变型机作为F-14D的空中武库的计划仍是可行的"[11]。

承建方追讨美国海军终止A-12项目所产生的损失。1995年12月,联邦索赔法院作出判决,将免责终止合同改判为一方受益,这意味着承建方有权获得相应的解雇成本。1999年7月,美国海军通过上诉将这一案子打回联邦索赔法院。2001年,在进行了另一轮的审理之后,法院认定承建方失责。之后,承建方又成功上诉,并于2003年将这一案子重新打回联邦索赔法院重审。2002年,涉案双方曾试图达成协议,但未

右图:NACF项目的成果为F/A-18型飞机,NATF项目的成果则是空军的先进战术战斗机的胜出者F-22型飞机的海军版。洛克希德公司声称,除了发动机和基本的机身相同,其航空电子设备、武器装备和飞机的子系统将保持80%的相似度,与一个新的独立的海军战斗机计划相比,F-22在开发、生产和支持成本上节省了约110亿美元。(作者收集)

上图：图中展示的是一架分配到帕图森河的海军航空作战中心攻击机测试分部进行ADM-141战术空射诱饵（TALD）分离试验的F-14A/B"雄猫"战斗机。测试开始于1993年11月，1994年4月28日完成。（美国海军DN-SC-95-01057）

能"由波音和通用动力按照海军的要求以实物偿付的方式来支付13亿美元的工程进度款和10亿美元的利息"这一方案达成一致意见。2007年5月，联邦索赔法院重新支持该合同终止为免责解雇，这导致承建方又一次提出上诉，直到2008年9月，该案仍在哥伦比亚特区上诉法院等待处理。

之后状态

截至1991年，海军的战斗和攻击机计划都还是一团糟。A-6升级计划已被取消，A-12项目也已经终止，美国国防部长办公室准备终止F-14D项目，海军方面也正在得出"其无法承担先进技术战斗机研发经费"这一结论，却并未提及"将空军研发的战斗机F-111和NACF引入海军"这一尝试。讽刺的是，战略投送核武器的预算出现了戏剧性反转，空军将"B-2轰炸机代替昂贵的航空母舰特混舰队"作为全球快速战术响应手段。远程轰炸机和航空母舰的讨论又一次爆发，唯一不同的是这一次是为了常规战争的辩论。

由于缺乏隐身飞机，海军只好以以色列研发的ADM-141"大力士"诱饵作为"战术空射诱饵"（TALD）。1982年"大力士"曾被射向在贝卡谷地的以色列对叙利亚导弹基地，负责迷惑和压制防空系统。"大黄蜂"可以使用BRU-42改进弹射式三联挂架（TER）携带两枚400磅的无动力TALD。投弹时，它会展开小型机翼，并按照预先设计的轮廓，模拟攻击飞机的雷达信号（ADM-141A）或发射诱骗信号（ADM-141B）。1991年海湾战争的前几天里，海军成功地利用了它。伊拉克军队试图击落诱饵，却只是白白浪费了地对空导弹，并因为暴露了雷达位置而遭到反辐射导弹打击。后来，更高级的AMD-141C战术空射诱饵被开发出来，它由一个小型喷气发动机推动，可增加滞空时间并提供更逼真的飞行剖面。

对海军（不是海军航空兵）来说，20世纪80年代进行资格认证和部署的"战斧"地对地导弹可称得上是一颗闪耀的明星。"战斧"是一种全天候远程巡航导弹，可以在低空穿透敌人的防御。该弹是地对地"天狮星"I导弹的缩小版，由一个小涡扇发动机推动，并且可以使用火箭助推器发射，在包括潜艇在内的船舶上均可进行发射。这种陆上攻击导弹最初通过组合惯性导航和地形匹配导航寻找目标。其射程约为600海里，大致相当于配备1000磅炸弹的A-6型飞机的作战半径。美军最初曾研制了装备雷达引导头的反舰型，但由于部分目标确认的问题，随后全部被转换为对地攻击的配置。"战斧"导弹的主要缺点是缺乏可重复使用能力，且成本较高（约100万美元）。

"战斧"对地攻击导弹于1991年在"沙漠风暴"行动中首次参与作战。随后的改进包括增加GPS，在发射后使用卫星通信中心制定目标的能力（包括等待目标分配时的盘旋），射程更远。配备GPS的版本于1995年首次在波斯尼亚使用。之后，它被用于1996年的"沙漠打击"行动、1998年12月的"沙漠之狐"行动、1999年4月科索沃战争、2001年阿富汗战争以及2003年伊拉克"自由行动"等战争中。2003年年底，美军完成了"战斧"Block IV的作战评估，并于2004年得到部署。

虽然"战斧"导弹非常有效，但无法取代载人飞机在纵深打击移动目标时的持久性和灵活性，因此海军仍希望替换其A-6型飞机。

注释

[1] 1988年9月海军在莱特帕特森空军基地为NATF的设计研究成立了一个项目办公室，并且与制造商签约。然而，海军对于NATF项目的官方承诺随DEM/VAL的完成就结束了，而他们最后选择了F-14的升级版本。

[2] 具有讽刺意味的是，在某种程度上美国较为进步的隐形研究，成为苏联物理学家和数学家彼得·雅科夫列维奇开发用于探测各种形状的光波反射模式（被称为物理学的衍射理论）。1962年雅科夫列维奇被允许在国际范围内出版作品，因为

下图：对这张照片的一种解释是，1983年4月，舰载海军的代表A-6"入侵者"正紧跟在由核动力攻击潜艇"拉霍亚"号发射的"战斧"巡航导弹之后。事实上A-6是在监控其向内华达州的托诺帕靶场内目标的飞行。正如这张图片所展现的那样，纵深打击的职能正逐渐从海军舰载机移交至潜艇与水面舰艇发射的"战斧"巡航导弹上来。（美国海军DN-SC-84-10104）

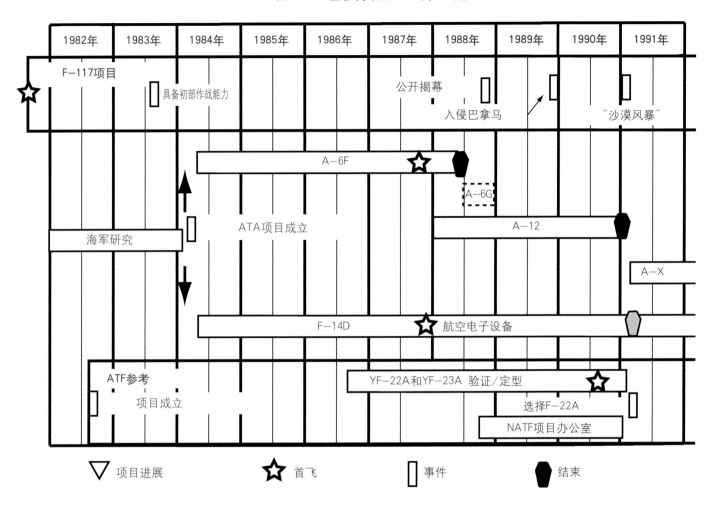

A-6和F-14替换项目——第一期

苏联政府并不认为其研究成果具有任何军事价值。

[3] 被迫减少雷达散射截面的气动布局只有在电子稳定控制系统正常工作时才有效。

[4] 对于B-2而言,飞机的合成孔径雷达可用于精确地定位目标。因此大多数的GPS错误信号都使用差分GPS得到了消除。

[5] 詹姆斯·史蒂文森《50亿美元的误解:海军A-12隐形轰炸机计划的崩溃》,由安纳波利斯海军学院出版社出版。

[6] 乔治·M.斯科拉《铁工程的内幕:格鲁曼公司的光辉岁月如何褪色》。

[7] 表中的数据来自詹姆斯·史蒂文森的《50亿美元的错误:海军A-12隐形轰炸机计划的崩溃》。

[8] 最高限价合同是固定价格合同的一个变种。从本质上讲,合同包括目标成本和利润。承建商和政府共同分担成本和利益、超限和不足,直到达到最高限价,所有的额外费用全部由承建商承担。

[9] 切尼否决了"复仇者"Ⅱ后,海军开始权衡其替代品,见《航空和空间技术周刊》。

[10] 1997年,根据签署日期为1998年6月的总审计局报告NSIAD-98-152,由常规磨损导致的B-2飞机的低可见性胶带、嵌缝胶、油漆和热瓷等材料需要更换,这使得B-2飞机的任务完成率仅有36%,还不足预定目标77%。这一过程需要耗费大量时间,因为胶带和嵌缝胶的固化时间长达72小时。

[11] ATS将取代EA-6B电子战飞机、E-2C预警机、S-3反潜战机、EX-3电子侦察机。ATS由于预算限制始终只停留在研究阶段。S-3和ES-3退役后无新机型替换。E-2C和EA-6B均对海军而言更为重要,因此得到了继续的升级。

麦道/诺斯罗普/BAE公司组成的团队在"联合攻击战斗机"(JSF)计划的竞争中提出了基于JAST竞标的方案。为实现飞机的垂直起降,前机身部位加入了一个升力发动机,在加力阶段之前辅助主发动机提供推力。另一个特点是飞机具有百利金尾翼,省去了单独的垂直尾翼和升降舵,可以减轻重量和阻力,并减小飞机的雷达反射截面(波音公司也曾考虑使用该设计,但得出的结论是它的净重量会增加)。(作者收集)

12 替换 A-6，第二回合

ROUND TWO

1991年1月A-12计划取消后，海军发起了AX计划以接替A-6。出于对执行首轮打击任务的要求，该型机需要具备武器内置能力，在携带两枚空对空导弹和4枚1000磅炸弹时，采用"高—低—低—高"任务剖面的无空中加油作战半径达到700海里。AX计划集合了航空电子设备最新的技术、低可探测性、生存性、保障性等。潜在承包商们分成了五个团队，下面是这些团队成员公司的列表，每组的第一个为该团队的领导。

- 格鲁曼/洛克希德/波音；
- 罗克韦尔/洛克希德；
- 麦道/LTV；
- 通用动力/麦道/诺斯罗普[1]；
- 洛克希德/波音/通用动力。

该计划进行了扩展，其中包括了空对空的能力，并重新指定该计划为A/FX计划，因为海军认识到其F-14型飞机也已经老化。1991年年底，海军将研究合同提供给了五个承包商小组。项目于1992年9月最终敲定。因为要完成选择、开发、资格认证和生产等一系列的步骤，新方案的飞机能在2006年之前完成就再好不过。

在此期间，海军必须随时准备进入战斗，而剩下的A-6型飞机却不可能一直服役。洛克希德公司比以往任何时候都希望能接到新的业务，其管理营销层提出了舰载版的F-22和F-117的设计建议，但海军对于二者没有兴趣。海军的计划是修改和升级F-14和F-18型飞机。海军更偏好F-14，但它明显处于劣势（因为1989年国防部长切尼表示他决心终止F-14D项目和其他的主要项目[2]）。海军也考虑了F/A-18型的派生型号，这是因为F/A-18"大黄蜂"的载弹量和航程令人失望。该机由于着舰总重量限制，难以携带未能使用的重磅弹药返回母舰。随着海军逐渐过渡到更为昂贵的制导武器，着陆重量也成为重要作战性能指标。1988年，海军和麦道公司联合主导的"大黄蜂2000"型的研究，并以此为基础研制出了"超级大黄蜂"，同时解决了需要减少雷达散射截面，以及航空电子设备的重量和体积增长的问题。

无论是F-14还是F-18都有支持者。F-14体型足够大，可以轻松地携带A-6的载弹量长距离飞行。但是和大多数的海军战斗机不同，它并没有空对地能力，虽然该机在最初的设计中具备执行近距离空中支援和空中遮断能力，可携带多达14500磅的弹药。原有武器系统的计算机软件包括空对地能力，但因为当时本建立在两种飞机的年生产率的基础上（F-18为72架而F-14为24架）。在他们看来，如果让F-14达到与F-18相同的生产率，这样会得到一款更强大的飞机。但从作战操作成本的角度来看，F-14的数据中还包括F-14A的历史数据比更新的F-14D更差，此外后勤保障所需时数也正在逐渐降低。[6]

海军的独立A/FX计划根本无法继续下去。1993年，该计划被改为海空联合研制方式，即"联合先进攻击技术"（JAST）计划，该计划将生产超声速打击战斗机，以在2010—2012年替换F-16、A-10和传统的F-18型飞机。海军继续开发F-18E/F，空军继续开发F-22。JAST计划设想海空军采用相似的机体与通用的航空电子设备、发动机、系统和其他组件。随后该项目又加入了具备垂直起降能力的型号，用以替代海军陆战队和英国皇家海军的"鹞"式。

格鲁曼公司F-14"雄猫"的升级和建议

1984年6月，除了A-6F的合同得到批准，格鲁曼公司还收到了另一份升级"雄猫"到F-14D型的合同。F-14D主要的变化包括新的发动机——通用电气公司的F110和几乎更新了所有的航空电子设备套件，其中包括新的休斯APG-71多模式数字化雷达。F-14D最终结合了海军在20世纪70年代初发起计划时所希望具备的舰队防空用发动机、机身、航空电子设备和武器。1987年11月，一架以F-14A修改而来的包含F-14D大部分航空电子设备的验证机试飞。另外还有3架F-14A也被修改来测试F-14D的系统和功能。为了降低成本，大部分任务航空电子设备、雷达、任务计算机、显示处理器、平视显示器、存储管理系统都来自F-18A型飞机，也都被应用于A-6F型计划。

不过，格鲁曼公司的管理层有理由关心空军先进战术战斗机（ATF）的衍生物——新型舰载防空战斗机——的竞争。由于A-6F计划已被取消，重新开发F-14的打击能力是最符合格鲁曼利益的选择。有理由相信，增加空对地任务能力会导致海军购买更多的F-14和更少的A-12（如果项目成功的话），同时还可以阻止F-18的升级。

诺斯罗普领导的团队为履行合同条款导致格鲁曼公司在1987年的竞争中失败，结果A-12型飞机胜出，之后格鲁曼公司开始设计研究F-14D攻击战斗机的

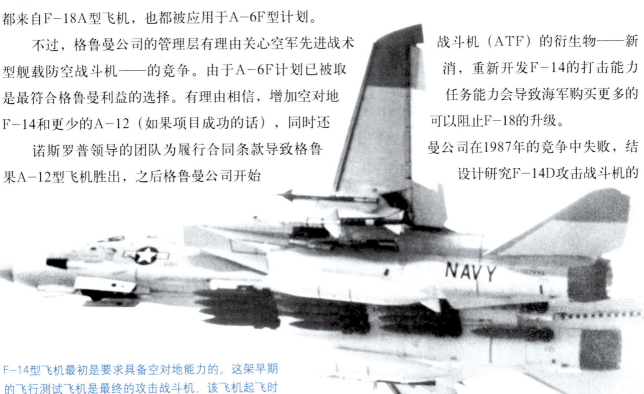

F-14型飞机最初是要求具备空对地能力的。这架早期的飞行测试飞机是最终的攻击战斗机，该飞机起飞时在两个发动机舱之间的挂架上携带了14枚炸弹，此外还带有两个副油箱、两枚"麻雀"导弹和两枚"响尾蛇"导弹。（格鲁曼公司历史中心）

由于A-12计划取消,海军对F-14型飞机空对地能力重新提出了要求。这架海军航空测试中心(NATC)的F-14D型飞机正在以惊人的高角度投掷4枚装有BSU-86的高阻力尾翼的500磅炸弹(有时也被称为"蛇眼"Ⅱ),炸弹以低阻力下坠,这属于武器资格认证的一部分。

2006年1月,一架F-14D和一架F/A-18C正在波斯湾的"西奥多·罗斯福"号航空母舰的飞行甲板上机头相对。事实上,孰胜孰败早已有了决断。这是F-14型飞机的最后一次部署。(美国海军060106-N-7241L-002)

上图：F-22计划被取消时，洛克希德/波音/通用动力公司的团队正在为NATF项目而推动F-22可变后掠翼变种机型的发展。后来，它成为A/FX计划的候选者，以满足海军同时替换A-6和F-14型飞机的需要。（作者收集）

的舰载机联队还有一个A-6中队和两个A-7中队，所以F-14仅被分配了舰队防空任务。[3]

格鲁曼公司提出了对F-14D的对地攻击能力升级的方案，这被人戏称为"快速打击"（Quickstrike）。它主要涉及航空电子设备和软件的修改，添加了"鱼叉"导弹、"哈姆"反辐射导弹和"斯拉姆"（SLAM）导弹等空对地武器。格鲁曼公司还对改进机身、发动机和航空电子设备的"超级攻击雄猫21"计划进行了研究，并将其作为海军低风险和高效费比的增强打击能力手段。

F-18缺乏远程雷达和携带"不死鸟"导弹的能力，而这正是F-14存在的理由，但涉及苏联轰炸机配备巡航导弹的"外围拦截"从未发生过。并且，F-18比F-14的维护工作更简单。

A-12被取消后，海军试图继续升级F-14和F-18。1987年年底VX-4中队已经重新使用F-14空对地模式投放Mk 83和Mk 84炸弹。[4] 1992年7月，F-14获得投放通用炸弹资格，并最终获得了投放集束炸弹（CBU）和激光制导炸弹所需的认证许可。麦道的F-18E/F"超级大黄蜂"计划于1992年获得了合同。虽然这是一个由海军发起和美国国防部长办公室批准的改进方案，但是该型号相对于此前的"大黄蜂"而言可谓脱胎换骨。

海军无法说服国会和美国国防部长办公室同时为F-14D/快速打击和F-18E/F计划提供资金。[5] 在F-14倡导者的分析中，F-18型飞机是有缺陷的，美军最终对F-18型飞机的选择是由成本决定的。有人担心"超级大黄蜂"开发成本过高。海军要做出最后的决定变得更为艰难。F-14阵营的人认为，单位成变型。非应标方案中提到的"Block IV型升级"只在F-14D型基础上进行了微小改动,利用F-15E"攻击鹰"飞机的APG-70雷达已经存在的软件为APG-71雷达添加了前视红外(FLIR)雷达和空对地模式。逆合成孔径能力也添加了进来,这正是APG-70型雷达所缺乏的。其他增强的功能还包括海面搜索和地形回避模式等。

为了携带尽可能多的空对空武器,F-14在机腹两个发动机短舱之间和机翼上设置了外挂点。在发动机舱外部有副油箱挂点。可拆卸的、现成的吊舱安装在翼套挂架侧面,可提供全天候导航和定位。飞机上还安装有地形跟踪雷达、广角前视红外雷达和前视红外和激光目标指示器。飞机的武器资质包括防区外对地攻击导弹以及F-14D飞机本身已经具备的"鱼叉"导弹和反辐射导弹能力。

驾驶舱内的航空电子设备用以显示从雷达吊舱传输来的额外信息:包括一个新的平视显示器和彩色移动地图显示器。驾驶舱还将成为夜视镜兼容的驾驶舱。所有这些变化都是在现有F-14基础上的改进。

下图:这架飞机是分配到海军航空作战中心飞机部帕图森河攻击机试验局的F-14A/B"雄猫"飞机,本图摄于该机于1994年2月1日的测试飞行中投下了1000磅的"宝石路"I系列激光制导炸弹时。F-14此前已经完成过一轮空对地试验,试验中使用了Mk 80系列通用炸弹、集束炸弹以及各种训练用外挂物。(美国海军DN-SC-95-01058)

上图:"雄猫21"是格鲁曼公司继续F-14型飞机的生产或者是F-14的主要改装过程的最后希望。然而非常不幸,海军和国会选择了对F/A-18型飞机升级进行投资。(托尼·巴特勒)

"攻击超级雄猫21"型飞机是"超级雄猫21"型的一个改型。该项提议是1988年"海军先进技术战斗机"(NATF)项目办公室成立后提出的,该方案计划对飞机发动机、机身和航空电子设备做出改进,并提供更大的打击半径和有效载荷,飞机总重量将增加3000磅至76000磅。携带8000磅的弹药执行"高—低—低—高"剖面任务时,任务半径为550海里,与A-6的能力大致相同。改进项目包括:使用了更高推力的通用电气公司F110-429发动机;机身进行了修改,从某些方面降低了雷达反射截面;采用更大的尾翼来保持机身稳定性和控制较低的进场速度;在增厚和扩大的机翼存放更多的内部燃油;改良襟翼/缝翼以适应无风条件的起飞,并显著增加了携带武器着舰的能力;航空电子系统也进行了升级,添加了A-12"复仇者"II计划中开发的雷达、"夜间猫头鹰"前视红外/激光瞄准系统、头盔瞄准具等;武器承载能力被添加到短舱下的第2个和第7个外挂点。以上这些都不属重大变化,因此可以利用现有的,有足够的机身剩余寿命的F-14改造,而无须新造"超级雄猫"。

ASF-12是格鲁曼公司为先进攻击机型F-14所取的型号,该项目在AF-X取消后,于1994年接受了海军评估。虽然并不是从头开始的新项目,但是它纳入了尽可能先进的技术并配备了ATA和ATF计划开发的先进的航空电子设备。例如,发动机将采用三维推力矢量喷口,外侧的机翼前缘为保形雷达预留位置,并具备较低的雷达反射截面积。

"雄猫"暂时填补了空白

虽然国会已批准拨款启动快速打击飞机的开发,但海军在1990年和1991年国防部长办公室资助的研究中得出结论认为,F-14D在执行打击任务时的生存能力不如F/A-18C/D,且采购价格和运行费用也更为昂贵,而F/A-18E/F型飞机操作成本更低而且比"攻击超级雄猫21"或ASF-14的开发风险要小。F-14的主要特点是它装备有"不死鸟"导弹,因此在外层防空任务方面具有一定的优越性。不幸的是,对于格鲁曼公司来讲,因为苏联的解体以及防空巡洋舰的"宙斯盾"系统可用性的改进,这种能力额价值日渐下降。[7]

同时，生产具备打击能力的新"雄猫"的前景也非常不乐观，因为当时的国防部长切尼在1989年决定终止F-14D的生产，最后一架飞机将在1992年交付。虽然此举颇受争议，但最终只生产了37架新的F-14D型飞机，另有18架由F-14A型改装而来。格鲁曼公司无法说服国会阻止切尼的决定，[8]最后几架F-14D于1994年11月交付。这55架F-14D被用于装备部署3个在役中队和太平洋舰队训练单位，以及如VX-4等测试单位。

尽管如此，1991年1月A-12计划的取消和A-6数量的稳步下降，使F-14至少在临时纵深打击能力方面成为较有吸引力的替代品，因为它们能够执行半径600海里的任务而无需中途加油。1990年，F-14A机身挂架可挂载多达4枚Mk 84"笨弹"（俚语：无精确制导系统的炸弹）。两枚"麻雀"导弹和两枚"响尾蛇"导弹可以同时携带于机翼挂架。1990年8月，VF-24和VF-211中队成为具备空对地能力的第一批一线F-14中队。1995年9月，VF-41中队的F-14型飞机在波斯尼亚的"显示力量"行动中投放了激光制导炸弹，并由其他飞机提供制导。

1995年，海军的大西洋战斗机联队发起了一项计划，希望尽可能地增加"雄猫"的激光制导能力。该计划跳过了正常的测试单元开发和认证过程，直接分配责任到了弗吉尼亚奥西安纳海军航空站的VF-103中队。帕图森河只能完成航空母舰适应性和电磁兼容性测试。洛克希德·马丁公司获得了一份合同，生产其"蓝丁"系统（即"红外夜间低空导航和目标标定"）的衍生型，"蓝丁"吊舱原本是为美国空军F-15E和F-16C制定的。"雄猫"的该吊舱被挂载于右侧的多用途挂架上。一个手动控制器和控制面板被添加到了驾驶舱中，前视红外（FLIR）图像显示在现有的战术信息显示器上。F-14B改装后可携带吊舱。初始作战评估后，VF-103中队的10架F-14进行了改进，并采购了6具吊舱，部分"雄猫"的座舱在经过改进后可兼容夜视镜。[9]该中队于1996年6月登上"企业"号航空母舰部署，并成功地展示了该系统的效用。1996年11月，吊舱（和飞机）被移交VF-32中队继续进行评估。VF-2是下一个装备"蓝丁"吊舱的中队，这是该系统第一次装配在F-14D飞机上，VF-2中队也是第一个配备夜间"蓝丁"系统的太平洋舰队中队。

"炸弹猫"的出现正好可以取代A-6E的载弹量和航程性能，但该机不能挂载"哈姆"、"鱼叉"和"斯拉姆"导弹。"入侵者"的最后一次部署是VA-75中队在"企业"号航空母舰上完成的（该中队也是第一个装备A-6A进行舰上部署的中队），此轮部署于1996年6月开始，12月结束。第一架F-18E则直到1995年12月才进行首飞，而第一架量产型飞机直到1998年12月才试飞。2002年，单座版的"超级大黄蜂"首次部署。在那之前，F-14和传统的F-18仍是海军的主力作战飞机。

F-14中队继续为航空母舰的打击能力做主要贡献。2000年，VF-41由于其空对地打击作战表现卓越而获得了年度"克拉伦斯·麦克拉斯基奖"。传统上该奖项是被授予攻击机中队的。该中队的F-14A在1999年科索沃"联军行动"期间累计战斗1100小时，出动384架次，当时搭载于"西奥多·罗斯福"（CVL-71）号航空母舰上。

1998年12月，"企业"号航空母舰上VF-32中队的F-14型飞机在"沙漠之狐"行动期间成功地用于作战后。海军决定注资为F-14进行用于全天候精确打击的2000磅GPS制导炸弹的资格认证，并将夜间

"蓝丁"系统指定高度从25000英尺增加到了40000英尺。第一次战斗中投放联合制导攻击武器是VF-11中队F-14B型飞机在2002年3月部署于"约翰·F.肯尼迪"号航空母舰上时进行的。通过修改机上软件，F-14D也通过了联合制导攻击武器（JDAM）投放资格认证，并于2003年3月第一次在战斗中使用。

F-14A没有投放JDAM能力。然而，VF-154中队使用F-14A型飞机作为舰载机联队（CVW-5）的一部分，于2003年在"伊拉克自由"行动中部署于"小鹰"号航空母舰，并在支援作战行动中投放了358枚激光制导炸弹。

F-14型飞机的最后一次部署由第8舰载机联队的VF-213和VF-31中队在的"西奥多·罗斯福"号航空母舰上完成，于波斯湾支援在伊拉克作战的联军地面部队。在最后的改进中，中队为F-14D装备了"遥控视频增强接收机"（ROVER）数据传输能力，可以将"蓝丁"系统吊舱正在记录的图像传输到一台笔记本电脑接收器上，该接收器由地面单位使用，既可提供用于作战战术的图片，也可以配合"雄猫"机组进行投放用。2006年3月，美国海军的"雄猫"机队永久停飞。

麦道F-18E/F"超级大黄蜂"

"超级大黄蜂"比传统"大黄蜂"长4英尺，体积大25%，机翼翼型更厚，另外还有两个额外的外

下图：2005年10月，这架F-14D正在从例行巡逻返回"西奥多·罗斯福"号航空母舰的途中。该飞机携带有未动用的一枚激光制导和一枚GPS导航炸弹。它在右侧外挂点携带有"蓝丁"吊舱。机务人员能准确地投放激光炸弹或者使用20毫米航炮。
（美国海军051023-N-5088T-002）

挂点。"超级大黄蜂"的内部燃料增加了33%。大型机翼边条（LEX）进行了扩大和重新设计，以获得更好的高攻角飞行性能。其结果是，E/F型与C/D型飞机的结构通用性只有10%，最大总重量增加到了66000磅。发动机是通用电气F414型发动机，该类型发动机根据已取消的A-12的F412型发动机和F-18的F404型发动机改进而成，比F404增加了36%以上的推力。该型机可携带480加仑的外挂副油箱（原来为330加仑）。

"超级大黄蜂"还通过修改设计从关键方面减少了雷达反射截面。最明显的是增大了发动机进气管并将其形状改为平行四边形。入口的内部有一个机械设备可以阻挡发动机压缩机的雷达回波。在一些特殊位置采用了低可观察性材料，起落架舱门和面板边缘均保证对齐，以尽量减少雷达反射。据报道，"超级大黄蜂"的雷达散射截面比C/D小约90%，但仍无法与美国空军的ATF（即现在的F-22）相媲美。[10]

此外，"超级大黄蜂"也不像F-22一样，它没有超声速巡航能力、发动机矢量推进能力，也没有内部武器舱或者全新的、带有主动相控阵（AESA）雷达的航空电子套件。[11]虽然该机型相对缺乏先进的技术，但是，这意味着它很快就能得到交付而且成本较低。海军还有一个预先计划产品改进（P3I）或者说"螺旋式发展"的航空电子设备计划。"超级大黄蜂"套件将进行定期升级以提高其性能和能力，最终该机型发展为F/A-18E/F Block 2机型。

"超级大黄蜂"还有大量的细节变化。这些变化主要包括：机械备份控制系统被删除；俯冲减速板装置被删除；在需要的时候，飞机的襟翼下调，副翼和扰流板抬高，两个方向舵均向外偏转，而全动平尾保持俯仰姿态，提供更多的阻力；前缘延伸部分加入了扰流板和通风孔，前者主要是为了帮助进行速度制动，而后者则取代被删除的气动挡板，且可以减少雷达信号（通风口被删除后飞行试验评估表明，它们是无效的）。许多组件进行了重新设计，最后飞机上还添加了灭火系统。

"超级大黄蜂"着陆重量的增加使飞行员在航空母舰上降落时可以携带9000磅的燃料和弹药（传统"大黄蜂"只能携带5500磅），这样一来它能够携带一枚2000磅的GBU-24炸弹返回。该机第一次进场着陆所需的最低燃料量为4000磅（传统的"大黄蜂"不具备这样的能力）。因为这一限制，F/A-18C/D型飞机通常不会被分配携带GBU-24的任务。

F/A-18E和F/A-18A/C一样，都是单座飞机。F/A-18F有两个座位，和F/A-18D一样在后座舱配置了武器系统操作员。和F-14相比，F/A-18F不仅缺乏重要的"不死鸟"导弹系统，其雷达也仅有F-14探测范围的一半，它的载弹量和航程也远远比不上F-14。

	F/A-18F	F-14 "快速打击"型
有效载荷	4×Mk 83	4×Mk 83
	2×AIM-9	2×AIM-9
外部燃料（加仑）	2×330	2×280
活动半径（海里）	400	460

F/A-18F增加炸弹负载后作战半径不足。当炸弹负载增加了一倍时，它的任务半径只有265海里，而F-14为400海里。"雄猫"的速度也快于"超级大黄蜂"。当完成投资开发和认证后，可以证明"超级大黄蜂"比较划算。

上图:到1996年时,如VF-211等F-14中队已经开始定期实施对地打击训练。这架F-14A型飞机携带了4枚500磅的Mk 82炸弹。
(美国海军960717-N-0226M-001)

1992年5月,美国国防部长办公室为了工程和制造业的发展批准了F/A-18E/F项目。因为该项目提出的是对现有"大黄蜂"的一个低风险修改,因此国防部长办公室决定跳过生产样机的阶段。1992年7月,海军授予麦道公司生产合同。虽然在海军的领导下"超级大黄蜂"获得了大力支持,但它还是会受到来自现役和退役团体以及国会的批评。

第一架"超级大黄蜂"(单座的F/A-18E)于1995年11月首次试飞,比原计划提前了一个月。紧随其后,另一架F/A-18E型于1995年12月在帕克斯河航空站试飞。1996年3月发现的早期问题是飞机在高速下其中一个机翼会突然失去升力,"超级大黄蜂"将不受控制地发生大幅度的滚转。

机翼的问题已经不是第一次出现了。F/A-18型飞机原来的机翼就曾经在开发中遇到问题,问题通过取消外侧翼前缘的延长段得到了解决,麦道公司曾将外侧翼前缘扩展增加到诺斯罗普的设计中。[12]作为传统"大黄蜂"设计的变化之一,承包商重新对F/A-18E/F的机翼安装了突起以利于其空气动力特性,结果再一次出现了意想不到的后果:通过控制系统纠正均未成功。在1998年终于找到了配置修复的解决方案,并通过了评估认证:在机翼折叠区域采用多孔表面可以使飞机在大迎角进攻时最小化左右机翼之间的升力差。

"超级大黄蜂"项目被总审计办公室和国会预算办公室(CBO)批评为过于昂贵,不符合性能预测,并且其某些特性,如加速性和机动性等性能不如F/A-18C/D。在国会的讨论中,有一个提案认为应该延长F-14的使用寿命,直到联合攻击战斗机(JSF)可用为止。除了单翼跌落问题以外,"超级大黄蜂"发展过程几乎没遇到过其他问题,其生产没有延误、没有超支,最重要的是没有超过规定重量。

初始舰载资格试验是由第一架F/A-18F型飞机在"约翰·斯坦尼斯"号航空母舰(CVN-74)上完

上图:VF-102中队的这架F-14B为所有挂架都安排得满满当当,装有炸弹、"不死鸟"导弹和"响尾蛇"导弹。远距离空对空导弹"不死鸟"只适用于F-14及其雷达系统。其原本是打算用于击落敌方轰炸机和攻击航空母舰特遣部队的巡航导弹,即执行所谓"外圈截击"任务。而1997年12月的此刻,该机正被部署在波斯湾的"乔治·华盛顿"号航空母舰上。(美国海军971202-N-2302H-004)

上图:从2002年12月到2003年5月期间VF-32中队的这架F-14B型飞机部署于"哈里·S.杜鲁门"号航空母舰,并曾多次在"伊拉克自由"行动中投放非制导炸弹和激光制导炸弹。(美国海军030522-N-4953E-054)

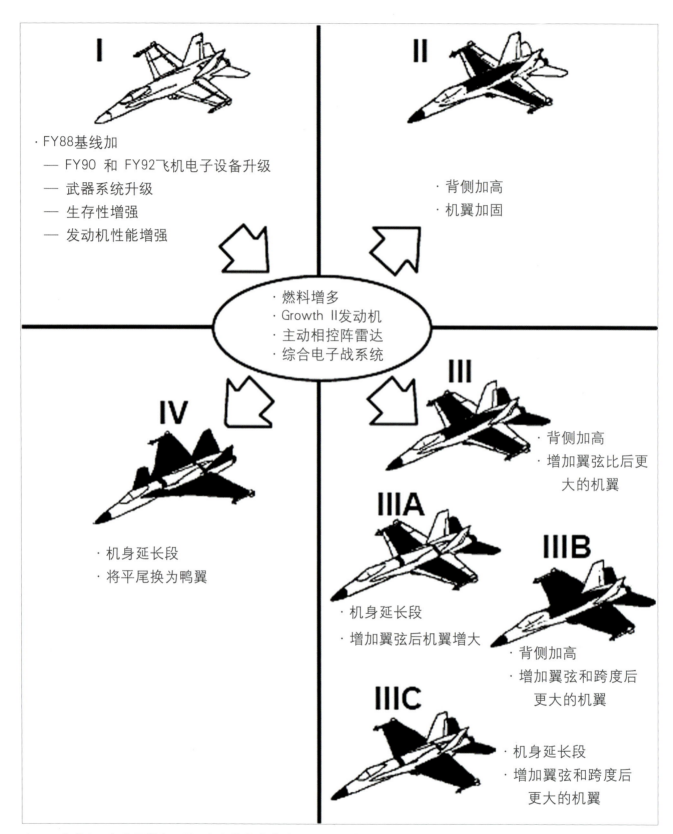

上图：麦道公司向海军提出了关于如何恢复或改善F/A—18原有的航程和续航力的一些研究（INEWS代表综合电子战系统）。F/A—18E类似于选项IIIC。

成的，时间为1997年1月，其进场着陆速度比F-18C/D下降了约10节。由于海军决定用F/A-18F的电子战变型机取代EA-6B型飞机，预测的平均单位成本也因为采购总量比计划增加140架而降低。

"超级大黄蜂"于1999年5月开始正式作战评估，结果被宣布为"有效运作，适合作战"。根据军事采购标准，该项目完全是在预算范围内按照预定时间表完成的。舰队战备训练中队VFA-122收到其第一架飞机的同月，即1999年11月，就完成了作战评估的飞行部分。VFA-115是第一个F/A-18E作战中队。2002年7月该中队部署于"亚伯拉罕·林肯"（CVN-72）号航空母舰，支持在阿富汗的"持久自由"行动和在伊拉克的"伊拉克自由"行动。双座F/A-18F第一次部署是在第三个"超级大黄蜂"中队VFA-41，并于2003年4月第一次执行战斗任务。

"超级大黄蜂"的另一个附加任务是在空中加油。4个机翼挂架和中心线站都是"湿"的，使其能够携带4个外挂副油箱和加油吊舱。随着洛克希德S-3的退役（其最后的部署是在"企业"号航空母舰上，并于2007年12月结束），必须有另一种机型来取代这个起着重要的全面支持作用的机型，特别是飞机起飞后会出现摇摆状况，传统的"大黄蜂"在飞行员起飞后从无线电传来的第一个呼叫请求就是"转向的士高"，意为"空中加油机在哪里？"与KA-6D型（安装了软管和锥套设备专门用于空中加油任务的飞机类型，并没有攻击雷达）不同，任何F-18E/F型飞机都可被配置为空中加油机。

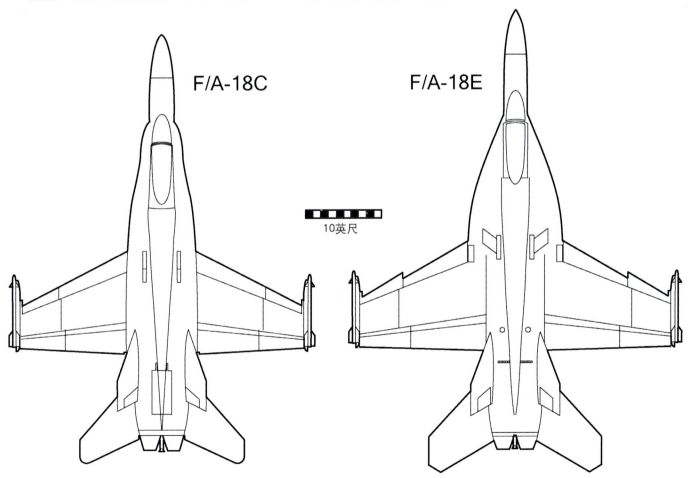

上图：F/A-18C和F/A-18E型飞机之间的主要外部差异在于机身延长、边条和机翼面积的增大。当然二者之间的差异远不止如此肤浅。F/A-18E几乎整个都是全新的，只有一些航空电子设备与原来相同，而且计划未来进行升级。

上图：1997年1月第一架F/A-18E/F被用于在"约翰·斯坦尼斯"号航空母舰上进行海上舰载资格认证。图中可见一个较大的长方形发动机进气口，这是为了强大的发动机所需的流量更大的空气，但又必须减小正向纵横雷达截面而采取的设计。（美国海军970118-N-4787P-002）

在自卫能力方面，F/A-18E/F的创新之处包括采用ALE-50拖曳式诱饵。ALE-50被部署在中心线挂架的后方的发射器上，用制造商的话来讲，拖曳式诱饵"会提供一个可优先引诱敌方导弹的目标，即提供一个比飞机更大的雷达截面"。ALE-55光纤拖曳式诱饵（FOTD）是空气动力学改良后的诱饵，它最大限度地减少了线缆所承受的应力，并通过光纤与机载电子对抗设备连接，从而提高应对威胁雷达的能力；它还有加固的拖曳线，以免因被拖入发动机尾焰而被烧穿。每个发射器上携带3个诱饵，其中部署的诱饵会在着陆前被切断。

海军F-117

海军一直在关注F-117计划进展，包括海军飞行员在1984年年底进行试飞。洛克希德公司时常会向海军提供舰载功能的设计方案。在1993年年初，洛克希德臭鼬工厂向市场推出了全面升级后的F-117作为A/FX计划的候选方案。

新机型的变化相对较小：具备弹射功能的前起落架、能承受高下降率的主起落架、尾钩、新型后掠较小的可折叠机翼以及水平尾翼。F-117的基本结构完全可以承受这些变化，因为它在前起落架到尾钩之间有一个最大深度的中心龙骨，三个最大深度的机身框架机翼可从中穿过，并且主起落架直接安装在主要舱壁。机翼折叠后，它的占地面积大于A-6，但小于A-12。

机翼的平面形状发生了变化，结合了后缘襟翼和前缘缝翼，水平尾翼的增加使航空母舰上起飞和着陆的最低飞行速度得到了必要的降低。扰流板在低速、直接升力和进场着陆时提供更好的侧倾控制。机身上添加了高速减速板以提高机动能力。进场着陆时减速板的展开导致了更高的发动机转速以更快地获得推力。

通过将龙骨深度增大19英寸和将炸弹舱门做成隆起的形状增大了飞机的炸弹舱。弹舱的内部有效载荷翻番，可装载10000磅的弹药。空对空导弹可以安装在舱门的内侧。两个可拆卸挂架分别添加到了两个机翼下，这样在飞机不需要全隐身时，可以增加额外8000磅的弹药或燃油。

甲板风速为10节时，舰载型F-117的最大弹射重量为68750磅，而F-117A的总重量为52500磅。若中途不加油并携带6600磅的弹药，其任务半径为700海里。洛克希德公司还预计，这架飞机在降落时可以携带甚至比F/A-18E/F更多的燃料和弹药：11600磅。

F-117升级版使用的发动机为带加力的通用电气F414，与F/A-18E/F的相同。其航空电子设备套件纳入了具备全天候空对地和空对空能力的雷达，并且升级版的舱盖为空对空导弹做了修改并适应多任务能力，这些能力F-117基本型都不具备。洛克希德公司声称该机将具备与F-14D相当的冗余推力和机动性。

F-117并不是一件容易脱手的东西，虽然可以说它是下一代的攻击战斗机，而且隐身性能比F/A-18E/F型飞机更好。反对者批评它仍在使用20世纪70年代的技术。RAM维护要求一直以来都是一个挑战，而且以空军最初达到的水平来看，是无法适应舰载环境的。然而，通过对低可探测技术的持续设计与改进，可以在显著降低所需的维护工作量的同时提高效率。不过，这对于并不了解隐身技术的人来说要想判断是很难的，而且当时还没有实例可以证明这样做会有什么好处。

F/A-18E/F的设计也减小了飞机的雷达截面，特别是在正向的截面。F/A-18E/F将电子战和防

下图：不同于传统的"大黄蜂"，"超级大黄蜂"可以携带足够的燃料起飞，并用作空中加油机。图中VFA-22中队的F/A-18E正在为VAQ-139中队的EA-6B加油，2006年年中，二者都部署在"罗纳德·里根"号航空母舰上。图中加油机的配置包括4个外挂油箱和1个加油点。（美国海军060701-N-4776G-028）

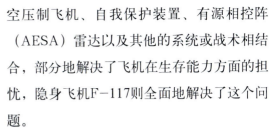

空压制飞机、自我保护装置、有源相控阵（AESA）雷达以及其他的系统或战术相结合，部分地解决了飞机在生存能力方面的担忧，隐身飞机F-117则全面地解决了这个问题。

舰载型F-117在海军作战领导层和国会获得了相当大的支持。它本来应该具备在"沙漠风暴"中被空军抢了风头的首日打击能力。然而，海军没有同时推进"超级大黄蜂"和F-117两个项目。为了分散开发成本并降低平均单位成本，洛克希德公司试图将空军也包括在这个新产品的买家之中，并为此提出了改进的F-117B型飞机。空重的减少和更大的陆基起飞重量将使飞机具有更大的活动半径（将近1000英里），中途无需空中加油，并可以将全部弹药内置。

参议院军事委员会对该项目表示支持，并表示将使用国防部长办公室1996财政年度预算请求中的1.75亿美元来启动项目论证阶段，并新生产一架用于飞行演示的样机。国防授权法案并完全满足要求，但同意拨出2500万美元进行6个月的A/F-117X项目论证，该过程由海军航空司令部实施。

最后，海军决定不能冒险放弃甚至拖延F/A-18E/F计划的进程转投另一款更隐身的飞机，F/A-18E/F刚刚完成过试飞。考虑到航空母舰上可以搭载的飞机总量，从维护的角度来看新机型并不令人满意。尽管洛克希德坚定地声称事实并非如此，并依靠其

左图：因为F/A-18E型飞机的着陆重量与空重之比较高，2002年10月，这架F/A-18E很轻松地就能带回它从"亚伯拉罕·林肯"号航空母舰上起飞时带走的"联合直接攻击炸弹"（JDAM）。传统"大黄蜂"则不具备这样的能力。（美国海军021004-N-9593M-038）

上图：图中，橙色的AGM-154"联合打击防区外武器"（JSOW），正装配在F/A-18E飞机上进行飞行测试。这种武器为取代集束炸弹而设计，该武器无需飞机抵近便能向目标投放集束子弹药。海军还开发了它的一个变种替代"白星眼"制导炸弹。JSOW具有扩展的导弹翼，可提供的防区外射程为低空平射15海里和高空平射40海里，安装了惯性导航系统（INS）和GPS导航系统两种导航系统。替代"白星眼"的版本则具有热成像导引头和能够突破坚固目标的弹头。（特里·帕诺帕里斯收集）

声誉挽回了这个计划，但是这样的转换还是冒着延迟更换舰载机A-6/"炸弹猫"的风险，后者已经超过了使用期限。

如果空军选择了F-117B，并且海军特有的部分设计可负担得起，那么该计划的风险可能会被视为可接受的，那么海军将至少装备一个中队的"超级海鹰"，并在需要时让该机登上航空母舰。不幸的是，由于空军在F-22的隐身性能上投入了巨资，因此海军将不得不凑合着使用F/A-18E/F型飞机完成第一波打击任务，直到下一代隐身攻击战斗机开始服役为止。

JAST X-32和X-35试验机

联合先进攻击技术（JAST）计划发起于1993年，该计划旨在取代空军A-10、F-16，海军和海军陆战队的F/A-18A-D、AV-8B型飞机，并导致了1995年年底发起的联合攻击战斗机（JSF）计划。隐形是众多设计要求之一。经过包括麦道公司/诺斯罗普队在内的书面上的竞争后，波音公司和洛克希德分别于

上图：这架1992年由史蒂芬·摩尔描绘的F-117N"海鹰"基本展示出了其平面形状的变化，并换用战斗机型座舱盖，但并没有反映出所有的细节，如机翼折叠或前缘襟翼等。此时，飞机除了座舱盖和发动机排气口外还保留了大部分的F-117A基本机身结构。发动机进气口也变大了一些。（杰伊·米勒收集）

下图：A/F-117X有更深的炸弹舱，内部可容纳更大的炸弹负载。如这张1995年由史蒂夫绘制的图纸中所示，空对空导弹可以安装在炸弹舱门内以便用于自卫。（杰伊·米勒收集）

下图：1993年由史蒂夫绘制的洛克希德"海鹰"的艺术概念图，图中展示了飞机襟翼、扰流系统和机身侧面的减速板等细节。该机为了舰上部署换用了F-14的机鼻起落架和A-6的主起落架。本图中，"海鹰"仍然采用了F-117的尾翼和小角度机翼折叠线。（杰伊·米勒收集）

1996年11月签订了制造X-32和X-35型试验机的合约。每份合约只要求建两架原型，但波音公司和洛克希德公司都需要提供三种不同配置：常规陆基、常规舰载和短距起飞/垂直降落（STOVL）以进行评估。显然难度最大的是垂直起降版本。波音公司和洛克希德公司选择了两种完全不同的方法。波音公司的概念类似"鹞"式战斗机，但不是利用4个旋转喷嘴提供垂直推力，而是只有两个位于飞机重心的分流矢量喷口。[13]洛克希德公司垂直起降型飞机的概念在技术上更为危险：只在飞机后部使用一个单一的可动喷嘴，再加上位于驾驶舱后部的发动机排气驱动涡轮，该涡轮可机械驾驶反旋转升力风扇。风机传动装置便于起飞，它还带有离合器。除了提供升力，风扇推力也提供悬停倾斜度的变化控制。难度高的原因之一在于离合器必须能够承受所需的巨大马力（28000马力），风扇齿轮箱也必须能够旋转90°。

考虑到变速箱、离合器和轴系的因素，洛克希德的风扇具有较高的风险，但它比喷气推力提供了更有效的悬停升力。此外，除去风扇后，相同的基本机身上会空出一定的体积，可以添加更多的燃料或航空电子设备。幸运的是，艾里逊发动机公司及时地开发出了符合标准的风扇，这使得洛克希德公司的孤注一掷取得了成功。X-35的悬停性能明显优于X-32，为2001年10月洛克希德在竞标中获胜，赢得F-35系统的进一步研制和演示资格做出了不小的贡献。

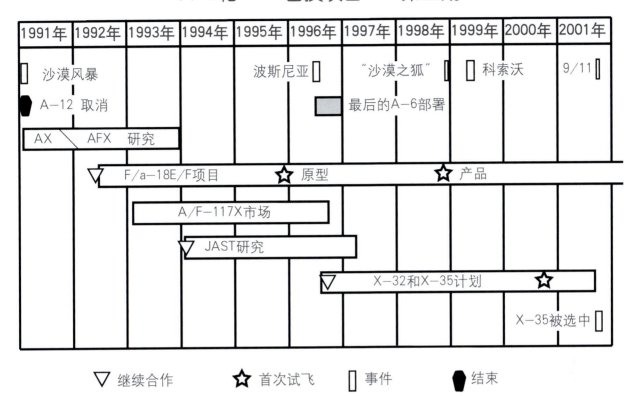

上图：到2001年年底的10年间，麦道公司依靠F/A-18实现了舰载攻击机方面的垄断。然而，下一代攻击战斗机，洛克希德F-35，即将进入全尺度发展时期，并终将取代F/A-18。

下图：最终在1995年提出、普鲁特·班森绘制如图的A/F-117X，特点是通过重新设计的垂直尾翼缩短了飞机长度。固定垂尾和方向舵面被整体的全动式垂尾取代，通过较大的面积补偿了力矩臂短的缺陷。水平尾翼的面积增大。机翼折叠铰线似乎是与机身轴线平行。（杰伊·米勒收集）

联合攻击战斗机（JSF）项目的两个竞争者，波音公司的X-32（左侧）和洛克希德·马丁公司的X-35（右侧），并排停放于爱德华兹空军基地的跑道上。波音的X-32的气动布局更富创新色彩。洛克希德方案通过布置升力风扇具备了垂直起降能力，虽然技术风险较高，但这种布局比起偏转发动机喷气射流实现垂直起降，能提供更大的推力。（作者收集）

注释

[1] GD/麦道公司/诺斯罗普队于1993年年初解散后,洛克希德公司购买了通用动力公司的沃思堡工厂和产品。海军不会允许一家公司成为两项不同提案的主要承包商。

[2] 切尼将B-2从原来的采购数量132架减少到21架,将C-17从210架减少到120架,并将F-22从750架减少到了648架,所以此举其实并非单单针对海军。而且他也不能做出最后的决定。国会继续资助了F-14D很短的一段时间,而C-17则继续生产了20年之久。

[3] 在战斗机部队中很少有人会对空对地任务表现出热情,毕竟这正是F-4不得不在越南战争中担当角色。

[4] 皮特·威廉斯"F-14空对地计划",《金翼》,1991年出版。

[5] 在20世纪90年代初,海军及其主要分包商存在的分歧很大程度上影响了海军有效发起和实施计划的能力。在此期间,格鲁曼公司管理层疏远了海军和国会的重要成员,在一定程度上削弱了他们的能力,加强了己方对于方案的决定权。

下图:为了提供可以接受的舰载操作速度,F/A-117X具有水平尾翼,机翼后掠角减小,机翼面积增大且装有前缘缝翼和后缘襟翼。因为海军的任务要求飞机进行了优化,被保留下来的基本F-117机身结构已经越来越少。

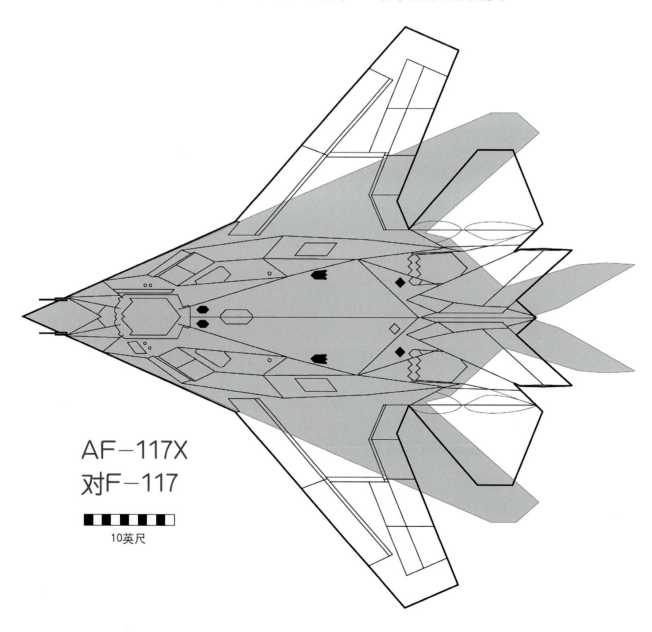

[6] 2006年夏季发行的《尾钩》杂志上托尼·霍姆斯发表的一篇报道称,F-14D在其最后一次巡航时维护工时接近每飞行小时/60工时,而当时装备F-18C的另两个中队只需要10~15工时。这意味着"大黄蜂"中队所需维护者数量仅是一个"雄猫"中队的1/2至2/3,且因误操作导致的"加班"也更少。

[7] 国会记录,1992年6月30日,S9310-12,由参议员克里斯托弗"吉特"邦德代表密苏里——麦道公司总部所在地插入言论。若想了解对于F/A-18E/G性能的尖刻评价,请参阅纽约参议员阿方达马托(格鲁曼公司总部设在长岛)的言论,1992年5月25日,S5931-2。

[8] 格鲁曼公司无法与国会合作,见《钢铁厂的内幕》,第170页。

[9] 威廉·B.斯科特"低空导航与目标红外系统赋予了'雄猫'的夜间攻击的能力",《航空和空间技术周刊》,1996年6月版。

[10] 帕特里克·J.芬纳兰,约翰·洛克哈特,《美国海军:"这是不是你们父辈用过的'大黄蜂'"》2001年出版。

[11] 根据兰德公司的报告,到2005年时,仅占F-22总发展成本的29%的航电系统研制成本,就已经高于F-18E/F的初始配置的总成本了。

[12] 机翼前缘的"边条"是后掠翼飞机存在的共同特点,这样的设计可以在大迎角时创建出一个气动屏障,以尽量减少展向升力分布气流。它可以和机翼起到相同的作用并且大大减轻了重量,减少了阻力。展向升力分布气流降低了副翼效率,并且在高迎角时由于翼尖会首先失速,很可能会导致机身突然上仰。

[13] 基于推力矢量偏转的基本要求,X-32的发动机位于飞机重心,而不是机尾,这也导致X-32并非最佳的常规起降构型。

下图:X-35C是洛克希德·马丁公司的海军型的联合攻击战斗机(JSF),仅用于操作质量和性能测试,而不能实现拦阻着陆。除了尾钩,主要的外部差异是它具有一个更大的机翼。图示这架飞机于2001年2月到达帕图森河海军航空站进行评估。(美国海军010210-N-0000P-001)

随着F-14型飞机的退役,空中联队中固定翼飞机的数量被减少到了4种,图中是2008年6月它们在"小鹰"号上空的情形。它们分别是(从左至右)E-2C"鹰眼"、F/A-18C、F-18E/F和EA-6B。几年后,EA-18G将取代EA-6B,舰载固定翼飞机将仅剩3种。(美国海军080623-N-7883G-274)

13 总结

在过去的60多年里，美国海军的舰载攻击机群经历了重大变化，并正在考虑另一个重大变革：无人驾驶飞机的常态化部署。许多创新都在第二次世界大战中有所预示，例如喷气式飞机、电子战、由雷达完成的全天候攻击、遥控控制或主动制导导弹等。而数字计算机、惯性导航、激光指示、根据导航卫星信号实现极其精确的制导、多功能显示器、夜视功能等。

整个发展过程之中，一方面是不变的航空母舰，即可以自主行动的战术飞机的航空基地，这些舰载战术飞机和陆基飞机技术水平基本相当；另一方面是面对敌方越来越有效的防御，在第二次世界大战中实行的，在极近距离上投放炸弹和鱼雷的方式已经不再可行，因此，防区外武器得到了开发，而飞机投放的鱼雷也不再被用来击沉水面舰艇，而是用于消灭敌方潜艇。

一个十分显著的变化是，航空母舰舰载机联队中彻底没有了专用攻击飞机的身影。预算的现实情况导致海军的纵深打击的基础设施破坏任务由从潜艇和水面舰艇发射的"战斧"陆基攻击导弹执行。双任务飞机现在可以实现近距空中支援和其他空对地的任务，其与战斗机和攻击机的能力基本持平。

涉及海军攻击集群的第一次重大危机，便是研制大型远程核轰炸机。结果非常成功，直到20世纪60年代中期以"北极星"导弹潜艇的部署为标志走向了终结。"北极星"导弹潜艇和载人飞机相比是更为有效的解决方案（正如前面所描述的，有些人认为大型轰炸机在较小的核弹和空中加油机出现后，其存在已显多余）。

但对于此时的攻击机队而言，核武器投送仍然是一个高优先级任务。第一架舰载喷气式轻型攻击机A4D为核武器投送任务专门进行了优化。幸运的是，在越南战争需要它们投入常规战争时，事实证明该型机也足以胜任。之后的喷气式攻击机继续负责核投送任务，直到1991年9月，时任总统乔治·H.W.布什指示撤除美国水面舰艇、攻击型核潜艇以及海军飞机上的战术核武器。据称美军在1992年7月2日完成了撤装。

除了A3J"民团团员"，海军为保障攻击飞机的性能一直坚定不移地发展亚声速飞机，直到其发展和采购计划逐渐被国防部长办公室和国会方面限制。自此以后，F/A-18（不仅是超声速飞机，而且是空军技术演示的衍生物）在发展和部署初期不受欢迎，但是这个项目不仅存活了下来，而且战胜了其他的替代方案。

空军和海军研制的武器都会尽可能使攻击者离目标更远，以提高自己的生存能力。然而大多数情况下，所有远距离武器带来的初始优势都会被地对空武器的不断创新所克制。第二次世界大战结束前夕，对于空袭任务有效性的新需求——电子作战，开始逐渐显现出来。基本原则没有显著改变，仍然是阻断敌人

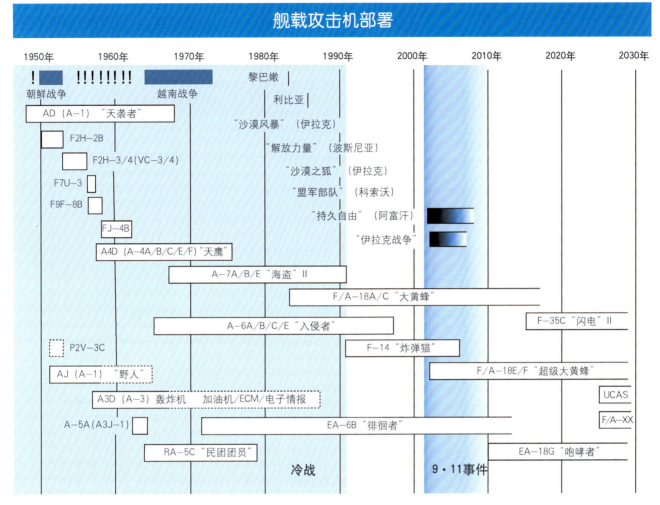

上图：自第二次世界大战结束以来，海军前沿部署的航空母舰已被频繁调用来积极保护美国在国外的利益。舰载飞机和可用武器不断得到改进，以维护美军作战资产的可信性和有效性。在20世纪50年代和60年代初期，攻击中队从螺旋桨驱动过渡到喷气飞机，在A4D"天鹰"到来前曾装备各种喷气式战斗机暂时顶替。重型攻击机计划以"北极星"导弹的部署告终，但海军因此采用了非常有能力的侦察飞机RA-5C。到了70年代末，所有的打击飞机都已经具备了全天候能力并装备了复杂的防御电子设备。之后海军引进了具有出色精度的空对地制导武器。从20世纪90年代中期开始，由于A-6和F-14"炸弹猫"的退役，在役飞机不进行空中加油的打击半径有所减少。"战斧"导弹弥补了打击半径的减损，但在其他方面，它不能替代人工驾驶飞机所具备的广度、深度和灵活性。2000年以后，海军继续投资新一代舰载攻击飞机和武器的技术和发展。（图中的感叹号代表了美军航空母舰出动用以应对局部危机的场合。）

的雷达和防空通信能力，但地对空导弹的发展使得空袭面临的困难和失败时的损失程度成倍增加。事实证明，非常有必要设置专门用于掩护空袭小组的飞机。防空力量的威胁也影响了对地打击飞机的设计，如对于减小雷达散射截面和降低红外特征的考虑。

击中目标后返回基地的能力和不被击中同样重要。在飞机的设计制造中常常会忽视或牺牲飞机空重上的限制，直到在战斗受到损失暴露出其弱点时才会重新重视飞机的重量因素。飞机脆弱性降低成为美军作战飞机系统工程的强制性元素，其重要性等同于飞机重量。"实弹射击"测试最终被确立为验收标准之一，并证明飞机的弱点区域区域尺寸不能超过指标规定。此外，降低飞机的脆弱性，通常会通过为重要系统设置备份与防护来实现。埃德·海涅曼为尽量减少A4D"天鹰"的重量消除了尽可能多的部件，这是其

战术核武器变化

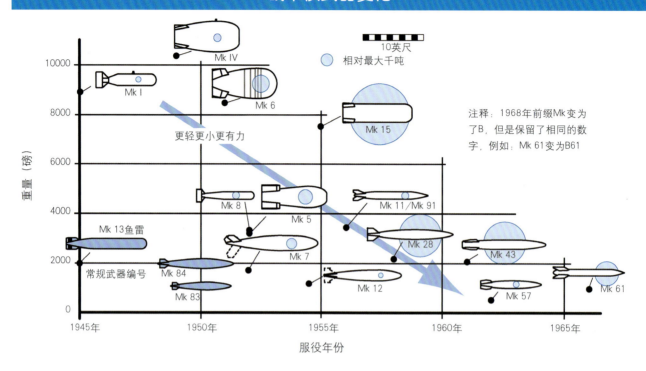

上图：第一批原子弹过于沉重（并且其中Mk IV原子弹体型过大）不能在当时已有的舰载飞机上使用。这推动了AJ"野人"和A3D"天空武士"攻击机的开发和部署。在20世纪50年代初，经测试，Mk 7和Mk 8与第一批原子弹的爆炸威力相似，但体积足够小，以其尺寸和重量完全可以在战术飞机上使用，不过Mk 7和Mk 8与常规武器相比还是很笨重。到1955年，Mk 12替换了Mk 7，其尺寸和重量都已经仅与Mk 83、Mk 84高爆炸弹。Mk 57重量只有500磅，爆炸当量却与Mk 3相当。Mk 8的替代品Mk 11仍然很沉重，因为它属于旨在摧毁深埋地下的掩体和精良潜艇洞库的枪式原子弹。Mk 15爆炸当量约为200～300万吨TNT，是第一款"轻量级"的热核炸弹。随后发展起来的还有Mk 28和Mk 43，其重量相当于Mk 7，但爆炸当量高达100万吨。

在越南战争中的生存能力获得良好声誉的原因之一。

攻击机在各种天气条件下以及在夜间的工作需要，推动了驾驶座舱的设计和操作系统的发展。这种全天候作战能力，最初仅存在于大型岸基单位提供的航空分队。而如今，单座F/A-18型飞机的飞行员的显示器和控制器也可以提供态势感知和系统管理功能，这是前几代飞行员做梦也想不到的，而且F/A-18型飞机不仅可以在所有天气条件下执行任务，还能够执行战斗机和攻击机两种机型的任务。

以导航为例。20世纪50年代的轻型攻击机飞行员最初采用的导航方法与曾经查尔斯·林德伯格在纽约和巴黎之间的飞行时一样，以已知的速度纠正估计风向和风速向前飞行，并定时通过肉眼观察地标更正航向。大型全天候轰炸机上机务人员的条件更好一些，可以凭借雷达来确定位置。20世纪60年代，惯性导航系统、移动地图显示器以及轻型雷达的投入使用为单座喷气机飞行员提供了在夜晚和各种天气条件下安全飞行所需要的工具。20世纪80年代，全球定位系统技术可以使所有飞行员都能使用"那些星星"进行定位，从而提高位置精度并简化惯性导航系统（INS）报告位置的更新，后者会因为平台运动而产生偏移。

对武器投放准确性的改进一开始着重于改善飞行员的武器瞄准和释放工具，这样一些非制导武器就可以足够接近并击毁目标。A-7D/E通过与其连续计算弹着点的配合达到了非制导武器精度的极限。[1]然而，以非制导武器的圆概率误差（CEP）要想摧毁一个目标仍需要数枚炸弹，并在战斗中由于敌方防御能

AM"拳击手"的驾驶舱代表着老式驾驶舱的格局——每个指示器有一个特定的仪表,每一项操作对应一个特定的按钮或操纵杆(图中没有瞄准器和备用罗盘)。注意仪表盘上右上侧是一个雷达显示器。(洛克希德·马丁公司)

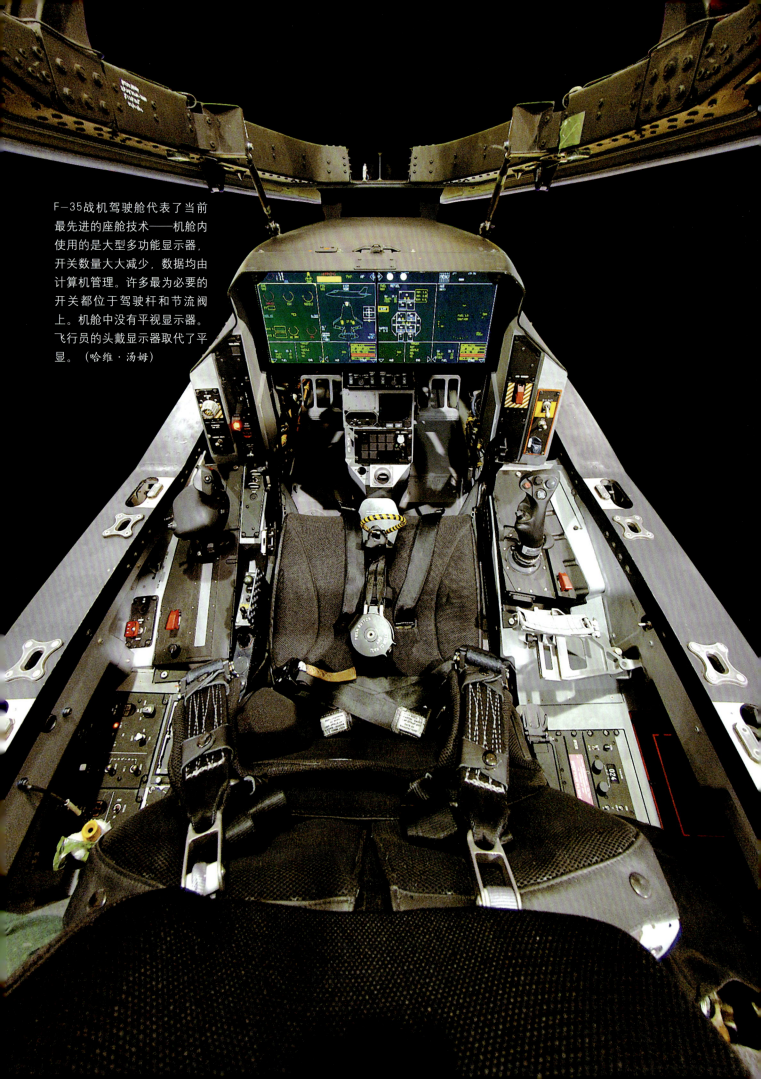

F-35战机驾驶舱代表了当前最先进的座舱技术——机舱内使用的是大型多功能显示器,开关数量大大减少,数据均由计算机管理。许多最为必要的开关都位于驾驶杆和节流阀上。机舱中没有平视显示器。飞行员的头戴显示器取代了平显。(哈维·汤姆)

上图：飞行员头盔上安装可选择显示器成为如今的新风潮，显示器包括白天和夜间两个版本，它取代了原来安装在飞机上的平视显示器。头部跟踪技术可以改变显示内容的方位角和仰角使其具备更好的态势感知能力。例如，如果飞行员选择了使用红外成像限时模式，便能"穿透"驾驶舱地板搜索目标。（洛克希德·马丁）

力的提高，需要更大的投弹距离，这无疑令精确度大打折扣。电视制导或红外制导武器十分昂贵，而且工作量比较大，只比非制导炸弹更准确，而并不精确。为解决精度问题，首先产生了激光制导，之后是GPS导航系统。虽然还不太能实现各军种和承包商所期望的一枚炸弹解决一个目标的精确度，但是已经很大程度上实现了防区外打击，提高了飞机的生存能力并减少了完成任务目标所需要出动的飞挂架次。1972年，在使用成吨的炸弹、导弹和水雷而毫无结果的7年之后，早期的激光制导炸弹终于炸毁了越南北部的清化大桥。从1965—1972年，在几百架参加袭击这座桥梁及其防御工事的飞机中共有至少10架被击落。

因为舰上弹药储存在物理尺寸上的限制，武器精度的提高对舰载力量来说比对于那些陆基舰载部队来说更为有利。炸弹的单位成本也明显低于以前的精密武器。为了增加任务的灵活性，海军正在更新双模功能GPS制导联合直接攻击弹药和激光制导炸弹。

"U型打击"

要想在打击任务中达到目的并最大限度地减少损失，不仅仅需要最先进的飞机和武器系统。美国于

左图：这张少尉罗伯特·贝内特于1951年5月1日在他驾驶"天袭者"发动破坏锁华川大坝行动前拍摄了这张照片展示了现在和以前的头盔及导航显示之间的鲜明对比。此次行动使用的是第二次世界大战中遗留下来的Mk 13鱼雷。其护目镜有墨镜功能，这也是其唯一的特殊之处。他随身携带着的图板放在仪表盘上，还有航海图以及他的膝盖垫板，他将在上面记录检查点的时间和燃料的使用情况。（美国海军，罗伯特·L.劳森收集）

1975年从越南撤出之后，海军舰载机直到1983年12月才被要求进行反击，当时两架飞越黎巴嫩的F-14飞机被叙利亚高炮击中。第二天，"独立"号和"肯尼迪"号航空母舰在短时间内发起了报复性打击。出于某种原因，两个舰载机联队已经制订并正在实施的计划被华盛顿方面否决，并要求改变武器计划并调整了到达目标时间。空军联队重新配置了武器载荷，并做出了新的攻击时间安排——于清早发动袭击。命令的混乱直接导致了EA-6B干扰机和E-2C预警指挥机的起飞时间出现了延误。

情况就此急转直下。参加行动的A-7和A-6各有一架被击落，另外还有一架A-7击伤。A-6的飞行员马克朗上尉因炮火阵亡，轰炸员L.罗伯特·古德曼被俘虏。被击落的A-7飞行员是第6舰载机联队指挥官爱德华·安德鲁斯。弹射前他将飞机驾驶到了海面，之后被直升机营救。叙利亚报告称他们共有3名士兵死亡，数人受伤。以色列人认为，这次空袭已经取得了成功，因为其袭击已经给对方的高射炮和防空火炮造成了损坏。

然而，舰载海军却对此结果感到十分尴尬，华盛顿在越战时期对于作战计划和战术细节的插手更是让海军感到非常愤怒。他们认为空袭行动应进行适当的规划并有效地执行。1984年9月，海军打击作战中心（NSWC）在内华达州法隆海军航空站成立，此处之前还为战斗机飞行员开设了著名的战斗机武器学校（TOP GUN）的课程。1984年10月，被昵称为"U型打击"的战术课程首度开课，课程项目包括目标跟踪、情报、确定使用武器数量、支持条件、威胁评估以及如何按照交战规则工作等。作为部署前的最后一次训练演习，每个联队会出动飞机到法隆测试其是否已准备就绪。"U型打击"提供逼真的敌方飞机来模拟敌方的防空系统、巨大的轰炸范围以及详细的攻击后评判。战术空勤人员作战训练系统提供飞机、实际的和模拟的武器以及电子战活动来为汇报提供行动后数据，并进行跟踪和记录。

1986年4月，美国发动了一次针对利比亚的空袭。美国总统大选期间，一名利比亚特工对一个美国军人经常光顾的西柏林夜总会实施了炸弹袭击。这一次的空袭经过了精心策划，并且选在夜间执行。袭击过程中，美军彻底压制了利比亚装备精良的多层次防空体系。在EF-111电子战机掩护下的18架美空军F-111F型飞机中，有一架在撤回时失事，原因不明。而海军没有飞机损坏。

1996年，海军战斗机武器学校和航空母舰机载预警武器学校（TOP DOME）迁出加州梅拉华海军航空下图：因为有效载荷和航程性能方面一时没有可以取代A-6"入侵者"的机型，海基纵深打击任务目前已经基本由非航空舰艇接替。如图，一枚"战斧"巡航导弹于2003年3月在地中海的一个秘密地点从导弹巡洋舰"圣乔治角"号（CG-71）发射。它已经开始转向目标方向。（美国海军030323-N-6946M-002）

下图：图示的是2002年8月Block IV型战术"战斧"导弹试验的最后一步，即将破坏交通目标。此项升级提供了飞机在飞行中的重新指定目标、战损评估能力以及通过卫星数据链在飞行途中进行健康和状态报告的能力。（美国海军020823-N-9999X-002）

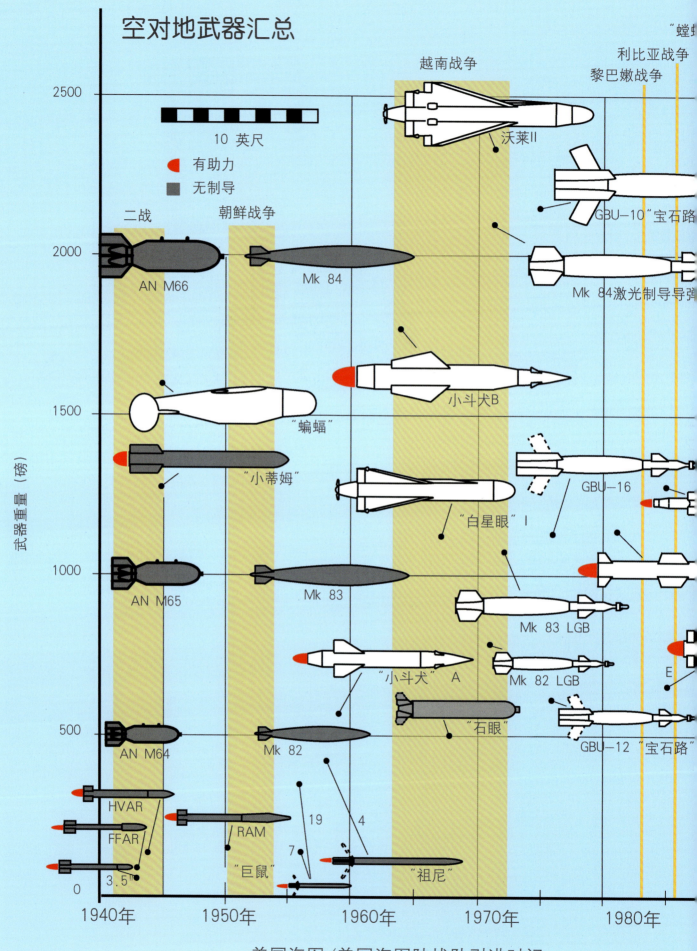

13 总结

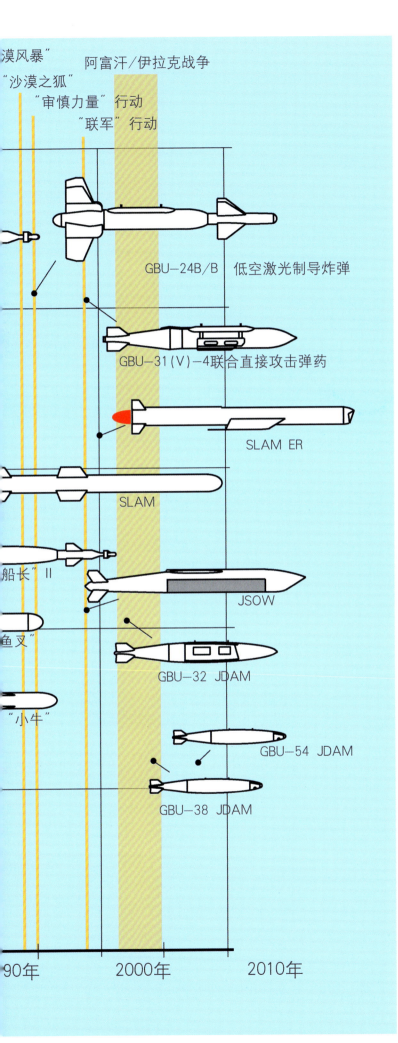

基地,并与"U型打击"合并成为海军打击和作战中心(NSAWC)。该中心还负责打击战术和武器的发展和评估。

从纵深打击过渡到灵活打击

除了偶尔会在不重要的作战评估中使用无人驾驶飞机,舰载海军坚决抵制其在航空母舰上的使用,况且大多数无人机其实并不怎么有效。然而,20世纪80年代,一种从非航空船舶发射的纵深打击武器——"战斧"通过了验收进入海军服役。虽然该武器被定性为导弹,但是它具有机翼以及像飞机一样的喷气发动机。航空母舰的倡导者担心它会最终导致大型舰船数量的减少,甚至消失。1991年的第一次海湾战争后,航空母舰的优势与成本的问题又一次被提出。在空军负责的空中战争中,航空母舰舰载攻击机露脸较少,而隐形飞机F-117显得更为突出。科威特遭到入侵之后,前沿部署的航空母舰仅花了不到一周便抵达战区,帮助阻止了伊拉克提前到沙特阿拉伯的扩张,但是这个事实像往常一样并没有得到充分的赞赏。

然而当时美国海军在激光制导武器上远远落后于空军,并且才刚刚拥有了其第一架隐身飞机A-12,其之前的战斗机F-14D已经被国防部长反对继续使用。海军迅速恢复扩大了其精确制导武器的使用,发起了技术上较为保守但快节奏的F/A-18E/F计划来代替F-22

左图:战争期间和战后空对地武器的发展更加注重增加打击的精确度和距离。虽然在20世纪70年代初就已经使用了激光制导炸弹,并在越南战争中得到了检验评估,但是海军与空军不同,对激光制导炸弹的部署非常慢。1992年"沙漠风暴"中只投放了很少数量。20世纪90年代末,精确制导武器成了主导力量,舰载机几乎不再携带传统的无制导炸弹。

美国海军纵深打击飞机选项

○ 最差　● 最好

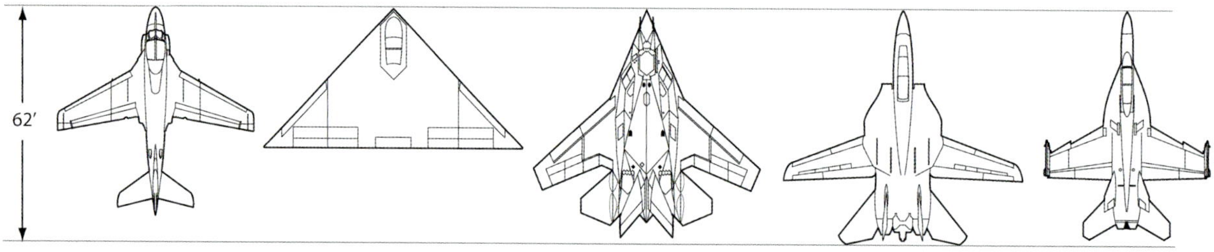

	A-6F	A-12	F/A-117X	超级雄猫21	F/A-18F
攻击战斗机	○	○	◐	●	●
挂架结构	◐	○	○	●	●
隐形	○	●	●	○	◐
作战半径（海里）*	600	800	700	600	500
携带炸弹（磅）	6000	4500	6000	8000	5000
空空导弹（磅）	400	1000	600	400	400
外挂副油箱（加仑）	2×300			2×425	3×480
典型预计任务下最大起飞重量（磅）	59000	76000	69000	69000	62000

* 高—低—低—高任务

上图：格鲁曼A-6"入侵者"一直都是舰载海军的主力。要想取代它的位置十分不容易。A-6F被能力更强大的A-12型飞机所替代，但随后A-12型飞机也被取消，因为它开销过大，海军无法负担。无论是F/A-117X还是"超级雄猫"都存在支持者，但不幸的是，其缺点也集中了同样多的批评。权衡之后海军选择了F/A-18F。

和AF-X计划，并且认为F-14"雄猫"可以替代"超级大黄蜂"的攻击能力。[2]当新危机不可避免地爆发和有行动的紧急要求时，航空母舰及其空军联队总是能够随时准备应对。例如，在2001年的"9·11"事件中，包括F/A-18E在内的航空母舰舰载机在阿富汗战争初期发动了多次空袭。[3]

财政部门不负责任地花费了数十亿开发了"超级大黄蜂"这款新型飞机，却没有意识到只需要几个亿就能完成F-14和A-6两种飞机的更新和改进。相反地，简单地说，这是为了节约操作成本。F-14的远射"不死鸟"舰队防空能力也不再重要了，并已逐渐被配备"宙斯盾"雷达/导弹作战系统的巡洋舰和驱逐舰取代，"宙斯盾"舰艇于1983年首次下水。A-6型飞机最苛刻的有效载荷/范围任务已经基本上被"战斧"接管。

海军已经没有那么多的选择了。在JSF计划被批准实施之前，海军可购买的机型只有波音公司的F/A-18E/F型一种。"大黄蜂"一次又一次地战胜了众多批评的声音。首先，国会的原本意图是为海军购买一款空军战斗机计划的舰载版本飞机；其次，"大黄蜂"在有效载荷、航程和续航时间方面都不如它将要代替的A-7飞机；最后，和F-4型飞机相比，其速度和加速度方面有所欠缺。"超级大黄蜂"同样遭受到了不公正待遇，例如其空战任务性能与F-14比较，攻击性能与A-6或F-14以及F-117型飞机比较。[4]

当然这并不是说"大黄蜂"和随后的"超级大黄蜂"不是所有选项中最好的选择，F/A-18可靠，易于维护,并有最先进的航空电子设备。作为一款战斗机,最糟糕的就是它的飞行员必须依靠战术、训练、武器装备和态势感知能力在空战中取得胜利。而对于攻击机飞行员,F/A-18型飞机在速度和加速度上有显著的改善。

虽然A-6轰炸机已经退役,但是还没有舰载的可以替代EA-6B型轰炸机的基本电子战任务能力的新机型。尽管如此,它的使用期限还是快要到了。海军在考虑将建造EA-6C型飞机的生产线重新启动之后,又决定在2002年开发花费更少的F/A-18F战机和电子攻击版本EA-18G,后者与空中联队的F/A-18E/F飞机有共同的基本系统。电子战系统操作员的人数从两名减少到了一名,EWO任务自动化程度提高的模拟器评估消除了这份担忧。两架F/A-18E/F量产型试装了有源相控阵雷达,该雷达可以提升飞机的自卫电子战能力,减少了专用干扰的需要。

下图:2007年3月的编队飞行中包括了美国目前的海军打击战斗机类型以及美国空军除F-16外的战斗机机型。图中从上到下,依次是F/A-18E、F-22A、F-15C和F/A-18C。F-22是ATF计划的最终成果,但海军认为F-22并没有适应其要求。不容置疑的是,F-22型飞机是世界上最昂贵的也是最有能力的战斗机。(为了提高其强大态势感知能力的效费比,空军领导层试图进一步开发其打击能力将其改装为F/A-22型飞机,但是没有坚持下来。)F-15和海军的F-14属于同一时代的飞机,但F-14已经退役。F-35最终将取代F-15和F/A-18C。(美国海军070316-N-2359T-001)

波音于2003年12月接到了EA-18G型飞机的系统开发和验证（SDD）阶段合同，与EA-6B一样，EA-18G对于电子战进行了优化，采用专用的航空电子设备和独特的附加装置。最明显的区别是增加了安装在翼尖的大型吊舱，其中装载着电子信号接收器。飞机上可拆卸的自供电吊舱可提供干扰能力，与EA-6B型飞机上的一样。EA-18G型飞机也可以携带和发射AGM-88 HARM导弹，以补充其电子压制能力。

这有利于舰载机联队载机分配的灵活性。舰载机联队的典型组成在1991年"沙漠风暴"行动、2003年"伊拉克自由"行动中有着很大的差别。

	1991年	2003年	2010年
F-14	24	10	—
F/A-18	24A/C*	36A+/C/E	50C/E/F
A-6E	10	—	—
EA-6B	4	4	6**
S-3B	10	8	—
E-2C	4	4	4***
直升机	6 H-3	7 SH/HH-60	7 SH/HH-60

* 7E；** 或EA-18G，*** 或E-2D。

1991年，F-14是空中联队飞机的一个重要组成部分，而且尚不具备对地攻击能力，只有34架轻型和中型攻击机具备空对地能力，仅有A-6E型飞机可以为激光制导炸弹指示目标。到2003年时，舰载机联队

下图：波音公司（和/或海军）正在提升"超级大黄蜂"作为战斗机的能力，在这次飞行测试中，图中这架F/A-18E型飞机携带了最大数量的所有空对空导弹。在实战中，"大黄蜂"飞机通常会进行混合挂载，既携带空对空导弹又携带空对地导弹，不过通常还是要等到占据空中优势后才会携带混合挂载。（波音公司）

有46架攻击机,所有这些飞机都可以引导并投放制导炸弹。2010年,舰载机联队有50架攻击机,所有这些攻击机在需要时也可以作为战斗机进行部署。

如同第二次世界大战太平洋战争一样,如果航空母舰战斗群需要更多的战斗机,所有的F/A-18型战机都可以作为战斗机。如果空中优势已得到保证并且攻击范围很短,那么除了需要一两架用作加油机以外,所有的F/A-18型战机都可以作为轰炸机使用。如果行动范围的要求需要进行空中加油,那么任何一架F/A-18E/F型飞机都可以配置为空中加油机,所以空中联队中并不需要特别设置打击能力有限的专门的加油机。从维护的角度来看,EA-18G引入后,只需要对3种不同的飞机类型进行维护支持,而相比之下,1991年的舰载机联队需要对5种类型的飞机进行维护。

2008年,海军计划购买约500架F/A-18E/F型飞机(数量为原先计划数的一半)和80~90架EA-18G型飞机。虽然海军非常希望组建一个F/A-18E/F机队,但是除非裁减航空母舰或空中联队的数量,否则此举将导致一些中队在未来的十年内只能部署升级版的F/A-18C型飞机。如同海军和海军陆战队在第一个攻击机中队开始部署C型飞机,直到2008年才开始执飞F/A-18A+并组建飞行联队。

下图:除了可以作为轰炸机、战斗机和加油机使用,"超级大黄蜂"还可以在中心线挂点携带侦察吊舱,如图所示,是F/A-18F型飞机于2008年6月着陆"亚伯拉罕·林肯"号航空母舰前拍摄的。(为了便于投弃,机翼挂架有一个向外撇的角度。外挂副油箱的角度实际上就是如此,并不是相机的镜头引起的错觉。)(美国海军080612-N-7981E-504)

打击范围

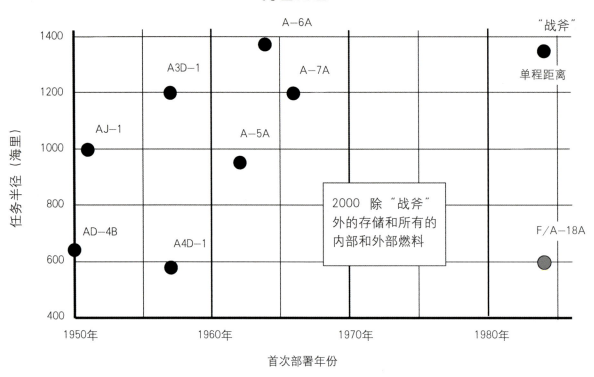

上图：对于F/A-18A型飞机的作战半径，600海里这个数字还没有得到证实。该数据可能更接近400~500海里。

下图：EA-6B型带有涂层的机舱可以保护机务人员免受高功率传输的干扰吊舱的危害。四座的"徘徊者"与E-2C是格鲁曼公司最后尚在服役的舰载机。很快飞机联队中就会只剩下"鹰眼"，而不再有"莫希干人"了。（美国海军041205-N-8704K-005）

上图：从2009年起，两座的EA-18G"咆哮者"将取代四座的EA-6B"徘徊者"成为舰载机联队的电子侦察和攻击飞机。图中这架飞机是一架F/A-18F，为演示EA-18G的空气动力学特点，该机配置了模拟天线、干扰吊舱、AGM-88的反辐射导弹、AIM-120C空对空导弹以及两个副油箱。（美国海军的照片）

注释

[1] ASG-10是连续计算弹着点（CCIP）的早期形式，它于1945年投入使用，但显然人们认为它的可靠性不高，并且无法在持续作战行动中使用。

[2] 洛克希德和诺斯罗普原型机试飞之后，F-22的全面研制工作于1991年拉开了序幕。F/A-18E/F计划于1992年被批准。第一批F/A-18/E在2002年7月得到部署，直接进入阿富汗作战。F-22型飞机在2005年12月宣布组建了一个12架飞机的中队，并于2006年1月在美国本土开始执行东海岸防空任务，直到2009年年初该型机才首度参战。

[3] 和第一次海湾战争相似，这是一次团队的共同努力。"战斧"导弹和远程空军轰炸机都是初始组合的一部分。美国空军和英国皇家空军加油机的支持至关重要，因为阿富汗的目标位于内陆和航空母舰之间，二者相距900海里。

[4] 这表明"超级大黄蜂"机身长度的增加是令其比传统的"大黄蜂"巡航范围有所增加的主要原因。"超级大黄蜂"实际增加的作战半径大约为100海里。

伴随着初升的太阳,舰载机迎来了它的新纪元:大型无人侦察攻击机。(诺斯罗普·格鲁曼公司)

后 记

航空母舰将绝不可能从美国的武库中消失，因为国家为保护其利益，需要频繁地使用这种军事力量。这意味着，飞机打击力量将继续进行升级，并定期进行更新换代。不论是F/A-18的换代机型，还是其换代机型的换代机型都正在进行研制和论证。前者可能会是F-35C，而后者可能会是另一种尝试，即不仅可以从航空母舰上发射而且可以在航空母舰上回收的无人驾驶飞行器。

洛克希德F-35C

多军种、多国参与的F-35项目最终产生三种总重60000磅的单发动机飞机。各型号都采用隐身设计，并且内部武器舱可装载两枚1000磅的联合直接攻击弹药（JDAM）和两枚AMMRAM空空导弹，以对重兵防守的目标进行首轮打击。F-35A是一款具备打击能力的陆基战斗机；F-35B是垂直/短距起落飞机，其驾驶舱后具有发动机驱动的升力风扇，飞机尾部安装了旋转喷口；F-35C是传统的舰载攻击战斗机。2008年，海军计划购买480架F-35型飞机，以取代传统的"大黄蜂"。

美国海军所不能确定的是应该在何时终止F/A-18E/F生产线。截至2008年年初，海军仍认为应于2012年停止其生产。但是如果没有F-35C计划，或者"大黄蜂"的剩余结构寿命比原计划以更快的速度缩短，那么更多的"超级大黄蜂"将被要求保留在空中联队中。2007年6月F-35C的关键设计评审成功完成，其首飞计划于2009年年中进行。

但是，基本程序并没有按原计划进行。第一架F-35A于2006年12月试飞，当时已经完成了其重新设计，以减少其空重并进行了一些改进。2007年5月，一个飞行控制系统问题造成飞机在飞行中紧急降落，飞行测试直到当年12月才恢复。因此，首架F-35C的飞行测试推迟到2009年年底。海军预计F-35C的首次部署为2015年。因此将会有更多的F/A-18E/F型飞机投入使用。

另外，值得关注的是，波音公司"超级大黄蜂"生产的结束意味着所有美国公司当中将只有洛克希德·马丁一家公司还在进行战斗机的生产。各大公司之间优势和市场份额的斗争永无休止，因此波音公司四处游说，希望启动更隐身的"超级大黄蜂"Block3的新项目代替F-35，以争取更长的时间让F-35的技术趋于成熟，为发展出比F-35更干练、更优秀的战斗机F/A-XX提供可能。国会、国防部、海军和洛克希德可以确定，只要F-35项目的进度跟不上或者是其价格上涨，波音公司就一定会和之前一样，推出更新的"终极大黄蜂"建议并准备进行评估。

F-35C之后

海军再度转向了第二次世界大战期间便已经出现的遥控舰载无人机设计方案,只是增加了舰载所需的返回着陆功能。

每隔一段时间,海军中都会有空想主义者提出一种假设,并要求批准研制具备在航空母舰上起降能力的无人驾驶飞机。假设提出后只经过短暂的作战评估就会被其上司否决。第二次世界大战催生了TDN/TDR;朝鲜战争为F6F-5K;冷战期间为"天狮星";而越南战争则是"火蜂"侦察机。这些飞机只能一次性使用(除了"火蜂")是其显著的缺点。这些无人机在起飞发射时会扰乱正常的舰载机运作,这是令人难以容忍的。但海军水面舰艇和潜艇部队接纳了"天狮星",随后"北极星"代替了A3J,其后是"战斧",其在舰载海军纵深打击中占据着重要位置,这些任务此前通常由A-6型飞机完成。最新的无人驾驶飞机UCAS更容易被舰载海军接受,因为它具有多种用途,特别令海军飞行员产生共鸣的优点之一是UCAS可作为加油机使用(但飞行员们并不愿意执行这种任务)。UCAS无人机在执行任务期间可以将其能力发挥到极致,甚至牺牲自身来保全载人飞机。因此UCAS堪称是完美的僚机。

2007年7月,诺斯罗普·格鲁曼公司赢得了建造X-47B"无人空战系统"(UCAS)演示机的竞争。

下图:机载武器的性能在不断地提高,大多数新型机载武器项目都是海军与空军联合研制的。提高精度,减少附带损害以及提升单机携弹量的需求催生了无动力250磅"小直径炸弹"(SDB)。SDB具有可拆卸式弹翼,这样飞机就可以与目标保持更大的距离。SDB炸弹是空军和海军合资的计划,海军计划于2015年部署SDB II。(波音公司)

X-47B属于飞翼式飞机，外形类似B-2翼展为61英尺，长度为38英尺，和攻击战斗机大小大致相同，总重约45000磅。内部弹舱的有效载荷4500磅，任务半径约1500海里，或可在1000海里外进行两个小时的盘旋。该机采用弹射起飞，拦阻着舰构型。验证无人驾驶和隐身兼容的气动外形技术是海上舰载试验的主要目的。2008年3月，海军计划该型机在2025年形成其初始作战能力，以作为F/A-XX的一种补充。2008年10月，诺斯罗普·格鲁曼公司报告称，X-47B正在按计划于2009年11月进行首次试飞，于2011年11月进行舰载试验。

X-47B是诺斯罗普公司X-47A的后继者。X-47A是美国国防高级项目研究局（DARPA）提出的两个无人作战飞行器（UCAV）计划之一，于2000年启动，旨在对舰载无人作战飞机进行评估。唯一的一次X-47A飞行是在2003年2月完成的。它成功地展示了GPS引导的着陆效果，着陆点距离预定点的误差为纵向18英尺，横向36英尺。海军签署的另一份合同是给予波音公司的X-46A。然而美国国防防务高级研究项目局、美国空军、海军的共同反对，计划在2003年4月时被终止了。波音公司已经在早期美国国防高级项目研究局的计划中成功地演示了类似的X-45A。X-45A的首飞是在2002年5月。2005年7月，两架X-45A展示了编队飞行、投放炸弹、任务中的重定向和自主攻击等能力。

下图：在可以实现这位艺术家设想的概念飞机之前，F-35C需要成功地避开各种争论，比如说过于昂贵，以及在更先进的型号出现前，F/A-18根本不需要更换或改进等论调。（洛克希德·马丁编的一本杂志）

无人驾驶攻击机的操作

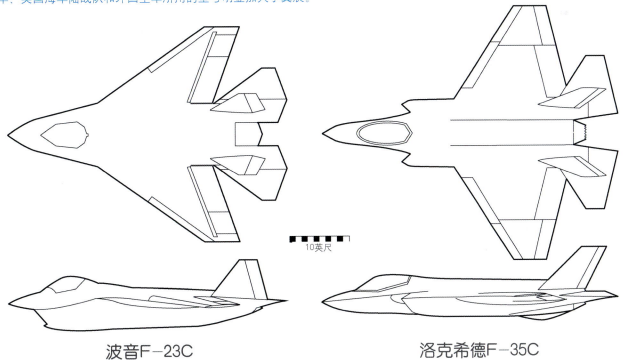

上图:航空母舰上的遥控飞行器的使用历史短暂并且和非航空船舶的"天狮星"和"战斧"不同,一直以来都停留在实验阶段。无人空战系统(UCAS)的支持者希望可回收的多任务远程无人飞机将被舰载海军接受。

下图:波音被迫在其JSF建议方案的舰载飞机配置上增加了水平尾翼。获胜的洛克希德·马丁公司的F-35舰载型方案比空军、美国海军陆战队和外国空军所用的型号明显加大了翼展。

波音F-23C　　　　洛克希德F-35C

联合方案J-UCAS随后被取消了，海军又开始继续自己的计划，计划于2006年发展出一款舰载无人机。海军作战UCAS将具备更强的隐身性能；内部有两个武器舱，装有12枚精确制导、重250磅的小直径炸弹（SDB）；在有空中加油的情况下，执行任务的可持续时间可达几天，而不是以小时计。UCAS的其他任务还包括侦察、电子战以及为其他UCAS或载人飞机空中加油等。

有人可能会问，在之前已有几十年无人飞机以及自动航空母舰着陆经验的基础上，海军为什么需要这么长的时间来制订这类作战飞机的计划？1957年8月，道格拉斯F3D"空中骑士"首次在海上的"安蒂特姆"号航空母舰（CV-36）上降落，该机装载了贝尔航空航天自动着舰系统，类似的系统已经在一些舰载飞机上运行了几十年，航天飞机计划用了不到11年就进行了操作飞行。舰基UCAS实现操作飞行可以在不到18年的时间内完成，虽然以前的无人驾驶飞行器（UAV）计划整体成功率都很低。

与此同时，自1995年以来，空军一直在使用遥控驾驶往复式发动机提供动力的无人机RQ-1"捕食者"。RQ-1早先是在波斯尼亚战场作侦察机使用。2001年，MQ-1L获得了发射激光制导"地狱火"导弹的能力，可直接对威胁实施打击。该无人机的最大总重量为3000磅，因此只能携带两枚"地狱火"导弹。"捕食者"任务设备包括飞行控制、导航和双向卫星通信链路、CCD摄像机、红外摄像机、合成孔径雷达和激光指示器。无人机发射的"地狱火"导弹最早于2001年在也门被用于作战。

2007年10月，在"捕食者"基础上改进并增强的版本MQ-9"死神"（配备涡轮螺旋桨发动机）被部署到阿富汗。其最大起飞总重为10500磅，具备24小时的续航能力，可携带4枚"地狱火"导弹和激光或GPS制导炸弹。在伊拉克和阿富汗执行的任务中，"死神"由位于内华达州克里奇空军基地的美国空军飞行员操纵飞行，这些飞行员与战场相隔几乎半个地球。

下图：无人空战系统（UCAS）和那些未能吸引到航空母舰方面支持的无人机之间主要的区别就是其可重复使用性。这里展示的是一名艺术家绘制的概念图。着陆后，它可以重新加油、重新武装并重新弹射，这是以往的无人机无法做到的。（诺斯罗普·格鲁曼公司）

无人驾驶飞机去除了机载飞行员,具有持久性、扩展性、易于集成性、隐身能力、高负载、低空重等优势。飞行员远程操控的主要缺点在于缺乏态势感知能力、模糊处理能力以及处理系统故障和意外情况的能力,而且在飞机上,飞行员也不需要依赖卫星通信带宽来进行数据采集和控制输入。

海军不太可能永远只依靠无人驾驶舰载机,事实上海军至今仍未完成过一型无人机的研制。然而,空军的无人驾驶武装飞机在战斗中的成功应用,预示着未来海军舰载攻击机群将会利用无人战斗机完成一些任务。这些无人机毫无疑问会实现其操纵者生存性的提高。到目前为止,勇敢的年轻人们仍然将继续驾驶飞机执行打击任务,对目标发动攻击。对于他们而言,能否安全返回仍然是一个未知数。

上图:空军已经拥有了一款武装作战无人驾驶飞机。图示这架MQ-9"死神"无人机武装了在4个挂架中的2个上挂载了2枚"地狱火"空地导弹,已得到部署并且正在进行作战行动。和无人空战系统(UCAS)的方案一样,该机可以被回收、重新武装并重新起飞。(美国空军071110-F-1789V-691)

下图:(美国海军080724-n-7241-002)

推荐阅读

Books

Barlow, Jeffrey. *Revolt of the Admirals: The Fight for Naval Aviation 1945-1950*. Washington, DC: Ross & Perry, 2001.

Foster, Wynn. *Captain Hook: A Pilot's Tragedy and Triumph in the Vietnam War*. Annapolis, Maryland: Naval Institute Press, 1992.

Hansen, Chuck. *U.S. Nuclear Weapons: The Secret History*. Arlington, Texas: Aerofax Inc., 1988.

Hayward, John T. and C. W. Borklund. *Bluejacket Admiral: The Naval Career of Chick Hayward*. Annapolis, Maryland: Naval Institute Press, 2000.

Heinemann, Edward H. and Rosario Rausa. *Ed Heinemann, Combat Aircraft Designer*. Annapolis, Maryland: Naval Institute Press, 1980.

Holloway, James L. *Aircraft Carriers at War: A Personal Retrospective of Korea, Vietnam, and the Soviet Confrontation.* Annapolis, Maryland: Naval Institute Press, 2007.

Hunt, Peter. *Angles of Attack: An A-6 Intruder Pilot's War.* New York: Ballantine Books, 2002.

Jenkins, Dennis R. *Grumman A-6 Intruder.* North Branch, Minnesota: Specialty Press, 2002.

Kelly, Orr. *Hornet: The Inside Story of the F/A-18.* Novato, California: Presidio Press, 1990.

Levinson, Jeffrey L. *Alpha Strike Vietnam: the Navy's Air War 1964 to 1973.* Novato, California: Presidio Press, 1989.

Miller, Jerry. *Nuclear Weapons and Aircraft Carriers: How the Bomb Saved Naval Aviation.* Washington, DC: Smithsonian Institution Press, 2001.

Morgan, Mark and Rick Morgan. *Intruder: The Operational History of Grumman's A-6.* Atglen, Pennsylvania: Schiffer Military History, 2004.

Piet, Stan and Al Raithel. *Martin P6M Seamaster: The Story of the Most Advanced Seaplane Ever Produced.* Bel Air, Maryland: Martineer Press, 2001.

Rahn, Bob with Zip Rausa. *Tempting Fate: An Experimental Test Pilot's Story.* North Branch, Minnesota: Specialty Press, 1997.

Rausa, Rosario. *Skyraider: The Douglas A-1 "Flying Dump Truck."* Cambridge, England: Nautical & Aviation Publishing Company of America, 1982.

Roland, Buford and William B. Boyd. *U.S. Navy Bureau of Ordnance in World War II*. Washington: U.S. Government Printing Office, 1953.

Skurla, George M. and William H. Gregory. *Inside the Iron Works: How Grumman's Glory Days Faded.* Annapolis, Maryland: Naval Institute Press, 2004.

Stafford, Edward P. *The Big 'E.'* New York: Random House, 1962.

Stevenson, James P. *The Pentagon Paradox: The Development of the F-18 Hornet.* Annapolis, Maryland: Naval Institute Press, 1993.

—*The $5 Billion Misunderstanding: The Collapse of the Navy's A-12 Stealth Bomber Program.* Annapolis, Maryland: Naval Institute Press, 2001.

Stumpf, David K. *Regulus: The Forgotten Weapon System.* Paducah, Kentucky: Turner Publishing Company, 1996.

Thornborough, Anthony M. and Frank B. Mormillo. *Iron Hand: Smashing the Enemy's Air Defences.* Yeovil, England: Haynes Publishing, 2002.

Trimble, William F. *Wings for the Navy: A History of the Naval Aircraft Factory, 1917-1956.* Annapolis, Maryland: Naval Institute Press, 1990.

—*Attack from the Sea: A History of the U.S. Navy's Seaplane Striking Force.* Annapolis, Maryland: Naval Institute Press, 2005.

Zichek, Jared A. *The Incredible Attack Aircraft of the United States: 1948–1949.* Atglen, Pennsylvania: Schiffler Military History, 2009.

Naval Fighters Monographs published by Steve Ginter, Simi Valley, California

Cunningham, Bruce. *Douglas A3D Skywarrior Part One.* Number 45

Cunningham, Bruce and Steve Ginter. *Fleet Whales, Douglas A-3 Skywarrior Part 2.* Number 46

Ginter, Steve. *Douglas A-4A/B Skyhawk in Navy Service.* Number 49

—*Douglas A-4E/F Skyhawk in Navy Service.* Number 51

—*North American A-5/RA-5C Vigilante.* Number 64.

—*North American AJ-1 Savage.* Number 22.

—*North American FJ-4/4B Fury.* Number 25

Koehnen, Rick: *Boeing XF8B-1 Five-in-One Fighter.* Number 65.

Kowalski, Robert. *Grumman AF Guardian.* Number 20.

Kowalski, Bob. *Martin AM-1/1-Q Mauler.* Number 24.

—*Douglas XTB2D-1 Skypirate.* Number 36.

—*Kaiser Fleetwings XBTK-1.* Number 49.

Kowalski, Bob and Steve Ginter. *Douglas XSB2D-1 & BTD-1 Destroyer.* Number 30.

Markgraf, Gerry. *Douglas Skyshark.* Number 43.

Articles

Mares, Ernie LCDR USN (Ret) and David K. Stumpf. "Take Control: Guided Missile Groups One and Two and the Regulus Missile." *The Hook,* Spring 1992, pp 14-39.

Reilly, John C. "Project Yehudi: A Study of Camouflage by Illumination." *American Aviation Historical Society Journal,* Winter 1970, pp 255-262.

Web Sites

ASM-N.2 Bat Guide Bomb http://biomicro.sdstate/edu/pederses/asmbat.html

George Spangenberg's Oral History http://www.georgespangenberg.com/gasoralhistory.htm

Special Task Airgroup One—the World War II unit that launched TDR drones against Japanese targets http://www.stagone.org

词汇表

ADF：自动定向仪

AESA：主动相控阵（雷达）

AEW：空中早期预警，探测敌方空对地攻击的装置，通常使用雷达

AFB：空军基地

ARM：反辐射导弹

ASW：反潜战

AP：穿甲弹

BIS：审查委员会

B/N：轰炸/领航员

BOAR：航空火箭军械局

BuAer：航空航天局，美国海军组织，在1921—1960年期间负责开发和采购飞机

BuWeps：海军军械局，美国海军在1960—1966年期间负责开发和采购飞机和武器的组织

CAINS：舰载飞机机载惯性导航系统

CBO：国会预算办公室

CBU：集束炸弹，飞机的外挂物，由分配器和子母弹组成

CCIP：连续计算弹着点

CEP：圆概率误差，以目标为圆心划一个圆圈，如果武器命中此圆圈的几率最少有一半，则此圆圈的半径就圆概率误差

Chaff：箔条，切割成特定的长度的金属带或金属涂层纤维，以反射雷达回波，对抗雷达扫描

CNO：海军作战部长

CTOL：常规起飞和降落

DIANE：数字集成攻击/导航设备

DoD：国防部，是国防部长、军事部部长、参谋长联席会议主席、作战司令部办公室、国防部监察长办公室、国防部机构部、现场活动办公室和所有其他国防部中的组织实体

Dud：因机械故障无法弹射起飞的飞机

ECM：电子对抗

ESM：电子支援

EWO：电子战军官，指电子战飞机上的非飞行系统操作员

FIP：舰队教育计划

FLIR：前视红外

FSD：全面发展

GAO：总审计局

Glomb：滑翔炸弹

GPS：全球定位系统，使用4颗或更多的卫星测量而建立起的精确定位能力。准确度约可达到40英尺，如果可以通过从附近的一个地面站的位置信号来消除错误，其准确度可达到更高水平

HARM：高速反辐射导弹

HUD：平视显示器

HVAR：高速空射火箭

IFR：仪表飞行规则

INS：惯性导航系统

IR：红外

JATO：喷气辅助起飞（实际上，是使用火箭进行推进而不是喷气发动机）

JDAM：联合直接攻击弹药，由GPS引导到指定攻击点上的无动力炸弹

JSOW：联合防区外武器，AGM-154是一种无动力翼导弹，其中包含有用于面积杀伤或精确点目标杀伤的子弹药

LABS：低空轰炸系统

LANTIRN：低空导航及夜间红外瞄准

LGB：激光制导炸弹

LSO：飞机起落指挥官

Mach：马赫空速，有时参考声音的速度，例如，马赫1.0

MER：多联弹射式（炸弹）挂架

MFD：多功能显示器

MPI：平均弹着点，包含一半的导弹，子弹或炸弹落点的最小的圆

NAF：海军飞机厂

NAS：海军航空站

NATC：海军航空试验中心，位于马里兰帕图森河海军航空站

NOTS：海军军械试验站，位于加州中国湖海军航空站

NWEF：位于新墨西哥州科特兰空军基地，海军武器评估设施

NPE：海军初步评价

nm：海里

OPEval：作战能力评估

OPNav：海军作战部长办公室

OSD：国防部长办公室

OTS：越肩（一种投放原子弹的方式）

PGM：精确制导导弹

PPI：平面位置显示器

RADAR：无线电探测和测距

RATO：火箭辅助起飞

RCS：雷达反射截面

RFP：提案请求

RFQ：报价请求

SAM：地对空导弹

SAP：半穿甲弹

SAR：搜索和救援

SecNav：海军局长

SFC：燃油消耗率

Shape：没有核武器的用于训练的一种表示

SIOP：单一综合作战计划，是美国空军和海军的联合核战争作战计划，根据国家目标数据库列出了一系列目标清单

SLAM：防区外对地攻击导弹

SPAD：道格拉斯AD/A-1"天袭者"的昵称

TAC：战术空军

TACAN：战术空中导航系统

TER：三联装炸弹挂架

TRAM：目标识别攻击多传感器

TRIM：踪迹、通路遮断传感器

UHF：超高频

VDI：垂直显示指示器

VFR：目视飞行规则

V/STOL：垂直/短距起降

VTOL：垂直起降

WSO：武器官，作战飞机上的非飞行系统操作员

图书在版编目（CIP）数据

从海上发动突袭：美国海军舰载机发展和作战全史／（英）汤米·托马森（Tommy H．Thomason）著；徐玉辉，林雪译．——武汉：华中科技大学出版社，2023.5
ISBN 978-7-5680-8693-6

Ⅰ．①从… Ⅱ．①汤… ②徐… ③林… Ⅲ．①舰载飞机－历史－美国 Ⅳ．①E926.392

中国版本图书馆CIP数据核字（2022）第152728号

湖北省版权局著作权合同登记　图字：17-2022-150号
版权信息：Copyright © 2009 Specialty Press
Copyright in the Chinese language translation (simplified characters rights only) © 2022 Beiing West Wind Culture and Media Co., Ltd. This translation of *Strike From the Sea: U.S. Navy Attack Aircraft from Skyraider to Super Hornet* is published by Huazhong University of Science & Technology Press Publishing Company Ltd.
ALL RIGHTS RESERVED

从海上发动突袭：美国海军舰载机发展和作战全史
Cong Haishang Fadong Tuxi: Meiguo Haijun Jianzaiji Fazhan He Zuozhan Quanshi

[英]汤米·托马森（Tommy H．Thomason）　著
徐玉辉　林雪　译

策划编辑：金　紫
责任编辑：陈　骏
封面设计：千橡文化
责任监印：朱　玢

出版发行：华中科技大学出版社（中国·武汉）　电话：(027)81321913
　　　　　武汉市东湖新技术开发区华工科技园　邮编：430223
录　　排：千橡文化
印　　刷：北京雅图新世纪印刷科技有限公司
开　　本：880mm×1230mm　1/16
印　　张：25
字　　数：644千字
版　　次：2023年5月第1版第1次印刷
定　　价：288.00元

本书若有印装质量问题，请向出版社营销中心调换
全国免费服务热线：400-6679-118　竭诚为您服务
版权所有　侵权必究

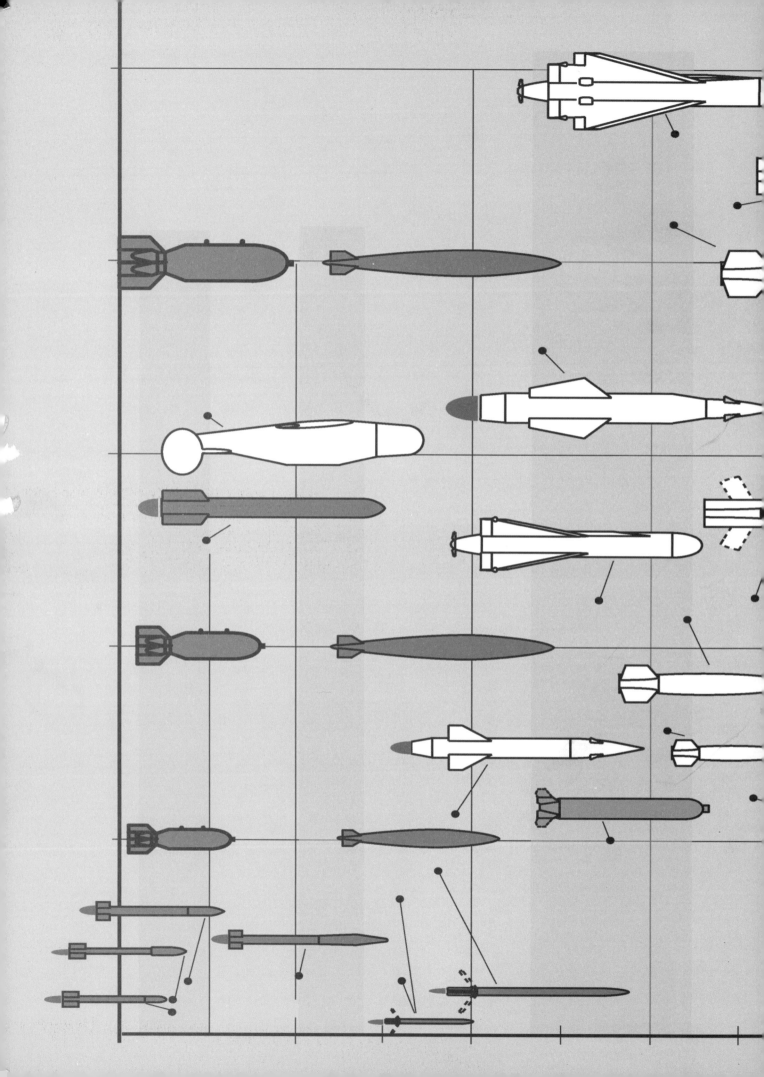